微塑料污染研究前沿丛书　第一辑

微塑料污染物

［英］克里斯托弗·布莱尔·克劳福德 Christopher Blair Crawford

［英］布莱恩·奎因 Brian Quinn / 著

李道季　刘　凯　朱礼鑫　卫　念 等/译

MICROPLASTIC POLLUTANTS

中国环境出版集团·北京

图书在版编目（CIP）数据

微塑料污染物 /（英）克里斯托弗·布莱尔·克劳福德，（英）布莱恩·奎因著；
李道季等译 . —北京：中国环境出版集团，2021.3
（微塑料污染研究前沿丛书）
书名原文：Microplastic Pollutants
ISBN 978-7-5111-4437-9

Ⅰ.①微… Ⅱ.①克… ②布… ③李… Ⅲ.①塑料垃圾—研究 Ⅳ.① X705

中国版本图书馆 CIP 数据核字（2020）第 172739 号

著作权合同登记：图字 01–2018–3617 号
审图号：GS（2020）4252 号

出 版 人 武德凯
责任编辑 宋慧敏 责任校对 任 丽 封面设计 彭 杉

出版发行 中国环境出版集团（100062 北京市东城区广渠门内大街 16 号）
网 址：http://www.cesp.com.cn
电子邮箱：bjgl@cesp.com.cn
联系电话：010-67112765（编辑管理部）
发行热线：010-67125803，010-67113405（传真）
印 刷 北京中科印刷有限公司 经 销 各地新华书店
版 次 2021 年 3 月第 1 版 印 次 2023 年 6 月第 2 次印刷
开 本 787×960 1/16 印 张 22.5 彩插 16
字 数 370 千字 定 价 105.00 元

【版权所有。未经许可，请勿翻印、转载，违者必究。】
如有缺页、破损、倒装等印装质量问题，请寄回本集团更换

中国环境出版集团郑重承诺：
中国环境出版集团合作的印刷单位、材料单位均具有中国环境标志产品认证。

译者序

　　这本书的原著 *Microplastic Pollutants* 刚出版，我就阅读了该书，并且立即购置了该书的电子版供我的学生们参考和学习。当时，我们已经开展了近4年的海洋微塑料研究。我介绍给学生们的时候竟然丝毫没有掩饰我对该书的喜欢和对该书作者的嫉妒。该书对塑料知识的介绍是如此的全面，很难想象不了解这些知识对从事海洋塑料垃圾和微塑料污染方面研究的学者以及管理者而言存在着多么巨大的挑战，以致到目前为止，仍然有人在海洋微塑料问题方面存在很多的认知误区。我不想用更华丽的辞藻来形容该书的重要，因为在读完本序以后，就会在后续的阅读中发现这一点。

　　在该书正式出版距今的几年间，虽然微塑料的研究已经在全球开展，大量新产生的知识快速涌现，但我仍然认为该书是那些已经从事多年或新从事海洋环境研究抑或是环境研究方面的学者或管理者必读的重要文献。这也是我们在中国环境出版集团编辑诚恳的邀请之下翻译该书的目的之一。感谢该书的作者 Christopher Blair Crawford 博士和 Brian Quinn 博士。

　　以下人员也参与了本书不同章节的翻译工作（按姓氏笔画为序）：王晓辉，白濛雨，李青青，李常军，何轶男，宋张裕，宋淑贞，张峰，宗常兴，徐沛，董旭日，蒋春华。

李道季

华东师范大学塑料循环与创新研究院院长

联合国教科文组织政府间海洋科学委员会海洋塑料垃圾

和微塑料区域培训与研究中心主任

联合国环境规划署海洋塑料和微塑料科学咨询委员会委员

序

　　我们对海洋中的垃圾带相当熟悉，这些和得克萨斯州一般大小的区域到处都是废弃的塑料。这些东西是我们祖父母扔掉的，但在我们有生之年都不会降解。老旧的浮标、塑料盒、玩具、人字拖、挡板——这些东西曾经是有目的性的并且让我们的生活变得更方便——但现在它们把海洋中的漂浮物、废弃物以及鱼、海鸟、哺乳动物联结在了一起。

　　塑料用途广泛，无处不在，且生产成本低廉。它们的存在可以让技术进步，这在一个世纪前根本是不可想象的。但它们几乎是永恒的，这将是未来的一个重大环境问题。

　　我们开始意识到这些耐用材料的危害，并开始积极地思考清理我们海洋中的垃圾带的方法，提出了各种各样的项目，这些项目将缓慢地收集垃圾以进行适当的销毁。但我们不太熟悉的是微塑料——微小的、看不见的塑料碎片。它们的影响尚不明显，但可能同样巨大。如果说清除海洋的塑料垃圾是困难的，那么对微塑料做同样的事情几乎是不可能的，这意味着唯一的解决办法是让我们意识到它们的影响，并考虑如何能避免它们的产生或潜在的损害。这就是为什么《微塑料污染物》是如此及时和重要的一本书。

　　微塑料可以由多种方式被生产出来。它们可以被有意地制造成小的，例如在喷砂过程中用来代替砂粒的那些塑料颗粒。我们已经意识到在洁面乳和身体乳中使用的微珠通常是通过淋浴水被冲入下水道的。由于粒径小，这些微塑料逃离了水处理厂，进入了湖泊、河流和海洋。我们可能会庆幸自己没有使用这类产品，或采取行动去削减它们。然而，我们每个人都无意中成就了另一场微塑料海啸的源头——每次我们在洗衣机里洗衣服时产生的微塑料。备受户外爱好者喜爱的织物——摇粒绒——洗涤一次就能产生多达 19 000 根纤维，摇粒绒是最惊人的来源之一。

微塑料也可以来自在阳光下分解的较大的塑料，经海浪不断的冲击，已经变脆和褪色的大塑料分解成成千上万个小的塑料微粒。

这些微塑料对动物造成了直接的威胁。被各种各样的水生生物误当成食物而捕食一空，或者在其滤水取食时，随着水流被吸入体内。对贻贝和其他滤食双壳类动物来说尤其危险。微塑料堵塞水生生物的食管，导致它们挨饿或发育异常。同时，微塑料也会造成潜在的长期伤害。

最近发现，微塑料浓缩了水生环境中发现的污染物，其中包括众所周知的致癌物质，如多氯联苯。这是因为这些类型的污染物通过化学作用受到微塑料的吸引，微塑料本质上就像海绵一样收集它们。被微塑料结合的污染物的水平比周围环境中要高得多。因此，在含有微塑料的水域中，水生生物比在没有这些微污染物的水域中更容易吸收高浓度的污染物。作者一直在研究塑料一旦被动物摄食并被其吸收后污染物从塑料中浸出的能力。如果他们的假设是正确的，微塑料是水生环境中污染物集中的媒介，污染物通过微塑料可以沿着食物链向越来越高级的动物迁移，甚至向人类迁移。

这本书是及时的，揭示了一个迄今为止鲜为人知的研究领域。它详细地介绍了已成为现代社会基本组成的塑料的历史。塑料制品的归趋过程可以表述为先成为垃圾，随后成为我们假定不再存在影响的微塑料。

正确的数据集是解决问题的第一步，作者提供了获取这些数据的重要因素，展示了如何收集、分离和鉴定这些潜在的污染物。

因此这本书很重要。它是行动的号角，应该是任何一个重视环境的人的必读书目。我祝贺克里斯托弗·布莱尔·克劳福德和布莱恩·奎因将微塑料引入聚光灯下。

维维恩·帕里

（Vivienne Parry，OBE）

科学作家和节目主持人

前　言

千百年来，我们一直使用环境中的原材料来制造工具、建造庇护所和提高过程的效率。从我们使用燧石生火，到用青铜和铁制造人工制品和炊具，大自然为我们提供了大量有用的材料。然而，为了改进这些材料，我们创造了塑料，这是一种在自然界中根本不存在的独特的人类创造物。这样，我们就有能力摆脱陶瓷、金属和木材的限制。从那以后，塑料一直处于我们现代进化的最前沿，推动我们从简陋的起点走向技术创新的美好未来。在这一惊人进展的中心，人类的好奇心、独创性和我们对符号化传播的熟练程度一直是推动这一进化成功的主要动力。事实上，我们与共享这个世界的无数其他物种相比，拥有一种独特而强大的能力，即可以有效地操纵我们周围的现象和环境。然而，尽管我们的进步是无与伦比的，但重要的是要记住这样有影响力的能力使我们大家都有责任减轻我们的活动带来的污染的不利影响。

曾经有一段时间，彩色的塑料制品偶尔会从遥远的地方来到我们的海岸。也许对海滩上的拾荒者来说，海岸线上罕见的塑料制品会给人一种自然的好奇感，而幸福的发现者却没有意识到它的到来标志着一个新的合成世界的开始。20世纪50年代，我们把塑料视为未来的神奇材料，注定要实现我们对更美好明天的希望和梦想，让我们的生活变得更舒适。在很大程度上，这确实发生了，我们发现了这些材料的更多用途。的确，我们的世界迅速发生了变化，随着时间的推移，塑料的产量成倍增长以满足需求。然而，当我们在日常生活中随意丢弃塑料时，这些材料便会大量积累并开始在我们的海洋中堆积起来。曾经随着潮水涨落上岸的玻璃瓶和天然绳索现在变成了塑料瓶、合成绳索、钓鱼线和日常生活用品。多年来，这种塑料垃圾只是被简单地认为是一种惰性物质，是景观上难看的污点。如今，经过多年广泛的研究，这种观点已经有了很大的改变，我们现在知道塑料垃圾对水生环境造成了严重的破坏，影响了我们所珍视的东西。事实上，我们现在可能正在直接经历这种影响，以进入我们的食物链的塑料和有毒化学物质的形式。

过去进入水生环境的大量塑料引发了一场可能持续数千年的环境灾难。今天，大量陆源废弃塑料仍在流入世界海洋，估计到2050年，每年有多达3 200万 t 的塑料流入海洋。与简单的溶解不同，塑料一般不溶于水。然而，自然环境是动态的，因此，一些塑料被阳光降解，变得脆弱和断裂，而另一些被海浪抛来抛去，最终分裂成无数五颜六色的小碎片，被称为微塑料。这些塑料碎片中的一些漂浮在表层水中，而另一些则沉入海底，或者被洋流带走，在行进过程中扩散和翻转。与此同时，我们有意制造如同小球体的微塑料用于化妆品和个人护理产品，如面部磨砂膏。这些微小的、几乎无法检测到的塑料被冲进我们的下水道，流入海洋，在那里它们与已经存在的数万亿其他塑料汇合。然而，它们色彩斑斓的外观、较小的粒径和诱导运动意味着它们很容易被捕食者误认为食物，而这些捕食者还会急切地摄入它们。危险就在于此。

我们现在正在检测海洋水生生物中的微塑料。正是这片海洋为世界上许多人口提供了丰富的食物。与此同时，成千上万种有毒化学物质污染着我们的海洋，其中一些在分解之前会持续几十年。许多有毒化学物质很容易被微塑料吸引，浓度可以达到周围水体中的100万倍。如果这些受污染的微塑料被生物体所摄入，这些污染物可能会从微塑料中浸出，并向生物体释放出一定剂量的有毒化学物质。如果受污染的生物被捕食者摄入，有毒化学物质也会被摄入。在生物放大的过程中，有毒化学物质可能会在食物链中依次传递到更高级，处于更高级的生物体倾向于在组织中积累浓度明显更高的有毒化学物质。重要的是，我们人类经常摄入位于许多食物链顶端的捕食者。然而，关于对水生生物甚至我们自己造成的潜在危险，我们还需要了解很多。因此，我、我的合著者和其他人进行的研究试图确定微塑料的风险和影响以及它们对我们世界的影响。作为第一本专门研究微塑料的书，我希望你能通过阅读这本书，对这些影响有更多的认识，并最终帮助全世界关注微塑料污染物的问题。

克里斯托弗·布莱尔·克劳福德

致　谢

　　对在本书创作过程中一直支持我们的家人、朋友、同事和出版商，我们表示最真挚的谢意。谢谢大家。

　　亲爱的读者，感谢你们能在那么多值得一读的书中选择阅读此书。我们知道，阅读这样艰苦、深入的过程，需要花费您的时间，为此，我们非常感谢您。

目 录

第 1 章　塑料的出现

引言

　　从现代人类出现以来，20 万年的历史中，世界上从来没有过像塑料这样的材料。的确，塑料在这个世界上是一种新事物，到目前为止，几乎没有任何一种生物在环境中进化到可以轻易地降解它们。因此，塑料的出现不仅在人类的进化史上是一个前所未有的转折点，在地球的进化史上也是如此。这些卓越的、多功能的、无处不在的物质从根本上改变了我们的生活方式，并彻底改变了现代世界。不幸的是，虽然正是这些物质使我们取得了巨大的飞跃和技术进步，但最终可能在不久的将来导致重大的环境问题。除非我们能够开发新技术、新工艺或新方法来处理塑料在环境中的持久性，否则我们将会继续观察到这些几乎永恒的物质不断累积的情况。但你可能会问，可生物降解塑料（biodegradable plastic）怎么样呢？事实上，最近的一些研究进展中出现了用天然物质（如大豆和玉米淀粉）生产的塑料，这些材料从生物角度来说是可以分解的。然而，目前使用的大多数塑料都是不可生物降解的，并且它们对降解有很强的抵抗力。事实上，自从塑料产生以来，已经有数十亿吨的塑料被释放到环境中，它们以这样或那样的形式存在至今，可能需要数千年才能完全降解。

　　值得注意的是，塑料的持久性及其对水生环境的影响在 2005 年得到了证明，当时从一只莱桑信天翁（Laysan Albatross）雏鸟尸体的胃中提取出多块塑料，其中有一块白色塑料。这只鸟很可能死于饥饿，因为它一直食用塑料，而塑料没有营养成分，会导致肠道堵塞。对那块白色塑料进行检查后，发现它印有序列号。对这个数字反复核查的结果令人惊讶，这块塑料来自 1944 年第二次世界大战期间数千英里①外的日本附近被击落的美国海军水上飞机。随后的计算模型和模拟显示，这块塑料在北太平洋亚热带海洋流涡（gyre）中经历了长达60年的漫长旅程。在流涡的边界有两个明显的塑料垃圾旋涡。一个旋涡位于日本海岸附近，被称为"西部垃圾带"（Western Garbage Patch）。另一个旋涡位于美国海岸附近，被称为"东部垃圾带"（Eastern Garbage Patch）。这两个垃圾带一起组成了太平洋垃圾带，这是一个塑料堆积的巨大旋涡区域（见第3章）。令人惊讶的是，据计算，水上飞机上的塑料碎片在西部垃圾带上漂流了约10年。最终，它逃离了这个旋涡，被北太平洋流涡带到了数千英里外的东部垃圾带。在接下来的50年里，它一直在这个区域漂来漂去，直到2005年被这只莱桑信天翁雏鸟吃掉。研究人员随后在北太平洋中部的夏威夷中途岛环礁（Midway Atoll）发现了这只鸟的尸体。重要的是，因为塑料是完整的，如果不是研究人员收集到，那么它就可以被另一种生物再次食用，之后这种致命的塑料摄食循环可能会重复几千年。

因此，尽管塑料完全可以被认为是人类有史以来最伟大的成就之一，是技术创新的顶峰，但不幸的是，塑料也越来越被认为是人类有史以来最大的环境挑战之一。即使塑料具有突破性的多功能性并被视为当代的奇迹，塑料垃圾仍有着深刻的负面影响。在本书中，我们将详细探讨塑料在环境中的行为方式及其对自然界的影响。然而，在我们这样做之前，重要的是要检视这些材料发展的非凡历史，由此我们能够准确地了解塑料是什么，以及这种多样的独特材料如何逐渐与我们的现代生活交织在一起，形成我们当代社会的基本组成部分。

塑料是什么？

"塑料"一词最早出现于17世纪30年代，当时它被用来描述一种可以被塑造或成形的物质。这个词来源于古希腊术语 plastikos（指适合造型的东西）

---

① 1 mi=1.609 344 km。——译者

和拉丁术语 plasticus（关于塑造或成形）。"塑料"一词的现代用法由利奥·亨德里克·贝克兰（Leo Hendrick Baekeland）在 1909 年首次提出。今天，"塑料"是一个通用术语，用来描述大量的材料。但是当我们谈论塑料时，我们指的是什么？这些奇怪而又熟悉的物质到底是什么？

　　塑料是我们日常生活中不可或缺的一部分，我们往往会使用"塑料"这个词，而不太关注塑料到底是什么。从塑料袋和笔到管道和电气设备，各种各样的塑料无处不在。然而，它们都有共同点：所有的塑料物质都是由大的链状分子组成，叫作高分子（macromolecule）。这些高分子是由许多重复出现的较小分子按顺序连接在一起组成的。我们把这种分子排列的物质称为"聚合物"（polymer）。高分子的存在以及它们作为聚合物的特性，在 20 世纪 20 年代由德国化学家赫尔曼·斯托丁格（Hermann Staudinger）首次证明。此后，他于 1940 年创办了第一本聚合物杂志，并于 1953 年获得诺贝尔化学奖。"聚合物"这个词是古希腊单词 poly（意思是"多"）和 meres（意思是"部分"）的组合。聚合物链中的每一个分子都被认为是一个单一的单元，我们称它们为"单体"（monomer）。在本例中，前缀"mono"表示单一。因此，单体是能够结合在一起形成长链的小分子。我们可以把这些大型链想象成类似珍珠项链的聚合物。如果我们可以把整条项链想象成聚合物，那么每一颗珍珠都会被认为是一个单体（图 1.1）。

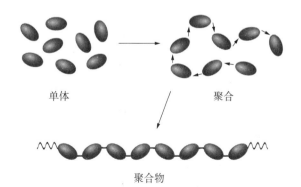

单体　　　　　　　　聚合

聚合物

图 1.1　小分子（单体）以重复序列（聚合）连接在一起，
形成一个大型链状分子（聚合物）

将单体连接在一起形成聚合物的过程称为"聚合"（polymerisation）。在图1.2中，我们有单体乙烯。当乙烯被聚合时，它会形成常见塑料聚乙烯（图1.3）。然后，这些大的分子链可以被塑造并形成固

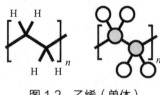

图1.2 乙烯（单体）

体。在图1.4中，我们可以看到聚乙烯袋实际上是由无定形的大量缠绕的支化聚合物链组成的。每个链依次由许多重复的乙烯单体组成。

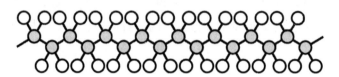

图1.3 聚乙烯（聚合物）

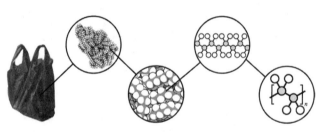

图1.4 聚乙烯袋由大量的大型聚合物链组成，这些聚合物链又由许多重复的乙烯单体组成

因此，所有的塑料都是聚合物，聚合物只是许多重复单体的长链。一般来说，在商业塑中，每条链有1万~1亿个单体，这取决于塑料的类型。通常，一种聚合物的每个单体都与序列中的下一个单体相同，这被称为"均聚物"（homopolymer）。然而，也有一些聚合物是由不同的单体交替组成的，这被称为"共聚物"（copolymer）。在其他情况下，聚合物可以由不同结构中的支链组成，从而表现出与简单线型聚合物链的偏离。两种聚合物也可以混合在一起形成一种塑料共混物，同时表现每种聚合物的特性，从而具有两者的优点。此外，两种聚合物的混合可能形成一种共混物，它比任何一种单独的聚合物都具有更强的性能。因此，我们将在第4章中更详细地探讨塑料的性

能和特性。当今世界绝大多数的聚合物都是人工合成塑料。然而，也有许多天然聚合物存在。例如，我们的 DNA 是一种多糖，由许多重复的糖单位（单糖）组成。同样地，我们的头发是多肽蛋白丝，由长链氨基酸组成，由肽键连接在一起。因此，需要注意的是，虽然所有的塑料都是聚合物，但并不是所有的聚合物都是塑料。

塑料的到来

塑料进入我们的世界没有确切的时间点，相反，我们应该把通用术语"塑料"看作我们试图改进自然提供的原材料所创造的大量不同分类的聚合物。因此，塑料出现的时间是相当模糊的，事实上，我们可以说，塑料融入社会之路始于公元前 1600 年中美洲人创造橡胶球，或者是法国探险家夏尔·马里·德拉孔达米纳（Charles Marie de La Condamine）于 1736 年推出天然橡胶。在南美洲进行探险时，探险队内部的紧张关系导致德拉孔达米纳脱离探险队，独自前往厄瓜多尔。1736 年，他在路上偶然发现了一棵橡胶树。同年晚些时候，德拉孔达米纳将这种天然橡胶的样品带回法国，之后他在法国研究了这种物质，并在 1751 年发表了一篇科学论文，论述了天然橡胶的有益特性。

另外，塑料的鼻祖也可能是英国制造业工程师托马斯·汉考克（Thomas Hancock）和美国化学家查尔斯·古德伊尔（Charles Goodyear），前者于 1843 年在英国申请了天然橡胶硫化专利，后者于 1844 年在美国申请了天然橡胶硫化专利，前后仅隔 8 个星期。随后，关于谁是硫化过程的真正发明者引起了相当大的争议，当古德伊尔试图在英国申请硫化过程的专利时，一场漫长而痛苦的官司随之而来。最终，令古德伊尔沮丧的是，法官的判决支持汉考克。尽管如此，两人都被认为是橡胶先驱，为硫化橡胶的发展做出了重大贡献。汉考克经过多年的天然橡胶和硫黄试验，最终发现了该工艺。而古德伊尔的发现是多年来试图改善天然橡胶特性的结果。古德伊尔认识到天然橡胶由于其不稳定的热特性而存在本身固有的问题。在高温下，天然橡胶有熔化和变黏的趋势，并在此过程中产生一种特别刺鼻的气味。而在低温下，这种物质则变得又硬又脆。在试图解决这个问题的过程中，古德伊尔开始痴迷于提高天然橡胶的性能。后来他把这种物质和各种各样的东西混合在一起，包括松节油、榛子酱，甚至还有奶油奶酪。古德伊尔经常因材料超支以及邻居对其试验品产生的难闻气味的抱怨而苦苦挣扎，他不顾一切地继续他的反复试验，但似乎没有任何效果。最终，当有一次他将天然橡胶与硫和碳酸铅混合时，终于成功了。接下来发生的事情的确切性质充满了神秘感和传奇色彩。实际上，有一篇报道称，在与商业伙伴纳撒尼尔·海沃德（Nathaniel Hayward）的争执中，古德伊尔把橡胶扔到了热炉子上，然而，橡胶没有着火，而是烧焦了，变成了固体。另一种说法是，古德伊尔恰巧把橡胶留在炉子上，发现了炭化效应。不管围绕这一发现的事件如何，在接下来的几年里对这种混合物进行的试验最终使古德伊尔改进了硫化工艺。

另一方面，也许我们可以认为，由比利时化学家利奥·亨德里克·贝克兰于 1907 年开发的第一个全合成聚合化合物，即酚醛塑料（Bakelite），预示着塑料的诞生。当然，酚醛塑料在当时用各种各样的新产品改变了世界。事实上，到 20 世纪 30 年代末，超过 20 万 t 的酚醛塑料被制成了大量的家庭用品。然而，出于本书的目的，我们考虑塑料的起点位于橡胶的硫化和第一个全合成聚合物的产生之间。因此，塑料时代的到来是第一个半合成聚合物的开发。

塑料的早期历史

1862—1898 年

我们的塑料故事始于 1862 年的英国。在那一年，举办了第二届世界博览会（Great International Exhibition，每 10 年举办 1 次），吸引了来自 36 个不同国家的 610 万参会者和 29 000 名参展者。第一次展览于 1851 年举行，得到了艾伯特亲王（Prince Albert）的大力支持，并被誉为一次重大的成功。因此，英国皇家艺术学会（Royal Society of Arts）决定在 1861 年举办第二次展览。然而，由于指定委员会的延误，以及法国和奥地利之间爆发战争，第二次展览被推迟到 1862 年。雪上加霜的是艾伯特亲王于 1861 年 12 月去世，阻碍了女王出席开幕式。即便如此，女王仍尽一切可能确保这是一场盛大的国家庆典。因此，展览于 1862 年 5 月 1 日在伦敦南肯辛顿的一个 90 m^{2}① 的场地举行。现在这个地方为自然历史博物馆。展览共分为 36 个类别，从最新的工程进展（例如制冷制冰）到最新的科学进展（如最早的安全火柴）。然而，在所有 29 000 件展品中，1112 号展品展示了一种特殊的物质，叫作帕可辛（Parkesine）。这种物质是由其发明者亚历山大·帕克斯（Alexander Parkes）创造并以他的名字命名。帕可辛在展览中被展示为一种坚硬而柔韧的物质，能够被浇铸、雕刻和涂画。作为象牙的合适替代品，这种物质引起了人们的极大关注，因此，帕克斯因其展品出色的质量在展览会上获得了铜牌。今天，我们知道帕可辛是一种赛璐珞（celluloid），在历史文献中被认为是最早的热塑性塑料。顺便提一句，帕克斯是用植物油或樟脑［增塑剂（plasticiser）］、焦糖（硝基含量较少的硝酸纤维素）和硝基苯唑或阿那林（溶剂）混合得到帕可辛的。

1863 年，在美国，发明家约翰·韦斯利·海厄特（John Wesley Hyatt）发现了象牙数量下降的趋势。一则广告声称，如果有人能找到一种合适的物质来替代象牙，就能够获得 1 万美元的奖励。为了回应这则广告，海厄特开始研究如何创造一种可用于生产台球的硝基材料。与此同时，在英国，帕可辛也引起了相当大的轰动。因此，帕克斯与橡胶纺织品制造商丹尼尔·斯皮尔（Daniel Spill）建立了合作关系，并于 1866 年建立了帕可辛有限公司（Parkesine Co. Ltd）以生产帕可辛。该公司主要生产把手、梳子和珠宝等家庭用品。尽管如此，1867 年，帕可辛有限公司也开始用帕可辛生产台球。不幸的是，由于帕克斯试图减少开支并满足投资者的要求，帕可辛公司业绩严重下滑。为了节省生产成本，帕克斯在生产过程中使用了劣质纤维素，因此，

―――――――――

① 此处原文恐有误。——译者

生产出来的产品未能达到 1862 年世界博览会上制定的令人印象深刻的标准。结果，顾客对产品不屑一顾，帕可辛有限公司于 1868 年倒闭。有意思的是，帕克斯将公司的失败很大程度上归咎于他们产品固有的易燃性。另一方面，斯皮尔指出，很难创造出一种颜色与象牙色相称、能吸引顾客的纯产品。帕可辛有限公司倒闭后，1869 年，为了重新唤起对帕可辛的需求，并在市场上进行第二次尝试，斯皮尔成立了赛璐珞公司（Xylonite Company）。大约在同一时期，法国化学家保罗·舒尔岑贝热（Paul Schützenberger）在发现纤维素与乙酸酐反应能形成醋酸纤维素后，首次推出了醋酸纤维素。醋酸纤维素后来被用于电影工业的胶片生产以及纤维的生产。

美国这边，海厄特和他的兄弟以赛亚（Isaiah）成功地发明了一种用于制造台球的技术，该技术基于帕克斯发现的帕可辛，并使用了樟脑和硝酸纤维素。1869 年，兄弟俩在美国申请了这项技术的专利，之后又成立了奥尔巴尼台球公司（Albany Billiard Ball Company），并申请了更多的专利。他们生产的台球很畅销。然而，为了保证球的耐久性，海厄特的公司只在球的高度易燃硝酸纤维素涂层中添加了极少量的颜料，这确保了涂层尽可能纯净和颜色鲜亮。不幸的是，过分热情的球员偶尔会被台球的剧烈撞击引起的小爆炸所震惊。结果，一家台球俱乐部的老板写了一封投诉信给海厄特的公司，信中说，听到台球相撞的爆炸声，房间里的每个持枪者都拔出了枪。

英国这边，在得知海厄特兄弟获得的专利之后，丹尼尔·斯皮尔提起了诉讼，称他们侵犯了自己 1870 年的美国专利，专利中详细描述了樟脑和硝酸纤维素的结合以及焦糖的漂白。斯皮尔和海厄特兄弟之间随后爆发了一场持久的官司。与此同时，对橡胶的需求无法得到满足，由此造成的短缺对以橡胶为基础的牙板业产生了不利的影响。作为回应，海厄特于 1870 年在新泽西州（New Jersey）成立了奥尔巴尼牙板公司（Albany Dental Plate Company），以硝酸纤维素生产牙板。1872 年，他们将公司重新命名为赛璐珞制造公司（Celluloid Manufacturing Company），从而创造了他们注册的"赛璐珞"（"纤维素"一词的一种修饰）这个术语。该公司生意兴隆，海厄特开发了几个新的工艺流程，以发展赛璐珞。

与此同时，斯皮尔为重新唤起对帕可辛的需求所做的努力被证明是徒劳的，赛璐珞公司于 1874 年倒闭。这次失败并没有吓倒斯皮尔，他搬到了新的地方，成立了丹妮尔斯皮尔公司（Danielle Spill Company）。和帕可辛有限公司一样，这家新公司主要生产把手、装饰品和珠宝，但质量比帕可辛有限公司产品的更好。这是通过使用斯皮尔开发的帕可辛的改良版本来实现的，并被称为"赛璐珞"（Xylonite）。因此，该公司引起了三位企业家的兴趣：亚历山大·麦凯（Alexander MacKay）、欧内斯特·利·贝内特（Ernest Leigh Bennet）和赫伯特·利·贝内特（Herbert Leigh Bennet）。1875 年，这三人与斯皮尔合伙成立了英国赛璐珞公司（British Xylonite Company）。

1880 年，斯皮尔与海厄特兄弟之间的激烈法庭大战终于结束，法官裁定海厄特兄弟确实侵犯了斯皮尔的专利。因此，海厄特的生产工艺被法律禁止。斯皮尔随后出售了他在美国的帕克辛和赛璐珞专利，这些专利后来被 L. L. 布朗（L. L. Brown）收购。由此，一家与赛璐珞制造公司竞争的公司由布朗在美国新泽西州附近成立，并命名为赛璐珞（Zylonite）公司。然而，为了回应法院的裁决，赛璐珞制造公司稍微修改了他们的制造工艺，用甲醇取代了乙醇，从而使他们可以继续不间断地生产赛璐珞。为此，斯皮尔和赛璐珞（Zylonite）公司又提起了另一项诉讼，随之而来的是一场漫长而痛苦的长达 4 年的官司。最后，这位法官（碰巧是同一位法官，他在上一场法庭之争中做出了裁决）在 1884 年决定，以前的判决应该被推翻。法官裁定，事实上，亚历山大·帕克斯是使用樟脑的技术的真正发明者，因此斯皮尔的专利无效。因此，斯皮尔的专利生产工艺变得完全不受限制，赛璐珞制造公司迅速重新使用最初的生产工艺。在短时间内，公司迅速扩张，最终兼并了赛璐珞（Zylonite）公司。

英国这边，英国赛璐珞公司财务状况经历了相当大的波动。然而，他们的命运在 1885 年发生了变化，海厄特兄弟提出与他们达成协议。当时，海厄特与法国赛鲁士公司（Compagnie Française du Celluloide）一起在法国生产和销售赛璐珞衣领和袖口。事实证明，这些产品非常受欢迎，并且热衷于英国市场的海厄特提议英国赛璐珞公司与他们和法国公司一起在英国生产和销售这些产品。经过一些讨论,英国赛璐珞公司同意合作,开始生产白色赛璐珞衣领和袖口。令他们高兴的是,这些服装在英国中产阶级中格外流行。衣领和袖口成为一种手段,通过这种方式,无法负担昂贵衣领的绅士们可以将自己与工人阶级区分开来。顺便提一下,由于负担能力问题和洗涤要求,布衣领一般只由上层人员穿着。然而,赛璐珞衣领和袖口的防水特性意味着它们可以很容易地用水冲洗、干燥和立即再利用。由于这个原因,赛璐珞衣领和袖口变得格外流行,并且适合追求更好事物的绅士。赛璐珞衣领和袖口的流行给英国赛璐珞公司带来了巨大的收益,尽管 1885 年的一场大火使公司受挫,但公司在 1886 年继续建造新厂房。火灾在赛璐珞工业中很常见,这主要是由于不纯、不稳定的硝酸纤维素的生产。到 1898 年,英国赛璐珞公司迅速扩张,产品种类也随之增加。这家公司生意兴隆,最终更名为 BX 塑料公司(BX Plastics)。在接下来的 100 年里,他们继续生产各种日常家居用品,如梳子、靴子后跟、把手和儿童玩具,以及许多其他产品。与此同时,海厄特兄弟和赛璐珞制造公司蓬勃发展,最终发展成为美国赛璐珞和化学公司(American Celluloid and Chemical Corporation),并引来了竞争对手。随着时间的推移,美国赛璐珞和化学公司最终被塞拉尼斯公司(Celanese Corporation)吞并。

1899—1931 年

塑料故事的下一个重大突破是发现了酪蛋白塑料,这种塑料是用牛奶中的一种蛋白质(酪蛋白)制成的。尽管德国发明家威廉·克里舍(Wilhelm Krische)进行了一些早期的工作,他研究利用酪蛋白作为涂层,但直到 1899 年才有了重大突破。德国化学家阿道夫·施皮特勒(Adolf Spitteler)在家工作时,发现一只猫把一瓶甲醛溅到碟子里的牛奶上,从而形成了一种固态的防水物质。意识到这种新材料的商业潜力,施皮特勒和克里舍于 1899 年在德国和美国申请了专利。在研究和开发之后,他们于 1900 年在世界塑料博览会(Plastics Universal Exhibition)上展出了用这种材料制成的物品。一家法国公司和一家德国公司随后获得了这些专利,并投入了大量时间开发一种更透明的产品。1904 年，两家公司联合创立了国际加拉利特公司（International Galalith Gesellschaft Hoft and Co.），成功地生产了用于纽扣工业的酪蛋白塑料。

同样在 1904 年，英国电气工程师詹姆斯·斯温伯恩爵士（Sir James Swinborne）也对电线绝缘性能的低劣感到担忧。偶然的机会，他在参观一个专利局时发现了由加利西亚化学家阿道夫·勒夫特（Adolf Luft）生产的酚醛树脂物质。斯温伯恩对这种奇怪的固体物质的特性感到惊讶，随后与勒夫特开始商议。此后，他创立了防火赛璐珞辛迪加有限公司（Fireproof Celluloid Syndicate Ltd），总部设在英国。这家新公司的目的是探究这种物质的性质和商业化潜能。经过大量的研究，他们成功地研制出了一些低质量的扁平和圆柱形的塑料片，并继续他们的研究。在 1907 年，比利时化学家利奥·亨德里克·贝克兰在对甲醛和苯酚进行反应的同时，意外地创造出了一种交联热固性塑料，称为聚氧苄亚甲基乙二醇酐。贝克兰决定用他自己的名字来命名这种新物质，于是，世界上出现了酚醛塑料。与酪蛋白不同的是，酚醛塑料是世界上第一种完全合成的聚合物，而酪蛋白仅仅被认为是一种半合成聚合物。

注：贝克兰通常被认为是酚醛塑料的发明者，但令人惊讶的是，这并不是完全准确的，因为这忽略了贝克兰对塑料工业产生巨大商业影响之前人们进行的大量基础工作。事实上，早在 35 年前的 1872 年，德国化学家阿道夫·冯贝耶尔（Adolf von Baeyer）就发表了一篇论文，他在文中描述了甲醛和苯酚反应产生一种不成形的树脂制品的过程。不幸的是，当时的科学界对这种物质几乎没有兴趣。然而，1891 年，冯贝耶尔的一个学生维尔纳·克勒贝格（Werner Kleeberg）成功地制造出了一种有黏性的、可成形的树脂物质。克勒贝格使用了高浓度的盐酸和过量的甲醛，从而产生了剧烈的放热反应。不久，这种物质冷却下来，形成了一种硬的固体。尽管如此，当时克勒贝格对纯晶体的生产更感兴趣，因此，没有进一步的发现。然而，1899 年，一位名叫阿瑟·史密斯（Arthur Smith）的英国绅士获得了第一项专利，该专利描述了乙醛和苯酚反应生成树脂物质的过程。史密斯使用了各种各样的乙醇试图缓和这种剧烈的放热反应，但在技术上却遇到了困难。

到 1909 年，防火赛璐珞辛迪加有限公司已经成功地研制出一种高质量的硬漆。这种漆被证明是他们最有前途的产品，斯温伯恩在 1909 年 12 月 8 日申请了专利。正是在这个时候，斯温伯恩遇到了贝克兰，令斯温伯恩大失所望的是，他发现贝克兰在前一天已经申请了一项类似的专利，从而使斯温伯恩的专利无效。因此，他撤回了专利申请，防火赛璐珞辛迪加有限公司继续生产和销售一种防止黄铜变色的新漆。与此同时，在半合成塑料领域，俄罗斯学生维克托·舒策（Victor Schutze）创造了一种用凝乳制成硬塑料的方法，并于 1909 年获得了这项技术的专利。随后，Syrolit 公司在英国成立，开始用酪蛋白生产半合成塑料物质，称为 Syrolit。1910 年，在抗暗漆取得成功之后，防火赛璐珞辛迪加有限公司倒闭了，斯温伯恩和他的同事立即创立了达玛德漆业公司（Damard Lacquer Company），只专注于生产这种漆。

1912 年，德国化学家弗里茨·克拉特（Fritz Klatte）试图开发一种可应用于飞机机翼的保护性涂层。克拉特偶然间发现，他可以利用阳光作为催化剂，将氯化氢、乙炔和汞结合起来，制造出氯乙烯单体［1835 年由法国化学家和物理学家亨利·维克托·勒尼奥（Henri Victor Regnault）首次创造的化合物］。克拉特无意中把混合物放在一个阳光充足的窗户附近，发现随着时间的推移，混合物在凝固前变成了混浊的污泥。此外，克拉特也用类似的方法制造出了醋酸乙烯单体。克拉特所在的格雷沙姆电子公司（Greisham Electron）应克拉特的要求，为这两种工艺申请了专利，但该公司没有进一步研究这一发现。与此同时，俄罗斯有机化学家伊万·奥斯特罗米斯勒恩斯基（Ivan Ostromislensky）在开发合成橡胶时申请了一项专利，该专利描述了一种利用溶剂（如苯）或阳光作用形成聚氯乙烯（polyvinyl chloride，PVC）的聚合氯乙烯技术。尽管如此，使这种易碎的高分子材料更具柔韧性的难题阻碍了进一步的发展。

到 1913 年，以酪蛋白为基础的 Syrolit 的生产已经证明是成本高和复杂的，面临清算的 Syrolit 公司随后在 1913 年被 Erinoid 公司（Erinoid Company）收购，后者创造了一种生产 Syrolit 的可行方法。1914 年，第一次世界大战爆发，在接下来的 4 年里，总部位于德国的 Galalith 公司和总部位于英国的 Erinoid

公司之间的竞争不复存在，因此两家公司得以蓬勃发展。在战争期间，达玛德漆业公司为英国皇家海军提供了大量的涂漆，用于绝缘电线。顺便说一句，贝克兰在战争期间同意使用他的专利，但含蓄地要求使用他专利的公司在战争结束后应建立商业伙伴关系。

随着第一次世界大战结束，许多有竞争关系的制造商在德国现有专利到期后开始生产酪蛋白塑料。1919 年，美国开始生产酪蛋白塑料，这种物质被称为 Aladdinite，在接下来的 10 年里，越来越多的制造商开始生产酪蛋白塑料。1920 年，德国化学家赫尔曼·斯托丁格和他的同事注意到，当液体甲醛在 $-80\,℃$ 下储存 60 min，液体就会形成一种凝胶状物质。对此，他们进行了进一步的研究，发现甲醛在同样的条件下放置 24 h，会发生聚合反应生成聚甲醛，也就是 POM（polyoxymethylene）。虽然斯托丁格能够从 POM 中获得基本的薄膜和纤维，但由于物质的热稳定性较差，使其无法在当时得到商业开发。1922 年，斯托丁格和博士研究生雅各布·弗里奇（Jakob Fritschi）发表了一篇论文，他们在论文中提出高分子材料是由许多小的重复分子组成的大链组成，这些小分子相互连接在一起。虽然他们的观点在当时遭到了强烈的反对，但这最终为聚合物化学提供了基本的理论基础。1924 年，斯托丁格创造并定义了"高分子"一词。

1925 年，弗里茨·克拉特关于氯乙烯和醋酸乙烯酯的德国专利到期。同时，比利时化学家朱利叶斯·纽兰（Julius Nieuwland）在无机催化剂铜（I）氧化物的存在下，通过聚合乙炔，创造了二乙烯乙炔。然而，美国化学家埃尔默·凯泽·博尔顿（Elmer Keiser Bolton）指出，这种聚合物在撞击后会发生爆炸，于是试图在纽兰的帮助下创造出一种更稳定的聚合物。最终，两人成功地创造出了一种非爆炸性聚合物，但不幸的是，暴露在光下会导致这种物质完全降解。同样在 1925 年，法国微生物学家莫里斯·勒穆瓦涅（Maurice Lemoigne）第一次发现了生物降解聚合物聚羟基丁酸酯（polyhydroxy butyrate，PHB），它存在于棒状好氧孢子形成菌（*Bacillus megaterium*）细胞质的颗粒沉积物中。

1926 年，美国发明家沃尔多·朗斯伯里·西蒙（Waldo Lonsbury Semon）

在美国 B.F. 古德里奇公司（B.F.Goodrich Company）研究橡胶替代品时，根据弗里茨·克拉特和伊万·奥斯特罗米斯勒恩斯基早期关于氯乙烯聚合的研究成果，取得了重大进展。当时，聚氯乙烯是一种难以操作的物质，没有商业效益，部分原因在于当时的经济衰退。然而，西蒙试验了这种材料并设法生产出一种 PVC 材料，通过塑化，其可以更加柔韧。这包括加入沸点为 255℃ 的磷酸三甲苯酯，然后将混合物加热至高温。大约在同一时期，贝克兰在美国卷入了一场激烈的法庭诉讼，试图在那里申请他的酚醛塑料专利。他的案子胜诉，他的专利在 1927 年获得批准。在此之后，贝克兰在达玛德漆业公司与另外两家英国制造商间进行了合并谈判，从而成立了酚醛塑料有限公司（Bakelite Ltd）。这家新公司的目的是在英国生产和销售酚醛塑料产品。

1928 年，随着各种研究小组对共聚物的开发，PVC 得到进一步发展。当时，PVC 的主要问题是制造时需要将聚合物加热到约 160℃ 的高温以使其柔韧。然而，安全的温度上限仅比这高 20℃，因此，超过 180℃ 后，过热会导致聚合物完全热分解。此外，精确的温度控制技术还处于起步阶段，因此研究人员必须找到一种方法，通过这种方法可以降低使聚合物变得柔韧的低温阈值。最终，这是通过产生由不同单体组成的聚合物来实现的，称为共聚物。这解决了制造问题，并开始在德国和美国大规模生产 PVC，从而标志着乙烯工业的诞生。当时，乙烯基是主流橡胶的一种前所未有的替代品，这种材料最终取得了巨大的商业成功。

同样在 1928 年，美国化学家华莱士·休姆·卡罗瑟斯（Wallace Hume Carothers）在美国杜邦公司（DuPont）的实验站担任管理职务。卡罗瑟斯和他的有机化学家小组开始研究聚酯，试图开发一种分子量超过 4 200 的合成橡胶材料。当时，4 200 是能达到的最高分子量，而且是德国化学家埃米尔·菲舍尔（Emil Fischer）几年前达到的。然而，到 1929 年，研究小组只能达到 3 000～4 000 的分子量。令他们沮丧的是，他们试了很多次，但都没能通过菲舍尔设定的门槛。的确，在当时，获得精确的分子量是特别具有挑战性的，而且令人沮丧的是，尽管一些材料似乎略微超过了阈值，但他们不能绝对确定。1930 年，美国化学家埃尔默·凯泽·博尔顿担任杜邦公司的研究主任，并渴望从卡罗瑟斯团队获得研究成果。根据博尔顿与比利时化学家朱利叶斯·纽兰之前在乙炔方面的研究成果，博尔顿指示研究小组采取新的方向，研究乙炔的聚合过程。其目的是创造出一种在光照下不会降解的合成橡胶。最后，在那一年的晚些时候，卡罗瑟斯团队的成员阿诺德·柯林斯（Arnold Collins）将氯化氢气体和乙烯基乙炔反应，生成了一种后来被称为氯丁橡胶的物质。让柯林斯吃惊的是，当这种物质停留在原处时，发生了聚合反应，形成了一种类似橡胶的固体物质，叫作氯丁橡胶。柯林斯指出，如果这种弹性物质被扔到固体表面，它就会反弹。杜邦公司随后将合成橡胶材料命名为 Duprene（后来被称为氯丁橡胶）。与此同时，卡罗瑟斯团队的另一名成员朱利安·希尔（Julian Hill）正试图合成分子量超过 5 000 的聚合物，称为超聚合物。令他们惊讶的是，希尔成功地创造出了一种分子量为 12 000 的聚酯聚合物。当他让热的物质冷却后，他发现该物质可以被拉出并拉成薄的柔韧纤维。不幸的是，这些纤维的熔点太低，不适合作为商业纤维使用。不过，希尔发现了冷拔工艺，这为后来尼龙纤维的合成奠定了基础。

大约在 1930 年的同一时期，聚苯乙烯由德国法本化学工业公司（IG Farben）首次商业化生产；他们通过乙苯的脱氢反应得到苯乙烯，然后在反应容器内将苯乙烯聚合成聚苯乙烯。然后将这种物质通过管子切成颗粒。在聚苯乙烯问世后不久，对这种物质进行了注塑试验。与此同时，在法本化学工业公司工作的德国化学家汉斯·菲肯切尔（Hans Fikentscher）和克劳斯·霍伊克（Claus Heuck）首次合成了聚丙烯腈（polyacrylonitrile，PAN）。然而，他们的研究由于在处理这种无法溶解的物质时遇到困难而被放弃了，因为没有发现任何能够溶解它的物质。

同样在 1930 年，研究生威廉·查尔默斯（William Charlmers）在加拿大蒙特利尔的麦吉尔大学（McGill University）学习。在他的研究期间，查尔默斯与阿克伦大学（Akron University）橡胶实验室的负责人乔治·斯塔福德·惠特比（George Stafford Whitby）合作。根据惠特比的建议，查尔默斯聚合甲基丙烯酸甲酯，形成一种透明的固体树脂物质，与玻璃非常相似，但更加灵活。随后，他又凭借自己的创造力，将甲基腈聚合成类似于玻璃的物质。意识到他的发现在商业上的重要性，查尔默斯于 1931 年在加拿大和美国申请了专利。此后，他联系了英国的帝国化学工业公司（Imperial Chemical Industries，ICI）和德国的罗门哈斯公司（Röhm and Haas）。两家公司都对商业开发这一新发现感兴趣，而且由罗兰·希尔（Rowland Hill）领导的 ICI 研究团队已开始研究如何实现聚甲基丙烯酸甲酯 [poly（methyl methacrylate），PMA] 的有效成型。这也使得 ICI 在 1931 年为 PMA 模塑制品的生产申请了专利。与此同时，在罗门哈斯公司工作的德国化学家奥托·罗姆（Otto Röhm）和瓦尔特·鲍尔（Walter Baeur）开始研究如何将 PMA 加工成大型丙烯酸板来直接替代玻璃。

同样在 1931 年，杜邦公司开始生产他们的合成橡胶复合物 Duprene。遗憾的是，由于这种物质难闻的气味，销量有限，不适合作为最终产品。这种难闻的气味是制造过程中产生的副产品引起的。因此，他们开发了更有效的生产工艺，使所得产品变得无味。随后，制造商对在最终产品中使用杜邦公司的 Duprene 的兴趣迅速增加，因此销量大幅增加。与此同时，德国化学家赫伯特·赖因（Herbert Rein）发现，被认为是不受溶剂影响的聚丙烯腈（PAN）会溶解在苄基吡啶鎓中。同时，在美国，酪蛋白塑料的生产蓬勃发展，许多生产酪蛋白的制造商合并成一个公司，名为美国塑料公司（American Plastics Corporation）。

注：酪蛋白塑料不能被视为热固性塑料或热塑性塑料，虽然它确实具有一些热塑性以及吸湿性能。酪蛋白塑料的一个特别的优点是它可以做成各种各样的颜色。顺便提一下，这一点特别受纽扣行业的欢迎，从而确立了酪蛋白作为主要消费品的突出地位。

1932—1944 年

1932 年，苏格兰化学家约翰·威廉·克劳福德（John William Crawford）在苏格兰的帝国化学工业公司（ICI）工作时，发明了一种革命性的、具有商业效益的生产甲基丙烯酸甲酯的方法，该方法使用廉价且容易获得的原材料硫酸、丙酮、甲醇和氰化氢。这一突破使 ICI 得以大规模生产聚甲基丙烯酸甲酯

（PMA）单体，大大降低了成本，标志着 PMA 大规模生产的重大飞跃。ICI 随后在 1932 年就该方法获得了专利。与此同时，卡罗瑟斯和他在杜邦公司的团队在真空条件下加热乳酸后，创造了聚乳酸（polylactic acid，PLA）。

　　大约在 1932 年，英国有机化学家埃里克·福西特（Eric Fawcett）和英国物理化学家雷金纳德·吉布森（Reginald Gibson）在 ICI 开始了高压化学研究。经过多次试验，终于在 1933 年取得了突破。这对化学家将苯甲醛和乙烯的混合物置于密封的反应容器中，并将容器加压至 1 400 atm[①]，同时加热至 170℃。尽管没有任何明显的反应，但在随后的检查中发现它内部有一层白色的蜡涂层。对化合物的进一步分析表明，福西特和吉布森无意中创造了今天使用最广泛的塑料——聚乙烯。福西特和吉布森随后通过单独加热和加压纯乙烯进行了进一步的试验。不幸的是，一场强烈的爆炸彻底毁掉了他们的设备，摧毁了他们实验室的一部分，并最终导致公司要员出于安全原因推迟了他们的研究。因此，福西特移居美国，开始为杜邦公司工作。然而，吉布森留在了英国，并在晚上秘密地在 ICI 继续开发聚乙烯。

　　同样在 1933 年，德国化学家奥托·罗姆和瓦尔特·鲍尔在罗门哈斯公司工作时，成功地创造了一种生产聚甲基丙烯酸甲酯（PMA）薄片的有效方法。因此，生产在那年晚些时候开始。它们的玻璃替代品在德国以 Plexiglas 的商标销售，而罗门哈斯美国分公司生产的薄片则以 Oroglass 的商标销售。到 1934 年，ICI 也开始大规模生产 PMA 成型粉和薄片，并分别以 Diakon 和 Perspex 的商标销售产品。与此同时，卡罗瑟斯和他在杜邦公司的团队报告说，他们已经成功地聚合 ε- 己内酯（ε-caprolactone），利用碳酸钾和热，形成聚己内酯（polycaprolactone，PCL）。同样在 1934 年，德国化学家弗里茨·施勒费尔（Fritz Schloffer）和奥托·舍雷尔（Otto Scherer）在德国法本公司工作时发现了第一种氟化柔性聚合物。他们当时的研究报告描述了聚三氟氯乙烯（polychlorotrifluoroethylene，PCTFE）、聚二氟氯乙烯（polychlorodifluoroethylene）和聚三氟溴乙烯（polybromotrifluoroethylene）的合

---

①　1 atm=1.013 25 × 10^5 Pa。——译者

成。同年，德国 Hoechst AG 公司以 Hostaflon C2 的商标将热塑性 PCTFE 商业化。顺便说一句，施勒费尔和舍雷尔也研究了四氟乙烯（tetrafluoroethylene，TFE）的聚合以形成聚四氟乙烯（polytetrafluoroethylene，PTFE），但由于其惰性和不溶性，该物质被认为是不实用的。因此，Hoechst AG 拒绝了生产这种材料的申请，理由是聚四氟乙烯的排斥特性以及难以获得足够数量的四氟乙烯会阻碍大规模生产。

1935 年，雷金纳德·吉布森仍晚上在 ICI 秘密研究聚乙烯的开发。尽管之前的爆炸摧毁了他的实验室，吉布森再次决定在 1 个密封的反应容器中加热 98% 的纯乙烯。然而，这一次他减少压强至 200 atm 且加热至 170℃。在乙烯中存在的痕量级氧气催化乙烯的聚合，并以白色粉末的形式产生了少量的聚乙烯（8 g）。这一次吉布森是非常幸运的，因为后来确定在反应容器中发现的泄漏使压力释放刚好足以避免另一次爆炸。与此同时，华莱士·卡罗瑟斯和他的团队正把精力集中在杜邦公司的研究设施上，他们试图创造聚酯和聚酰胺合成纤维。尽管他们在聚酯纤维方面没有取得多大成功，但当卡罗瑟斯将己二酸（adipic acid）与六亚甲基二胺（hexamethylenediamine）反应，生产出我们现在称为尼龙（Nylon）的高分子物质时，他们取得了突破。当尼龙冷却后，卡罗瑟斯使用在此之前由朱利安·希尔于 1930 年发现的一种冷拔技术将尼龙拉伸成长纤维。这些纤维在商业上似乎是可行的，因此杜邦公司投入了大量的资源将尼龙推向市场。

1936 年，ICI 对吉布森所创造的聚乙烯材料印象深刻，并认识到其商业潜力，迅速开始开发高压聚乙烯生产方法，解决了几个主要的工程难题。这些包括设计高放热聚合反应的有效冷却，并开发合适的方法以在不产生爆炸的情况下将容器加压至 20 000 atm。他们的聚乙烯产品随后很快就以 Polythene 的商标进入市场。同样在 1936 年，ICI 授予杜邦公司使用其美国专利生产甲基丙烯酸甲酯聚合物 Perspex 的许可。杜邦公司随后以商标 Pontalite 开始生产 Perspex，后来在同年晚些时候更名为 Lucite。

到 1937 年，聚氯乙烯的生产在德国和美国顺利进行。同时在英国，ICI 正在进行用盐酸和乙炔生产氯乙烯的研究。此外，也研究了这一化合物聚合的新方法。与此同时，杜邦公司决定将其合成橡胶材料 Duprene 的名称改为 Neoprene，以表明该物质不是一种最终产品，而是一种用于制造最终产品的材料。最终，Neoprene 为杜邦公司带来了可观的销量，并最终成为制造潜水员潜水服的首选材料。同样是在 1937 年，德国化学家奥托·拜耳（Otto Bayer）和他的同事在德国法本公司工作时，用聚异氰酸酯（polyisocyanate）和多元醇（polyol）合成了第一种聚氨酯（polyurethane）。由于他们的发现，聚氨酯最终在全世界被广泛使用。目前，聚氨酯的应用范围很广，从购物车和滑板轮到软管和地毯衬垫均有应用。

1938 年，美国化学家罗伊·普伦基特（Roy Plunkett）在杜邦公司工作，尝试开发一种替代专利制冷剂四氟二氯乙烷（tetrafluorodichloroethane）的制冷剂。这种特殊的制冷剂在当时是最常用的，但由杜邦公司专卖给通用汽车（General Motors）美国分公司 Frigidaire。由于许多其他冰箱制造商要求类似的制冷剂，杜邦公司必须找到一个没有专利的替代品。因此，普伦基特的任务是开发这种新型制冷剂，他决定制造四氟乙烯气体，然后和盐酸反应。因此，普伦基特用金属容器储存气体，然后他加以冷却以降低内部的压力。第二天，普伦基特和他的同事杰克·里博克（Jack Rebok）试图将气体释放到反应室中。然而，令他们惊讶的是，没有气体从容器中释放出来。两位困惑的研究者摆弄了很多仪器之后，决定切开容器进行调查。在里面，他们发现了一种丝质的白色物质覆盖在容器壁上。这种物质是聚四氟乙烯（PTFE）。在一些试验之后，普伦基特发现聚四氟乙烯表面光滑、几乎无摩擦，是一种电绝缘体且耐热、耐酸、耐紫外线。普伦基特随后代表杜邦公司申请了专利。然而，当时的商业化发展由于处理单体 TFE 会形成危险的过氧化物的爆炸风险而受阻。因此，必须投入大量的研究和资源以克服这一制造难题。

同样在 1938 年，对尼龙进行了第一次大规模生产，开始了这一物质用作牙刷刷毛的首次商业利用［以"韦斯特博士的奇迹毛刷"（Dr West's Miracle-Tuft）的名称销售］。在那时，牙刷的刷毛是由马毛和野猪毛做的，这些都是有问题的。动物的毛发经常脱落或含水而使细菌繁殖。因此，这种新尼龙牙刷刷毛由于克服了这些问题，被证明是非常受欢迎的。后来尼龙在女式长袜的生产中取得了巨大的成功。尽管如此，尼龙的商业化发展对杜邦公司而言特别有挑战性，最终有赖于230名化学家和工程师的共同努力。此外，从3年前最初发现这一物质直到最终将尼龙推向消费市场，杜邦公司声称他们已经花费了大约2 700万美元。

1939年，第二次世界大战爆发，尼龙因其弹性、耐磨性和耐用性，被用于制造降落伞和绳索。此外，聚甲基丙烯酸甲酯（PMA）以其耐用、轻便和抗破碎的特性，在双方军用飞机的玻璃窗上得到了大规模、几乎排他性的应用。当时，全球塑料产量已达到每年约30万 t。到1940年，ICI开发了一种新的聚合方法，用于高效生产一种乳液型PVC聚合物，他们将其称为Corvic。1941年，日本人入侵了英属马来亚半岛，这是有着大量橡胶种植园的区域，为西方提供了生橡胶资源。

大约在同一时期，美国的陶氏化学公司（Dow Chemical Company）创造了第一种挤压的闭孔聚苯乙烯泡沫，并将其以Styrofoam之名销售。与此同时，英国人在开发雷达设备电缆时利用了聚乙烯的电绝缘性能。由于当时正值战争时期，对聚乙烯的需求相当高，因此，英国人将其未公开的聚乙烯制造方法交给了美国人，以提高产量。于是，聚乙烯的生产很快就在美国开始，由联合碳化物公司（Union Carbide）和碳公司（Carbon Corporation）以及企业集团杜邦公司大规模生产。与此同时，英国化学家约翰·雷克斯·温菲尔德（John Rex Whinfield）和詹姆斯·坦南特·狄克逊（James Tennant Dixon）在为印花布打印机协会（Calico Printers Association）工作时，通过合成聚对苯二甲酸乙二酯（polyethylene terephthalate，PET），创造了第一种商用聚酯纤维。温菲尔德和狄克逊进行了乙二醇和对苯二甲酸的酯化反应，从而得到了单体双（2-羟乙基）对苯二甲酸酯。单体的缩合反应生成聚合物PET。温菲尔德和狄克逊注意到这种材料可以被拉伸成纤维；将这种材料命名为Terylene，并在当年申请了专利，但由于战争的原因，几年之后申请才被批准。

1942年，马来亚被日本人占领，这导致了西方橡胶的严重短缺。因此，市场对橡胶替代品的需求很大，特别是绝缘电缆，因而ICI开始生产他们的PVC产品Corvic。然而，由于Corvic的主要用途是电绝缘，而人们对具有更好绝缘性能的材料的需求越来越大。最终，这导致了 1943 年 Corvic 的改进型，被称为悬浮级 PVC，并以 Corvic DQ 为名销售。与此同时，酚醛塑料公司（Bakelite Ltd）等竞争公司也开始生产自己的 PVC 产品。此外，酿酒公司（Distillers Company）开发了一种利用 1,2- 二氯乙烷生产 PVC 的技术，并开设了一家参与竞争的生产工厂，生产一种为糊状聚合物的 PVC。顺便说一句，橡胶短缺也阻碍了橡胶假牙的生产，而军方领导人担心这种情况会对士兵带来影响，刺激了 Perspex 假牙的创造和发展。这些新型假牙被证实是非常受欢迎的，鉴于它们的成功，Perspex 最终成为假牙生产的首选主要材料。1944 年前后，杜邦公司认识到聚四氟乙烯（PTFE）的商业潜力，在一家试点工厂开始生产这种材料，并以特氟龙（Teflon）商标注册了聚四氟乙烯。后来，特氟龙成为一个家喻户晓的名字，与炊具和烘焙用具中使用的不粘涂料同义。

第 2 章　塑料当代史

塑料近代史

1945—1962 年

　　1945 年，第二次世界大战结束。就此值得注意的是，如今所广泛使用的塑料制品，其实在 20 世纪 30 年代初和 40 年代就已经开始被使用了，第二次世界大战为塑料的发展起到了推动作用。例如，由于其耐化学性，聚四氟乙烯（PTFE）在战争期间被用于处理核武器制作过程中所产生的高毒性和腐蚀性六氟化铀。同时人们发现多普勒雷达无法侦测出 PTFE，因此，它也被用来制造包裹在保险丝上的天线帽。此外，由于在战争快结束时进行了防弹聚合物薄片的研究，耐冲击热塑性丙烯腈丁二烯苯乙烯（acrylonitrile butadiene styrene，ABS）首次由美国化学家劳伦斯·戴利（Lawrence Daly）在美国橡胶公司工作时创造，随后在 1946 年获得专利。最终，ABS 被大量应用于各种物件，从汽车零部件到乐高积木。与此同时，聚甲基丙烯酸甲酯（PMA）在第二次世界大战期间也被广泛使用，美国克莱斯勒公司（Chrysler）将其作为汽车尾灯镜引入汽车工业中。

　　到 1946 年，PVC 的价格大幅下跌，英国的酿酒公司和美国的 B.F. 古德里奇化学公司（B.F. Goodrich Chemical Company）达成了一项协议，推动了 PVC 糊和悬浮剂制造商英国吉纶有限公司（British Geon Limited）的成立。大约在同一时期的美国，发明家厄尔·塞拉斯·塔珀（Earl Silas Tupper）以特百惠（Tupperware）的品牌名称首次推出了密封的聚乙烯食品容器，发明家朱尔斯·蒙特尼尔（Jules Montenier）开发并销售了一种通过挤压塑料瓶涂抹的止汗剂。由于这些产品大受欢迎，到 1947 年，塑料瓶和塑料容器的商业使用呈指数增长，这是塑料在历史上首次作为食品和饮料的包装与玻璃竞争。

　　到 1948 年，已有众多的制造商开发了可供选择的多种 PVC（乳液、悬浮液和糊状），以适应其更大范围的用途，如电气绝缘、防水、室内装潢和乙烯基密纹音乐唱片。1949 年，德国化学工程师弗里茨·斯塔斯特尼（Fritz Stastny）在德国巴斯夫公司（BASF AG）进行有效绝缘电缆的研究时，意外地创造了挤压闭孔聚苯乙烯泡沫塑料，随后获得了专利。斯塔斯特尼无意中用比 80℃下的必要时间更长的时间生成了聚苯乙烯的固体样品。他注意到这导致了固体泡沫丝的产生。通过对戊烷和空气的进一步试验，产生了由许多预膨胀聚苯乙烯珠所组成的泡沫。合成的泡沫产品被巴斯夫公司命名为 Styropor，于 1951 年开始在德国生产。

　　注：Styropor（图 2.1）通常被描述为 Styrofoam（图 2.2），尽管这是不正确的。事实上，Styrofoam 在技术上仅仅指的是 1941 年由美国陶氏化学公司创造的挤压闭孔聚苯乙烯泡沫塑料。

图 2.1　Styropor

图 2.2　Styrofoam

　　1951 年，美国菲利普斯石油公司（Phillips Petroleum）正在研究如何利用其两种精炼产品乙烯和丙烯气体来生产汽油。美国化学家约翰·保罗·霍根（John Paul Hogan）和罗伯特·班克斯（Robert Banks）被指派了这项任务，当时他们正在研究各种催化剂。在研究丙烯转化为其他液态碳氢化合物的过程中，他们使用了一种氧化镍催化剂。顺便说一句，他们的工作是基于 8 年前菲利普斯石油公司的另外两名化学家格兰特·C. 贝利（Grant C. Bailey）和詹姆斯·A. 里德（James A. Reid）的一次突破。在这项工作的基础上，霍根和班克斯发现，氧化镍催化剂的寿命并不长，他们希望能找到另一种催化剂。有一次，他们决定通过添加氧化铬来改善催化剂。然后，化学家们用丙烷气体在高压下迫使丙烯通过一个 25 mm 的管道，让管道中充满这种新型的催化剂组合。然而，管道很快就被堵塞了，试验不得不停止。令他们惊讶的是，除常见的液态烃产品外，还产生了一种白色的固体物质。这是结晶聚丙烯（crystalline polypropylene）首次被合成。意识到他们的发现的重要性，霍根和班克斯很快就对该物质申请了专利。对其催化剂组合的进一步研究证实，铬催化剂是丙烯聚合的唯一原因。此后，化学家们决定尝试利用这种新的铬催化剂来生产聚乙烯。重要的是，当时生产聚乙烯（由英国 ICI 开发）需要超过 20 000 atm 的气压才能生产。因此，霍根和班克斯开始使用他们新的铬催化剂改善已有的工艺，最终实现了高密度聚乙烯（high-density polyethylene，HDPE）的首次合成。HDPE 是一种直链聚合物，具有非常小的分支和强大的分子间力。随后的测试表明，HDPE 具有前所未有的抗拉强度和耐热性。鉴于此，菲利普斯石油公司冒着相当大的风险进入了塑料行业，而此前在该行业他们并无任何经验。他们希望这种新型聚合物无与伦比的性能会获得成功，于是他们将 HDPE 商业化，命名为 Marlex。不幸的是，当时 Marlex 的销量并不理想。

巧合的是，大约在同一时期，另外两名研究人员也分别发现了结晶聚丙烯。在第一例中，化学家亚历克斯·兹莱茨（Alex Zletz）在美国标准石油公司（Standard Oil）工作时，正在研究乙烯的烷基化反应和这些反应的催化作用。在他的研究过程中，兹莱茨使用钼催化剂并注意到产生了一种固体物质。这后来被确认为部分结晶聚丙烯。兹莱茨通过对各种金属盐的进一步试验，开发出了一种用于生产聚乙烯的低压技术。然而，标准石油公司决定批准这一流程，但不打算进行大规模生产，因此第一家获得许可的化工厂开始了在日本的生产，取得了一定的商业成功。在第二例中，德国化学家卡尔·瓦尔德马·齐格勒（Karl Waldemar Ziegler）在德国研究组织马克斯 - 普朗克研究所（Max-Planck Institute）工作时，试图合成一种高分子量聚乙烯。然而，齐格勒遇到了一个不希望发生的消除反应的问题，这个反应持续地从乙烯中产生 1- 丁烯。最终他确定了原因是镍盐的污染。这促进了用铬、钛或锆盐作为催化剂在低压下聚合乙烯的发展。1952 年，齐格勒与意大利化学公司蒙特卡蒂尼公司（Montecatini）合作，向意大利化学家居里奥·纳塔（Giulio Natta）提供催化剂方面的信息。纳塔对这些催化剂的潜力非常感兴趣并进一步研究了它们的性质，这最终造就了结晶聚丙烯的形成和立体特异性过渡金属齐格勒 - 纳塔催化剂（Ziegler-Natta catalysts）的产生。两人也因在聚合物方面的研究而共同获得诺贝尔化学奖。后来，这些同时独立发现的结晶聚丙烯在未来几年引发了一场复杂而艰巨的专利司法战。大约在同一时期，化学家罗伯特·尼尔·麦克唐纳（Robert Neal MacDonald）在杜邦公司工作时，首次合成了一种高分子量的端羟基（半缩醛）聚甲醛（POM）。然而，该材料易因过热（热降解）而发生分子降解，热降解是从聚合物链末端的羟基开始的。因此，这种材料被认为不具有商业可行性。

1953 年，齐格勒在马克斯 - 普朗克研究所工作期间首次合成了超高分子量聚乙烯（ultra-high molecular weight polyethylene，UHMWPE）。用他新开发的催化剂，齐格勒在 66～80℃的低温和 6～8 atm 的低压下制得了聚乙烯。这大大低于当时用于生产规整聚乙烯的 20 000 atm 的危险气压。由于这些温和的反应条件，聚乙烯形成了非常长的直链和最小的分支，有效地排列成晶体结构。事实上，这些直链的长度使这种材料的分子量达到标准高密度聚乙烯（HDPE）的 10～100 倍。经过测试，该材料是惰性的，具有极强的耐化学性，同时具有与聚四氟乙烯（PTFE）相媲美的摩擦系数。齐格勒随后将这些材料交给了德国公司鲁尔化学公司（Ruhrchemie AG），后者有意将其商业化。随后，鲁尔化学公司在德国杜塞尔多夫（Dusseldorf）举行的 K 贸易博览会上以 RCH-1000 的商标推出了 UHMWPE。此后不久，鲁尔化学公司开始大规模生产和销售 RCH-1000。最终，UHMWPE 持续被用于生物医学植入物，由于材料的惰性、无摩擦的性能和无与伦比的冲击强度（impact strength），它最终取代聚四氟乙烯（PTFE）作为人造髋关节的轴承材料。到一定的时候，高强度超高分子量聚乙烯纤维产品出现，其比强度和耐磨性分别是碳钢的 8～15 倍和 10 倍，并拥有任何已知热塑性塑料中最高的耐冲击性。

同样在 1953 年，在德国拜耳公司（Bayer）工作的德国化学家赫尔曼·施内尔（Hermann Schnell）合成了第一种线型聚碳酸酯（linear polycarbonate）。同时且独立地，在美国公司通用电气塑料公司（General Electric Plastics）工作的美国化学家丹尼尔·福克斯（Daniel Fox）合成了第一种具有分支的聚碳酸酯。然而，1955 年，两家公司同时在美国申请专利，在得知对方的发现后，一场关于谁才是合法的专利持有者的争论爆发了。所产生的聚碳酸酯物质被证明是异常坚固和高度抗冲击的，同时在外观上是透明的。因此，拜耳公司和通用电气塑料公司都认识到他们的发现具有商业潜力。经过一番考虑，两家公司决定达成一项协议，拥有专利的公司将授权另一家公司生产这种物质。最后，这项专利被裁定为属于拜耳公司，于是他们开始以 Makrolon 商标生产这种聚碳酸酯材料。与此同时，通用电气塑料公司从拜耳公司获得生产这种物质的许可证，并选用了商标名 "Lexan"。最终，几十年后，聚碳酸酯继续用于多种应用，包括生产高密度光盘，如蓝光光盘。同样是在 1955 年，在杜邦公司工作的研究员吉姆·怀特（Jim White）在研究实验室观察到一种像白色绒毛的物质从管子里出来。经过对这种特殊物质的检验，确定它实际上是聚乙烯纤维。因此，杜邦公司开始探索这种物质的商业可能性，并将其命名为 Tyvek。

1956 年，杜邦公司获得了合成高分子量聚甲醛（POM）的专利。大约在同一时期，在通用电气塑料公司工作的加拿大化学家艾伦·斯图尔特·海（Allan Stuart Hay）首次合成了聚对亚苯醚（polyphenylene ether，PPE）。这种材料是一种耐高温热塑性塑料，其主要优点是生产成本低。遗憾的是，在开发过程中，人们发现这种塑料难以加工，耐高温性能随着时间的推移而退化。然而，他们很快发现，通过将玻璃化转变温度（T_g）提高至 100℃以上，以任意比例混合这种材料和聚苯乙烯，成功地抵住了这种退化。添加聚苯乙烯量与材料 T_g 之间的关系是平滑的线性关系。因此，随着加入更多的聚苯乙烯，T_g 成正比例增加。此外，还发现聚苯乙烯的加入形成了一种罕见的完全无定形聚合物共混物（polymer blend）。顺便说一句，当任何两种聚合物混合在一起时，它们通常是互不相容的，并且往往会形成单独的相。然而，在聚对亚苯醚和聚苯乙烯中存在带有苯环的单体，使得它们的相容性得以保证。随着时间的推移，这种无定形共混物的发现促进了对聚合物相容性的大量研究。因此，通用电气塑料公司开始开发这种材料的商业化模式。

在那时，塑料已被广泛接受并被称为"未来的神奇材料"。事实上，美国的加利福尼亚州（California）迪士尼乐园在 1957 年开放了一个名为"孟山都未来之家"（Monsanto House of the Future）的景点。整个建筑是用聚酯建造的，据描述这将是遥远的 1987 年一个典型的家。几乎所有的东西都是合成的，房子里有许多现在很常见的东西，比如微波炉、电动牙刷、塑料家具和器具。

大约在 1957 年的同一时期，一种以圆形塑料管形式出现的器材——呼啦圈引领了全球潮流。尽管用竹子或葡萄藤等多种材料制成的类似的环形物已经存在了数千年，但从未有过由塑料制成的环形物。受当时流行的竹制呼啦圈的启发，美国发明家理查德·尼尔（Richard Knerr）和他的同事阿瑟·梅林（Arthur Melin）发明了一种由 Marlex 制造的呼啦圈，并将其推向市场。顺便说一句，生产 Marlex 的菲利普斯石油公司，到目前为止只经历了有限的商业成功。然而，呼啦圈被证明是非常受欢迎的，产量迅速上升到每天 5 万个呼啦圈，2 500 万个呼啦圈在短短几个月内售出。由于这一商业成功，之后，菲利普斯石油公司销量大幅增长，不过最后还是未能跟上对 Marlex 的需求。最终，HDPE 在圆形管状玩具中的早期应用促进了 HDPE 塑料管的发展。与此同时，利用最新开发的齐格勒 - 纳塔催化剂，蒙特卡蒂尼公司首次开始生产等规聚丙烯（isotactic polypropylene）。

1958 年，美国专利局宣布，在涉及发现聚丙烯的多项专利中存在一个冲突。总共有 5 个对立方：霍根和班克斯、齐格勒、兹莱茨和另外两家公司。顺便说一句，在当时的美国，专利局认定第一个发明东西的人为合法的专利权人，而不是第一个申请专利的人。因此，专利提交的时间没有什么影响。由此而来的官司持续了 30 多年，引用了大量的证词和科学研究资料。最后，法院裁定霍根和班克斯是聚丙烯的发明者。

大约在 1958 年的同一时期，美国化学家约瑟夫·希弗斯（Joseph

Shivers）正在杜邦公司工作，尝试创造一种合成弹性体（elastomer），可以用作橡胶替代品。在试图修改热塑性聚酯 PET 之后，他创造了一种热塑性弹性体纤维，他认为这种纤维具有极大的弹性。更为夸张的是，它可以被拉长到原来长度的 5 倍而不断裂。对这种纤维的进一步研究最终促成杜邦公司在 1959 年将这种物质命名为莱卡（Lycra）。与此同时，杜邦公司获得了合成一种热稳定的熔融加工聚甲醛（POM）均聚物的专利。在杜邦公司工作的化学家斯蒂芬·达尔·诺加尔（Stephen Dal Nogare）和约翰·奥利弗·庞德森（John Oliver Punderson）发现，通过将乙酸酐与不稳定的 POM 均聚物的端羟基（半缩醛）反应，他们可以通过乙酰化去除羟基并产生一种热稳定的塑料。因此，杜邦公司为 POM 均聚物申请了专利，并开始了这种新材料的商业化开发。

大约在 1959 年的同一时期，继 20 世纪 30 年代末发现的氟塑料聚四氟乙烯（PTFE）及其后续以特氟龙命名的聚四氟乙烯不粘涂层的商业化后，杜邦公司开始对开发既能够保持聚四氟乙烯优越性能，还能够像其他热塑性塑料一样进行处理的氟塑料产生了兴趣。虽然聚四氟乙烯被认为是一种不黏滑的物质，具有很强的抗化学攻击能力，但这种物质并不具有特殊的熔融处理能力。这是一种将塑料加热熔化成液体的过程。这种液体随后可以被加工成模压制品，如注射成型。因此，杜邦公司希望能生产出既具有优异熔融加工性能，同时还能拥有与聚四氟乙烯相媲美的性能的氟塑料。1960 年，这种塑料首次被推出，它是一种四氟乙烯和六氟丙烯的共聚物，商标名为特氟龙 FEP。

同样在 1960 年，杜邦公司开始生产他们的聚甲醛（POM）均聚物，用酯基封端以防止热降解。因此，一种新型的可模压热塑性缩醛树脂的工程类材料被推出，命名为 Delrin。据称，这些高度结晶的材料的熔点为 175℃，并且表现出杰出的硬度和耐磨性，同时拥有杰出的抗疲劳和塑型性能。大约在同一时期，美国制造商固特异轮胎橡胶公司（Goodyear Tyre and Rubber Company）开始推出 PVC 与氯磺化聚乙烯（chlorosulphonated polyethylene, CSPE）的共混物。氯磺化聚乙烯是杜邦公司以"海帕龙"（Hypalon）的商标名称生产的合成橡胶。与此同时，德国电气工程公司西门子公司（Siemens）

和哈尔斯克公司（Halske AG）宣布，他们已经开发出第一种聚对苯二甲酸乙二酯（polyethylene terephthalate，PET）与聚对苯二甲酸丁二酯（polybutylene terephthalate，PBT）的共混物。

1961 年，美国彭盐化学公司（Pennsalt Chemicals Corporation）以 Kynar 的商标名推出了氟聚合物聚偏二氟乙烯（polyvinylidene fluoride）。相比其他氟聚合物，这种氟聚合物在处理中特别容易熔化，主要是由于其熔点较低，为 171℃。此外，该材料具有良好的耐冲击性、耐候性、拉伸性和力学性能，并且相对便宜。与此同时，美国汽车公司博格华纳公司（BorgWarner）创造了第一批丙烯腈丁二烯苯乙烯（ABS）与聚酰胺（polyamide，PA）的共混物。一年后，即 1962 年，博格华纳公司发明了 ABS 与聚（α- 甲基苯乙烯丙烯腈）[poly (α-methylstyrene-*co*-acrylonitrile)]的共混物，被称为耐热 ABS 材料。这是一个重大突破，因为即使 ABS 具有很高的冲击强度和良好的可塑性能，但是 ABS 对热敏感。

与此同时，杜邦公司正在进行莱卡的研究和开发，于 1962 年将这种材料推向大众市场。最终，莱卡在服装行业掀起了一场革命，并以氨纶（Spandex）和弹性纤维（Elastane）等家喻户晓的名字而闻名。大约在 1962 年同一时期，杜邦公司以 Kapton 的商标向大众市场发行了第一批聚酰亚胺（polyimide）制品。由于其优越的绝缘性能和温度特性，聚酰亚胺薄膜甚至被用于宇航员宇航服的热微球体服装层和卫星、望远镜及航天器的隔热毯。此外，聚酰亚胺薄膜的轻质特性使其在民用和军用飞机上可以被用作布线绝缘体。与此同时，美国塞拉尼斯公司也在独立开发自己的聚甲醛（POM）。然而，与杜邦公司的 POM 用酯基封端以实现热稳定不同的是，塞拉尼斯公司的 POM 没有这种封端。顺便提一句，杜邦公司的专利只涉及 POM 均聚物，因此塞拉尼斯公司对 POM 共聚物进行了研究。最终，塞拉尼斯公司开发了一种基于耐热氧化亚甲基的共聚物，这种共聚物更容易处理，虽然熔点略低（为165℃，而不是 175℃），但具有杜邦公司的均聚物类似的属性，1962 年，塞拉尼斯公司与德国赫希斯特公司（Hoechst AG）通过有限合伙关系，开始以 Celcon 的商标生产这种材料。

29

1963—1989 年

至此，绝大多数流行的商品塑料已被合成和制造出来，如今我们发现水生环境中到处都是它们。可以看出，塑料的发展迅速。然而，人们认识到塑料本身的柔韧性意味着它根本无法与金属相媲美，尤其是在需要强度和耐久性的应用领域。最终，有一种重要的动力使塑料的比强度达到甚至超过金属的比强度。与此同时，塑料的指数增长及其可能的应用引发了对提高塑料的高温特性和热氧化性能的动态研究。在此期间，在聚合物的共混物或合金（称为共聚物）的制造方面也取得了重大进展。混合是特别有用的，因为它使生产比单个聚合物表现出更好性能（如耐热性或耐久性）的高分子材料成为可能（见第 4 章关于共混聚合物的更多信息）。

1963 年，英国的皇家飞机制造公司（Royal Aircraft Establishment）取得了重大突破，他们发现当塑料与碳纤维（carbon fibre）混合时，塑料的硬度和强度会显著增加。碳纤维增强聚合物（carbon fibre reinforced polymer）的强度与某些金属相当，但具有明显的优势，因为这种物质要轻得多，因此具有高比强度。1965 年，陶氏化学公司的子公司联合碳化物公司推出了第一种聚砜（polysulphone，PSU），称为胶木聚砜（Bakelite Polysulphone）。这种材料后来被命名为 Udel，并被认为具有类似于轻金属的性质。聚合物表现出刚性、高强度和稳定性，温度高达 180℃。1965 年，美国化学家斯蒂芬妮·夸利克（Stephanie Kwolek）在杜邦公司工作时，发明了一种防弹芳香族聚酰胺，叫作聚对二苯基对苯二酚酰胺（poly-paraphenylene terephthaliamide），强度是钢的 5 倍。杜邦公司以凯芙拉（Kevlar）的名称销售这种物质，并首次将其用作赛车轮胎的增强剂。最终，在防弹服装和军事装备的研发上，凯芙拉彻底改变了个人防弹衣的设计。

与此同时，在联合碳化物公司工作的威廉·戈勒姆（William Gorham）开发了一种聚对二甲苯（poly-p-xylene）塑料的涂层技术。这种物质能以均匀薄膜的形式沉积在表面。这是通过在超过 550℃ 的温度下热分解对环芳烷（paracyclophane）实现的。该薄膜涂层具有很强的耐腐蚀性，联合碳化物公司于 1965 年将涂层工艺商业化。最终，派瑞林（Parylene）薄膜继续用于多种用途，如印刷电路板涂层、军事和空间电子学、金属保护和医疗应用，又如生物医学软管的防潮屏障和微机电系统的摩擦减速器。1966 年，日本三菱孟山都化学合成公司（Mitsubishi Monsanto Kasei Co）和日本合成橡胶公司（Japan Synthetic Rubber Co）开始生产丙烯腈丁二烯苯乙烯（ABS）树脂。大约在同一时期，通用电气塑料公司推出了一种高温改性聚对亚苯氧（polyphenylene oxide，PPO）热塑性塑料，由聚对亚苯醚（PPE）和聚苯乙烯的混相无定形共混物组成，其商标名称为诺里尔（Noryl）。这种材料加工性能好，制作成本低。此外，这种材料具有良好的电绝缘性、耐热性、水解稳定性和低密度的特性。另外，即使在高温下，这种材料仍表现出优异的抗弯和抗拉强度。诺里尔的一个特殊应用是它在 10 多年后被制作成为第一台苹果牌电脑的外壳。

1967 年，经过 12 年的研发，杜邦公司推出了一种名为 Tyvek 的闪纺高密度聚乙烯纤维薄板结构。这种薄片材料被证明具有难以置信的抗穿刺、拉裂或撕裂和多孔的性能，并且显示出前所未有的微生物渗透阻力。最终，Tyvek 的孔隙度和强度彻底改变了医疗包装行业，尤其是它能够承受用环氧乙烷气体灭菌。这种材料随后被用作一种透气膜，用来包裹新建房屋，其中水蒸气可以漏出，但水无法渗出。

1968 年，美国的孟山都公司（Monsanto Company）推出了一种新型的聚苯乙烯（polyphenylene）树脂，这种树脂被认为适合与碳纤维或石棉混合，以发明一种交联的层压材料，这种材料具有相当好的耐热性。与此同时，日本东丽工业公司（Toray Industries）宣布，他们已经成功地将丁基橡胶与聚对苯二甲酸乙二酯（PET）和聚对苯二甲酸丁二酯（PBT）混合，创造出一种具有良好机械性能和高冲击强度的共混物。也是在同一时期，联合碳化物公司宣布制造出第一批丙烯腈丁二烯苯乙烯（ABS）与聚对苯二甲酸丁二酯（PBT）或聚对苯二甲酸乙二酯（PET）的共混物。1969 年，博格华纳公司以 Cycovin 的商标，推出了一种高抗冲击的 ABS 和 PVC 共混物，具有阻燃性能。与此同时，德国炸药诺贝尔公司（Dynamit Nobel AG）以 Trogamid 商标推出了第一种无定形芳香族聚酰胺。这种材料具有较高的机械韧性和良好的耐化学腐蚀性，同时具有较高的透明度和耐紫外线通量。由于这些特性，这种材料此后在光学领域应用广泛，例如太阳镜镜片和流量计的观察镜。

大约在同一时期，威尔伯特·李·戈尔（Wilbert Lee Gore）和他的儿子罗伯特·W.戈尔（Robert W. Gore）共同发明了由膨胀聚四氟乙烯（expanded polytetrafluoroethylene，ePTFE）组成的防水透气织物薄膜，当时他们在试验中使用聚四氟乙烯作为电线绝缘体。当罗伯特·W.戈尔加热并逐渐拉伸一根聚四氟乙烯杆时，杆变得疲软起来，他很快就把杆拉开了。经过进一步的研究，戈尔父子意识到一种可以透过空气的坚固轻质防水材料已经形成。由于意识到这些独特性的市场潜力，他们以 Gore-Tex 商标申请了专利，并将其推向市场。当时，许多公司和军方都在寻找一种轻便透气防水面料，因此，这种新材料获得了巨大的成功。最终，Gore-Tex 成为一种广泛使用的透气、防水和防风织物，应用范围从宇航员宇航服到户外服装和鞋类。

注：关于谁是 ePTFE 的真正发明者有相当大的争议。1966 年，新西兰工程师约翰·W.克罗珀（John W. Cropper）在与杜邦公司接洽后，开发并制造了一台机器来制造特氟龙（PTFE）胶带。克罗珀制造的机器通过拉伸聚四氟乙烯（PTFE）制成一种透气的扁平薄材料，每平方厘米大约有 30 亿个孔。每个孔是水滴的 1/20 000，因此液态水不能通过，而水蒸气可以。然而，克罗珀决定不为这项发明申请专利，而是将其保密。1969 年，戈尔父子发明了 Gore-Tex，并为生产工艺申请了专利。随后，美国的加洛克公司（Garlock Inc.）开始使用克罗珀的机器生产一种类似的 ePTFE 材料。因此，这引发了一场围绕专利权侵犯的旷日持久的法庭大战，涉及 300 多件物证和 35 份证词。最后，法院裁定戈尔父子的专利无效，称克罗珀才是 ePTFE 的真正发明者。然而，在申诉之后，法院决定推翻这一判决，因为克罗珀没有申请专利，而且因为他对这个过程保密，所以他放弃了对机器的任何优先权，因此在法律上，他不能被认为是这种材料的发明者。因此，上诉法院裁定戈尔父子确实是 ePTFE 的法定发明人。

1970 年，英国公司 ICI 创造了第一种聚酰胺（PA）和聚砜（PSU）的共混物。同时，英国天然气公司（British Gas）在英国推出了黄色 HDPE 管道，用作天然气输送管道。也就在此时，杜邦公司继其氟塑料的研究和开发以及特氟龙 EPA 的推出之后，又推出了一种新的氟聚合物，命名为特福泽尔（TEFZEL）。这种物质被认为特别坚硬，具有很高的抗拉强度。此外，经评估，TEFZEL 被认定能够连续 2 年以上承受 155℃的温度。1971 年，美国制造公司 3M 公司（3M Company）推出了一种无定形高温高性能热塑性塑料，名为聚芳醚砜（polyarylethersulphone，PAES），商标名为 Astrel。由于这种材料具有特殊的热氧化抗性，它被证明特别适用于长时间暴露在高温环境中。这时，杜邦公司对氟聚合物进行了进一步的研究和开发，在 1972 年推出了特氟龙 PFA。据称，这种材料既具有出色的熔融加工能力，也保留了与聚四氟乙烯相似的许多特性。此外，这种材料被认为可以抗弯曲和断裂，在高温下也能保持刚性和强度。

1973 年，全球发生石油危机，原油价格上涨 300%，乙烯价格上涨 200%。因此，用石油蒸馏物生产的塑料的价格上涨了 50%～100%。这加剧了人们的猜测，即未来生产油基塑料的成本可能过高。因此，英国公司 ICI 开始研究如何实现利用可生物降解的聚合物聚羟基丁酸（polyhydroxybutyrate，PHB）进行高效细菌生产。与此同时，日本的三菱气体化学公司（Mitsubishi Gas Chemical Company）创造了第一种聚碳酸酯（polycarbonate，PC）和聚酰胺（PA）共混物。

1974 年，日本的尤尼吉可公司（Unitika Ltd）以 U-polymer 的商标名推出了第一种商用芳香族无定形聚酯，作为一种透明的工程塑料。这种材料被认为是在透明树脂中于 175℃时耐热性最高的，且可见光透射比为 90%，所以透明度不逊于聚甲基丙烯酸甲酯（PMA）或聚碳酸酯（PC）。此外，该材料表现出优异的耐候性和优异的回弹率以及许用应变率。因此，这种材料被广泛应用于汽车、医疗产品、机器和精密设备等领域。与此同时，美国化工制造商赫尔克里士公司（Hercules Incorporated）推出了一种热固性聚苯树脂材料，他们将其命名为 "H-resin" 并销售。该公司宣布，在合适的交联固化后，这种材料可以在气温高达 300℃的服务环境中使用。此外，如果是缺氧的环境，那么温度上限将增加到 400℃。1975 年，在山形大学（Yamagata University）工作的日本研究人员 Yoshio Imai 和 Motokazu 报道了利用创新性的两个步骤、通过聚合 4,4′-二氨基二苯醚（4,4′-oxydianiline，ODA）和二苯磺酰胺焦磷酰胺〔bis（phenylsulphonyl）pyromellitimide，BPSP〕生产聚酰亚胺。

到 1976 年，塑料的不断使用使塑料被认为是世界上使用最广泛的材料。顺便说一句，这至今仍然适用。同样在 1976 年，联合碳化物公司以 Radel 的商标名称首次推出了高性能非晶塑料聚苯醚砜（polyphenylethersulphone，PPSF）。该抗冲击材料表现出的抗拉强度高达 8 000 psi^①，温度不超过 207℃时能耐化学腐蚀和耐热。此外，由于这种材料具有特殊的长期水解稳定性，它已发展成为热水管道设备和用材，还用于医疗设备和牙科或外科器械，因其可以满足用蒸汽反复消毒甚至循环消毒 1 000 次以上的要求。此外，它是一种产烟少、毒性气体排放量少、热量释放也较少的材料，并且可用于飞机内部和航空公司的餐饮托盘和手推车制作。

1977 年，美国拜耳公司从博格华纳公司获得许可，以 Bayblend 的商标推出了一种由丙烯腈丁二烯苯乙烯（ABS）和 PC 组成的非晶热塑性共混物。这种材料表现出 142℃的耐热温度、高冲击强度和刚度，同时还不容易变形。该产品随后应用于汽车门把手、双目罩、家居用品以及电子和电气设备。与此同时，博格华纳公司以 Cycoloy 的商标冠名了他们自己的高抗冲无定形热塑性共混物，由 ABS 和 PC 混合。同时，日本三菱人造丝公司（Mitsubishi Rayon）推出了聚对苯二甲酸乙二酯（PET）和聚对苯二甲酸丁二酯（PBT）的高抗冲共混物，而美国的飞利浦石油公司（Philips Petroleum）宣布他们已经创造了第一种以两种不同形式混合的线型低密度聚乙烯（linear low-density polyethylene，LLDPE），一种形式是乙烯-丁烯共聚物，而另一种形式是乙烯-己烯共聚物。所合成的共混共聚物既适用于动态挤压，也适用于螺杆挤压。与此同时，宾夕法尼亚大学（University of Pennsylvania）的研究人员开

① 1 psi=6.894 76×10³ Pa。——译者

发出聚乙炔的导电性，从而发现了第一种导电聚合物。此外，他们还发现碘蒸气能够使聚乙炔的导电性提高 8 个数量级（1 亿倍）。

同样在 1977 年，英国公司 ICI 第一个合成高度坚固的热塑性聚合物，称为聚醚醚酮（polyether ether ketone，PEEK），玻璃化转变温度（T_g）为 143℃，熔点为 334℃。这种材料被认为适合在要求高的环境中使用。因此，ICI 在 1978 年以 Victrex 的商标名开始出售这种材料，在当时这种材料被认为是世界上性能最好的工程塑料之一。1979 年，杜邦公司在氟塑料的研发上取得了显著的成果，在那一年，杜邦公司以特氟龙 EPE 的名称推出了一种新材料。这种新的氟塑料的熔点高达 295℃。与此同时，日本旭化成公司（Asahi Kasei Corporation）推出了 Xyron，这是一种无卤阻燃剂热塑性塑料，是由改性聚苯醚（modified polyphenylene ether，mPPE）与不同数量的聚酰胺（PA）、聚苯硫醚（polyphenylene sulphide，PPS）、聚丙烯（polypropylene，PP）和聚苯乙烯（polystyrene，PS）组成的共混物。这种材料表现出较高的抗酸性、抗碱性，以及 80～220℃的绝佳耐热温度和 1.03 的低比重。今天，这种材料正逐步在电线绝缘领域淘汰 PVC，许多计算机和汽车制造商计划在不久的将来改用 mPPE 绝缘。这是由于 mPPE 优异的介电性能——mPPE 在 100 V 情况下电阻率为 $3.94^{16}\Omega \cdot cm$，而 PVC 在 100 V 情况下为 $2.7^{15}\Omega \cdot cm$，这可以最多减少大约 25% 的电线绝缘体厚度。此外，mPPE 更环保，因为它没有卤化作用，同时比 PVC 更轻、更坚韧、更具耐磨性和抗捏性。

1980 年，联合碳化物公司以"明德尔"（Mindel）的名称，推出了一种由丙烯腈丁二烯苯乙烯（ABS）和聚砜（PSU）混合而成，具有高冲击强度、低成本和良好的加工性能的材料。同样在 1980 年，碳纤维复合材料首次作为一级方程式赛车金属车身的直接替代品被引入。碳纤维复合材料在一级方程式赛车中有两个明显的优点：它们比金属轻得多，强度也高得多。在碰撞过程中，碳纤维复合材料粉碎成小碎片，从而为驾驶员分散了能量。同样在 1980 年，制造业的显著进步促进了低密度聚乙烯的第一次全面生产；这是世界上最流行的塑料，也是臭名昭著的"塑料袋"的主要成分。与此同时，英国也推出了高压 HDPE 管和蓝色中密度聚乙烯（medium-density polyethylene，

MDPE）管，以供应饮用水。

1981 年，法国的阿托化学公司（Atochem）推出了一种由嵌段共聚物组成的热塑性弹性体产品，由软聚醚直链和刚性聚酰胺段组成。该产品被命名为 Pebax，与其他热塑性弹性体相比，材料密度非常低，为 1.00～1.01 g/cm^3，几乎等于水的密度（1.00 g/cm^3）。1982 年，Hoescht AG 推出了聚甲醛（POM）与聚氨酯的多种共混物。所合成的材料具有许多 POM 的优点，但韧性更强。与此同时，通用电气塑料公司推出了一种耐高温的聚醚酰亚胺工程热塑性塑料，这种塑料具有极高的抗拉强度和极好的防火性能，玻璃化转变温度（T_g）为 215℃，以 Ultem 为名称进行交易。这种塑料具有聚酰亚胺的优异性能，如韧性和热稳定性。然而，与大多数聚酰亚胺不同的是，这种塑料在水的存在下表现出优异的抗化学分解能力，并且具有醚键，使得这种材料可以熔化处理。

也是在 1982 年，以美国发明家罗伯特·贾维克（Robert Jarvic）的名字命名的贾维克 -7 人造心脏第一次被植入美国牙医巴尼·克拉克（Barney Clark）体内。该装置由聚氨酯和铝制成。这一令人瞩目的医学成就标志着用塑料取代人体生物结构正式开启。

1983 年，ICI 开始销售聚醚醚酮（PEEK），并在高温和高要求的应用领域得到了广泛应用，例如阀门、泵和发动机部件。此外，这种材料随后被用于医疗植入物。与此同时，拜耳公司还推出了完全耐溶剂高性能工程热塑性塑料聚苯硫醚（PPS）和聚醚砜（polyethersulphone，PES）。1984 年，博格华纳公司以 Elemid 的商标冠名了丙烯腈丁二烯苯乙烯（ABS）和聚酰胺（尼龙 6）的共混物。据报道，这种材料具有优异的性能平衡，包括在高温下的尺寸稳定性，以及优异的耐化学腐蚀和耐冲击性。

联合碳化物公司于 1985 年推出了超低密度聚乙烯（very low-density polyethylene，VLDPE）。这种独特的聚乙烯具有相当大的线性，并具有相当数量的短链分支。这种材料随后被用于食品包装和油管，同时也被用作一种高度可拉伸的薄膜，称为拉伸包装，用于包裹物品（如托盘上的盒子），以确保货物安全。大约在同一时期，日本东丽工业公司推出了甲基丙烯酸缩水甘油酯（glycidyl methacrylate，GMA）与聚碳酸酯（PC）、聚对亚苯醚（PPE）和聚对苯二甲酸乙二酯（PET）的共混物。这种材料注定会应用于汽车工业中对塑料性能要求较高的服务性环境中。1986 年，陶氏化学公司以商标名称 Pulse 推出了一种由丙烯腈丁二烯苯乙烯（ABS）和聚碳酸酯（PC）组成的共混物，并打算将这种材料在汽车内部使用。

1987 年，杜邦公司推出了凯芙拉 HT，其强度比普通凯芙拉高 20%。与此同时，杜邦公司还推出了凯芙拉 HM，它的硬度比之前的凯芙拉又高 40%。1988 年，德国巴斯夫公司以 Lutamer P160 的商标推出了一种耐溶剂、不溶于水的导电薄膜聚吡咯（polypyrrole，PPy）。这种材料可以制成粉末，在与热塑性塑料混合后可作为导电部件。最终，PPy 继续革新了化学传感器和电子设备。1989 年，杜邦公司推出了一种非晶氟塑料，商标名称为特氟龙 AF，其商业价格比其他非晶氟塑料高出 1～2 个数量级，其被认为是当时价格最高的塑料物质之一。聚四氟乙烯的高成本是由于其独特和无与伦比的性能。例如，除保留聚四氟乙烯（PTFE）的优越性能外，这种材料的光学清晰度也超过 95%。在撰写本书时，特氟龙 AF 的折射率是所有已知塑料中最低的。同样，这种材料具有优异的电气性能，并且在所有已知的固体塑料物质中具有最低的介电常数。

1990 年至今

至此，已经推出了大量新型聚合物共混物和工程塑料。因此，在商品热塑性塑料方面，当时的普遍认知是努力创造全新的具有商业可行性的聚合物有可能没有什么成效。因此，重点几乎完全转移到混合和创造具有增强性能的复合材料上。此外，由于其在改善塑料性能的不可预测性方面具有独特的能力，茂金属催化剂的商业化在聚合物制造方面代表了一个重大的飞跃。此外，当时人们越来越认识到塑料废物在环境中逐渐富集，因此特别重视发展和推出生物可降解塑料。

正因为如此，经过 15 年的发展，在 1990 年，第一种商业上可完全生物降解的塑料［一种不溶于水的聚羟基丁酸酯（PHB）和聚羟基戊酸酯

（polyhydroxyvalerate，PHV）的共聚物］由英国公司 ICI 以商业名称 Biopol 首次推向世界。PHB 的合成依赖于培养 *Alcaligenes eutrophus* 细菌，这种细菌产生球状 PHB，用于能量储存。然后收集这些小球以获得 PHB。顺带提一下，在随后的几年里，产生 PHB 的基因被识别出来，因此通过基因改造，利用菌株生长更快的性能生产 PHB 成为可能。PHB 最初的用途之一是制造洗发水瓶子，最初这些瓶子在德国销售。此外，由于 PHB 是由人体肠道内的细菌产生的，所以这种物质具有生物相容性。

　　因此，PHB 成功被用作靶向供药系统的载体，在靶向供药系统中，PHB 载体进入人体所需区域后，降解并释放药物。这使得药物可以指向身体的特定区域，从而降低药物影响身体非治疗区域或在产生治疗效果之前被不合需要地代谢的风险。此外，PHB 塑料的生物相容性也使得这种物质可以用于体内可生物降解的缝合线和螺钉，以及神经组织的支架。顺便说一句，PHB 中的寡聚物（oligomer，只由少数单体组成的链）几乎在所有生物有机体的细胞中存在，因此，已假设 PHB 在生物体中的广泛存在表明 PHB 一定是生物细胞的一个基本组成并且具有某种至关重要的作用。尽管如此，PHB 的生物学功能到目前为止还没有得到明确的证实，它在细胞中的存在仍然是一个谜一样的科学奇观。

　　1990 年初，美国的沃尔特 - 兰伯特公司（Walter-Lambert）推出了一种淀粉基生物降解塑料，商标为 Novon。这种塑料在美国国内的第一个商业应用是制造高尔夫球座。这是为了解决高尔夫球场的球钉问题，因为水和二氧化碳对这种塑料的降解速率与对树叶和木材的降解速率差不多。与此同时，意大利公司 Novamont 以 Mater-Bi 的商标推出了他们自己的淀粉基生物降解塑料。同样是在 1990 年，美国的空气产品与化学公司（Air Products and Chemicals）首次推出了一系列生物可降解热塑性共聚物，这些共聚物是聚乙烯醇（polyvinyl alcohol，PVOH）和聚（烷基氧基）丙烯酸酯［poly（alkyleneoxy）acrylate］的共混物，商标名称为 Vinex。该材料在水中迅速降解，据报道，一片 1.5 mm 厚的薄膜在常温下浸泡于蒸馏水中大约 30 s 内就会完全溶解。

　　1991 年，美国阿莫科公司（Amoco Corporation）启动了第一个聚酰胺

（polythalamide，PPA）商业化项目，这是一种高性能聚酰胺，其商标命名为Amodel。这种材料能够在 120～185℃的高温汽车设备中代替金属。此外，这种材料比标准聚酰胺具有更好的性能，例如提高了在高温下的强度和刚度。大约在同一时期，美国埃克森公司（Exxon）推出了第一个商业化的金属灌剂聚烯烃——聚乙烯。1992 年初，陶氏化学公司增强型聚乙烯以 Elite 为商标被命名。此外，他们还推出了一种商标名为 Affinity 的聚烯烃塑性体和一种商标名为 Engage 的聚烯烃弹性体。

1993 年，随着利用十字科植物（豆瓣菜）产生 PHB 取得进展，在利用植物生产塑料方面取得了重大突破。这是通过让作物感染农杆菌（*Agrobacterium tumefaciens*）来实现的，农杆菌充当了"特洛伊木马"，将两种新的产生 PHB 的基因导入植株。因此，每一株植物都能产生约 14% 的PHB，从而消除了用细菌生产 PHB 的需要。然而，利用这些转基因植物制造PHB 的可能进行商业开发在当时是一个有争议的问题，因为人们担心这些植物会受到抑制，而且被编辑过的基因有可能转移到更广泛的环境中。事实上，许多科学家认为，由于 PHB 在细胞中的生物学功能尚未确定，因此对环境的风险是未知的。

1994 年，赫希斯特公司以 Hostaflon PFA-N 的商标名推出了一种新型氟聚合物，具有显著改善熔体黏度的特性。1995 年，德国埃沃尼克工业公司（Evonik Industries）继之前获得无定形透明聚酰胺 Trogamid 之后，又以商标名 Trogamid CX 推出了一种可结晶、永久透明的聚酰胺。这种材料最初是用脂肪单体取代 Trogamid 的芳香族组分，从而得到一种抗紫外线通量更强的材料。随后，对 1,12- 十二酸（1,12-dodecanoic acid）和环脂肪族二胺单体（cycloaliphatic diamine monomers）进行了系统的选择，得到了高清晰度的结晶形式，可见光透射率为 92%。这种材料表现出一种被称为微结晶度的特性，即这种材料的晶体（小晶体区域）尺寸非常小，以至于可见光不会散射，使得这种材料看起来非常透明。

注：当塑料的晶体大于可见光波长时，由于可见光的散射，该材料的透明度明显降低。

Trogamid 的进一步发展促进了各种等级的材料的制造，并用于许多特殊的透明光学应用，例如太阳镜和运动眼镜的镜片，以及食品和饮用水接触设施。大约在同一时期，日本合成橡胶公司（Japan Synthetic Rubber Corporation）宣布了丙烯腈丁二烯苯乙烯（ABS）和聚对苯二甲酸丁二酯（PBT）的新共混物，其耐化学腐蚀性得以改善，且不易出现疲劳断裂，并以商标名 Macalloy B 命名。

1996 年，孟山都公司购买 ICI 的所有专利来生产生物可降解塑料，并开始利用细菌生产 PHB。1997 年，意大利 Novamont 公司收购了沃纳 - 兰伯特（Warner-Lambert）全球专利，最终成为全球淀粉基生物降解塑料制造和供应的"领头羊"。到一定的时候，他们的产品使用范围扩大到多种途径中，如袋子、植物花盆、办公室文具和食品及卫生用品包装。1998 年，美国伊士曼公司（Eastman）开始大规模生产生物可降解聚酯，其商标为 Eastar Bio。同样是在 1998 年，美国卡吉尔陶氏聚合物有限责任公司（Cargill Dow Polymers LLC）首次开始商业开发和生产生物降解聚合物聚乳酸（PLA），其商标为 EcoPLA，这种聚乳酸由玉米或甜菜等自然资源生产。

1999 年，一场关于邻苯二甲酸二（2- 乙基己基）酯［bis（2-ethylhexl）phthalate，DEHP］潜在毒性的全球大讨论开始了。DEHP 是一种潜在毒性增塑剂，用于聚氯乙烯（PVC）的生产。这导致许多玩具制造商转向替代塑料，而医疗行业对 PVC 医疗产品（如静脉输液袋）中 DEHP 的存在表示担忧。这里应当注明的是，今天 DEHP 正在逐步淘汰，许多禁令已经生效。

2001 年，美国的美塔波利斯公司（Metabolix）从孟山都公司购买了生产生物醇的专利，并开始研究从转基因植物中生产生物可降解塑料 PHB 的方法，在这种方法中，植物中存在的天然糖可以转化为这种物质。与此同时，美国索托斯（Sottos）研究小组报道了第一种带有嵌入胶黏剂的自愈合塑料。2003 年，比利时化学公司 Solvay S.A. 推出了一种高透明度聚砜（PSU）产品，名为 Udel P-3799 HC，其光学清晰度可与聚碳酸酯媲美。

2004 年，孟山都公司关闭了生产 PHB 的细菌发酵反应器，将研究重点转向从转基因植物中生产 PHB。与此同时，Novamont 公司收购了伊士曼公司的 Eastar 生物降解聚酯业务。2005 年，由于可降解聚羟基烃酸酯（polyhydroxyalkonoate，PHA）塑料（包括 PHB）的开发、高效生产和成功的商业化，美塔波利斯公司荣获美国总统绿色化学挑战奖。

2005 年，日本富士通公司（Fujitsu）成为世界上第一家完全用生物基聚合物（biobased polymers）制作电脑机箱的公司。与此同时，美国国家航空航天局（NASA）创造了一种名为 RXF1 的新型聚乙烯材料，这种材料的抗拉强度是铝的 3 倍，重量约是铝的 38.5%。这种材料被设计成未来航天器体内的辐射防护罩，以抵御太空中的高能粒子以及进入太空的微陨石的伤害。

2006 年，美国凯斯西储大学（Case Western Reserve University）的研究人员首次合成了一种脂肪族胺基聚苯并噁嗪（amine-based polybenzoxazine，PBZ）。据报道，这种热固性材料的柔韧性比双酚型聚苯并噁嗪的好得多。2007 年，巴西石化公司布拉斯科（Braskem）宣布他们已经开发出一种生物基聚合物。他们的创新工艺包括从巴西甘蔗中提取乙烯，然后将其用于制造高密度聚乙烯（HDPE），在当时被非正式地命名为"绿色聚乙烯"或"绿色塑料"。该公司与日本丰田通商株式会社（Toyota Tsusho Corporation）合作，在亚洲生产和销售这种生物基塑料。

注：可生物降解塑料是能够被生物体（如能将碳转化为能源的微生物）分解的聚合物（见第 4 章）。这些不应与生物基聚合物混淆，后者源于可再生生物质资源，如微生物或植物油。虽然许多生物基聚合物可能是可生物降解的，但并非所有都是。此外，关于在环境中降解，不应认定生物基聚合物比常见塑料表现出任何优越性，除非已证明情况确实如此。在撰写本书时，生物基聚合物仍然是一个利基行业（niche industry），只占全球市场的 1%。

2008 年，空中客车公司（Airbus）宣布他们的新飞机 A380 约 22% 采用碳纤维增强聚合物（carbon fibre reinforced polymer，CFRP）制造，从此开始了用复合材料制造更轻、更强、更省油飞机的竞赛。2009 年初，波音公司（Boeing）宣布他们的 787 梦想飞机的机身采用 CFRP 材料，占飞机的 50%。大约在同一时期，空中客车公司宣布其 A400M 军用运输机的机翼和 4 个反向旋转螺旋桨几乎完全采用碳纤维增强塑料制造。同样在 2009 年，DSM 工程塑料公司（DSM Engineering Plastics）推出了一种生物基高性能聚酰胺，主要由热带蓖麻生产，商标为 EcoPaXX。该材料具有优良的耐化学性、优良的长短期耐热性和低吸湿性。据报道，这种材料熔点高达 250℃，是熔点最高的生物塑料。2010 年初，该公司又推出了一种高性能热塑性共聚酯，其含量的 20%～50% 来自可再生资源。

2011 年，人们利用从虾壳中提取的多糖壳聚糖制备出一种坚韧透明的复合材料，从而发明了丝蛋白丝素，并称其为虾壳丝。这种材料是一种柔性可堆肥的生物相容性复合材料，形成的薄膜与铝一样坚固，但重量只有铝的一半。

2012 年，继 6 年前在夏威夷大岛卡米洛海滩（Kamilo Beach，Big Island，Hawaii）发现了一种特殊的塑料基岩石后，一种被称为"塑料团块"（plastiglomerate）的新型岩石被提出，这凸显了塑料污染的永久影响。通过对岩石样品的科学分析，确定岩石由有机碎屑、沉积颗粒和熔融塑料组成。然后，人们假设这些物质被营火或甚至可能是熔岩流黏合在一起，形成了这种新型岩石。从那以后，有人提出，这些岩石甚至可能无限期地存在于地质记录中，从而代表了人为塑料污染的标志层。与此同时，英国伦敦奥运会在场馆建设过程中使用了 142 538 m^2 的聚氯乙烯（PVC），其中很大一部分是可再生的。

2013 年，西班牙电化学技术中心（Centre for Electrochemical Technologies）的科学家报告了第一种无需干预就能诱导材料修复的自愈聚合物。结果表明，当材料被切成两半并重新放置在一起，经过 2 h，材料融合在一起，愈合率达到 97%。修复后，材料出现明显的拉伸，连接处未发生断裂。2014 年，国际商业机器公司（IBM）宣布他们已经创造了两种全新的生物可降解热固性塑料。第一种被称为 Hydro，是一种柔性凝胶状材料，如果材料被切成两半，它可以自我修复。此外，这种材料在水中完全降解，恢复其组成成分。第二种是一种不同形式的材料，称为 Titan，它在更高的温度下生产，抗拉强度大约是钢的 1/3。然而，将 Titan 与 2%～5% 的碳纳米管混合后得到的材料的强度是聚酰胺的 3 倍。为了降解这种化合物，需要一种弱酸。这两种化合物都是不同寻常的，因为它们被认为是可逆热固性塑料。值得一提的是，热固性材料通常经历不可逆的反应，一旦固化成某种形状，就会形成一种无法再生或改造的固体材料。然而，Hydro 和 Titan 都可以再生，它们被认为是一类新型的热固性塑料，有很大的应用可能性，如 3D 打印、胶黏剂和药物输送。

2015 年，空中客车公司宣布他们的 A350 XWB 飞机的机身和机翼结构由碳纤维增强聚合物制成，这种复合材料占飞机的 52%。大约在同一时期，巴西的布拉斯科公司和美国的 Genomatica 公司宣布他们已经成功地利用可再生原料生产出丁二烯，丁二烯是合成橡胶聚丁二烯的前体。在对微生物可能合成这种物质的 60 种生物途径进行了计算分析后，该公司挑选出了最佳的途径并进行了开发。最终，他们的商业过程依赖于微生物将糖转化为丁二烯。

到 2016 年，我们的塑料产品种类繁多、性能各异，有些甚至很奇特。我们有防弹的或者不受溶剂和气体影响的塑料，我们也创造了能够自我修复的塑料。这些聚合物的破坏使得包含在极小的微通道（血管）或微胶囊（基于胶囊的）内的液体在聚合物结构中相互接触，从而聚合和自我修复孔洞，其孔洞直径可达 3 cm。这些自我修复塑料的另一类暴露在强烈的紫外线通量后开始修复。高强度的光减弱了材料中的固有金属离子键，从而使暴露区域液化。一旦关灯，化学键就会重组，受影响的区域就会固化，从而修复受损部分。此外，另一类自我修复塑料依赖于聚合物链之间的许多分子链接。如果塑料表面被划伤，分子链接就会断裂并改变形状，在损坏的地方引起颜色的变化，这是由于分子链接的断裂导致吸光度和反射率发生了变化。这种颜色的变化可以用来识别受损区域。如果这些区域的光照、pH 或温度条件发生变化，断裂的链接就会重组，进而修复塑料。

此外，我们还得到了可变形聚合物，这些聚合物在受到光或温度等外部影响时，其聚合物基体中的交联密度会发生变化。这将使聚合物从刚性物质转变为黏弹性物质，从而使聚合物恢复到原来预想的形状。我们还创造了一些塑料，这些塑料可以有机发光二极管（organic light emitting diodes，OLED）的形式导电，从而彻底改变了电视和电脑显示屏的图像质量。我们也见证了聚合物在人体内部的使用迅速增加，例如在人工髋关节、组织支架、缝合线和整容手术中。

因此，塑料已经在人类社会扎根，当我们继续开发这些革命性的聚合物时，我们必须认真考虑它们在使用寿命结束时的处理。塑料很可能已经彻底改变了我们的生活，但与此同时，它们把我们困在了一个不断增长的塑料生产、消费和处理的循环中。在撰写本书时，全世界大约17%的塑料是可再生的，而可再生的铝和纸分别约占69%和60%。塑料再生率如此之低的原因主要是成本问题。与使用塑料原料相比，使用再生塑料通常会增加20%左右的制造成本。此外，典型的可再生商品塑料只能再生3次左右。这是因为塑料的反复熔炼和重塑会导致机械性能下降。塑料失去了弹性，变得易碎、变色或半透明，而不是透明。一旦机械性能下降，塑料就不再适合原来的用途，必须在其他地方再利用或丢弃。因此，由于对商品塑料的需求增加和较低的全球再生率，在可预见的将来，预计不可生物降解塑料对水生环境的污染将日益严重。

在撰写本书时，海洋中已经有大约1.5亿t塑料，每年大约有800万t塑料进入海洋。这相当于每分钟向海洋倾倒15t塑料。如果不采取行动，预计到2030年，每年进入海洋的塑料总量[312]将增加到1 600万t左右，到2050年将增加到3 200万t左右。事实上，据估计[312]，到2050年，海洋中塑料的重量将超过鱼类（见图2.3）。由于这个原因，伴随着塑料的发展，处理塑料垃圾的新方法将被研究和开发，最终被公民、决策者、工程师和科学家等所接受。

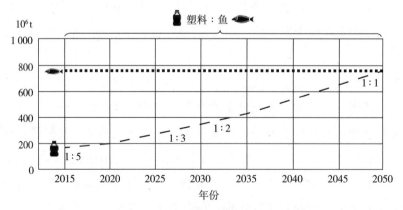

图2.3　海洋中塑料和鱼的比例变化预测（以重量计算）

第 3 章　塑料生产、废弃和立法

全球塑料产量

如今，塑料被认为是现代最常用的材料，为满足人们对塑料日益增长的需求，全球塑料产量飞速增长[16, 139]。1950 年，全球塑料年产量仅仅为 150 万 t[460]。尽管经历了 1973 年的石油危机和 2007 年的金融危机，2009 年全球塑料产量仍大幅增加至 2.5 亿 t[319]。历史数据表明，全球塑料产量以每年 9% 的速度增长[191]。实际上，到 2014 年全球塑料年产量增长到 3.11 亿 t[337]。这意味着在短短 5 年时间内，全球塑料产量年增长率约为 25%；而在 65 年的时间内，全球塑料年产量呈指数增长，达到惊人的 20 000%。

到 2014 年，全球三大塑料生产地是中国、欧洲和北美，分别占总量的 26%、20% 和 19%[337]。德国（24.9%）、意大利（14.3%）、法国（9.6%）、英国（7.7%）和西班牙（7.4%）等 5 个国家对塑料的需求占欧洲塑料总需求的 63.9%[337]。迄今为止，全球塑料的需求类型主要是聚乙烯和聚丙烯，其中包装行业是塑料的最大消费者。到 2015 年，全球塑料消费量将近 3 亿 t[306]（图 3.1）。

长期预测

目前，长期预测显示塑料的生产没有平稳变化的迹象，预计会呈指数增长[312]。到 2100 年，全球人口预计会飙升至 108.5 亿人[24]。这相当于比现在人口增加 50%。因此，到 2050 年，全球塑料总产量预计会额外增加约 330 亿 t[356]，年产量将在 8.5 亿 t[383] 至 11.24 亿 t[312]。然而，以任何准确程度预测其未来是非常困难的。实际上，如此之高的产量在现在听起来是不切实际的。但是，假如你在 1950 年向某人说过塑料的产量将在 65 年间从当时的 150 万 t 增加至 3.11 亿 t，他们也许会感到困惑和难以置信。因此，虽然目前这些估计可能

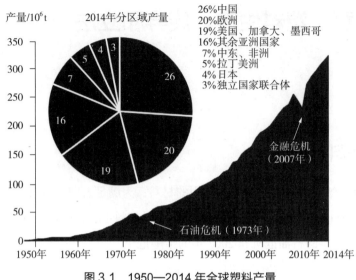

图 3.1　1950—2014 年全球塑料产量

听起来不太可能，但如果我们回顾历史产量和这些材料的生产率，这些遥远的预测可能会变得准确甚至可能过于保守。

塑料垃圾

在所有生产的塑料中，估计大约有 10% 的塑料已经被释放到海洋中[234]。另外，在每年生产的塑料中约有 33% 的塑料不可重复利用，并且在生产后的 12 个月内被丢弃[228]。处理塑料垃圾的一种方法是焚烧。但是，塑料的燃烧会释放呋喃和二噁英等有剧毒的化学物质，不仅会对环境造成污染，而且对人体健康也会产生严重影响。此外，许多国家没有立法要求再生塑料垃圾。因此，垃圾填埋是更容易和廉价的处理方式。

在全世界产生的所有城市垃圾中，塑料占 16%[306]。大部分陆源塑料垃圾最终都会进入水生环境。目前，估计有 15%～40% 的废弃塑料被释放到海洋中。这通常发生在填埋或丢弃的塑料被风驱动进入河流和城市水道并被输送至海洋时（图 3.2）。由于成本较低，许多欠发达和发展中国家利用露天垃圾场存放垃圾[306]。关闭位于易受洪水影响的地区的垃圾填埋场是减少被冲入海洋的塑料量的一种预防措施[46]。

图 3.2　塑料垃圾通过城市水道被输送至海洋

联合国海洋污染科学联合专家小组（Joint Group of Experts on the Scientific Aspects of Marine Pollution[①]，GESAMP）评估结论表明，海洋环境中 80% 的垃圾来自陆地（图 3.3），而只有 20% 是海上活动的结果。此外，据估计，仅 2010 年就有 480 万~1 270 万 t 塑料垃圾进入海洋[204]，而 2015 年约有 800 万 t 垃圾被释放[312]。到 2050 年，这一数量预计增加到约 3 200 万 t/a[312]。

图 3.3　大量积聚在海洋中的塑料垃圾

---

① 此处原文恐有误，原文"Pollution"应为"Environmental Protection"，对应中文译名中"污染"应为"环境保护"。——译者

　　塑料垃圾主要通过倾倒、乱扔或无意泄漏进入海洋。在港口建设符合要求的设施有助于减少直接进入海洋的垃圾[46]。然而，海洋环境中塑料污染的一个来源是风暴和搁浅导致的集装箱意外丢失（图3.4）。2008—2013年，世界航运委员会（World Shipping Council）报告全世界每年大约有1 679个集装箱丢失，尽管2011年MV Rena由于搁浅导致了900个集装箱的散落、2013年MOL Comfort的沉没造成了4 239个集装箱的损失。另外，许多运输塑料的集装箱由于破裂或腐蚀导致塑料丢失。例如，在1992年的暴风雨之夜，一艘运输船的一个集装箱被冲到船外时，在太平洋东部释放了29 000只塑料龟、塑料青蛙和塑料鸭子。此后20多年间，根据报道的目击事件，许多研究人员对这些塑料物品进行了追踪，并确认这些物品已经在海洋中漂流了17 000多英里。顺便提一下，在撰写本书时，偶尔有报道称它们出现在世界各地的海滩上，这有助于了解洋流驱动下的塑料运动和大型塑料（macroplastic）远距离传播的能力。

图3.4　含有塑料的集装箱可能会在海上丢失

什么是大型塑料？

在本书中，粒径等于或大于 25 mm 的塑料被称为大型塑料。另外，根据粒径，小于 25 mm 的塑料的分类如表 3.1 所示。

表 3.1　塑料的粒径分类

类别	缩写	粒径	粒径定义
大型塑料 （macroplastic）	MAP	≥ 25 mm	沿其最长的尺寸粒径大于或 等于 25 mm 的塑料
中型塑料 （mesoplastic）	MEP	5～25 mm	沿其最长的尺寸粒径为 5～25 mm 的塑料
塑粒（plasticle）	PLT	< 5 mm	沿其最长的尺寸粒径小于 5 mm 的塑料
微塑料 （microplastic）	MP	1～5 mm	沿其最长的尺寸粒径为 1～5 mm 的塑料
小型微塑料 （mini-microplastic）	MMP	1 μm～1 mm	沿其最长的尺寸粒径为 1 μm～1 mm 的塑料
纳米塑料 （nanoplastic）	NP	< 1 μm	沿其最长的尺寸粒径小于 1 μm 的塑料

我们将在第 5 章详细介绍这些较小的塑料，现在介绍漂浮的、搁浅的和浸没的大型塑料。

漂浮的大型塑料

据估计，漂浮在水生环境表面的所有碎片中有 90% 是由塑料组成的[164]，总计数量超过 5 万亿件，重约 269 000 t。此外，据估计，在水生环境中存在的所有垃圾中，60%～80% 是塑料[22, 286]。然而，联合国海洋污染①科学联合专家小组（GESAMP）估计这个比例可能高达 95%。在美国的水域，休闲船产生约一半的塑料垃圾碎片。此外，由于从休闲船和娱乐活动向水中直接丢弃或经城市水道、排水系统、河流、洪水和风暴的输送，大量塑料垃圾积聚在

---

① 此处原文恐有误，原文 "Pollution" 应为 "Environmental Protection"，对应中文译名中 "污染" 应为 "环境保护"。——译者

淡水湖泊中（图 3.5）。

图 3.5　大量积聚在淡水水体中的塑料垃圾

在海洋环境中，风、潮汐、洋流甚至海啸都会影响漂浮的塑料碎片的分布[284]。计算机模拟结果表明，第勒尼安子流域（Tyrrhenian sub-basin）和苏尔特湾（Gulf of Sirte）出现的漂浮塑料垃圾积聚现象可能是由旋转表层流导致的。此外，由于微水流的影响，地中海（Mediterranean Sea）西北部可能会滞留塑料垃圾。预计突尼斯和利比亚的沿海地区会积聚最多的漂浮塑料碎片，原因是此区域的弱洋流和海岸地形有利于塑料碎片的流入和沉积[270]。

尽管如此，大多数塑料碎片往往聚集在海洋中被称为"流涡"的大片区域[350, 367]。这些流涡由强大的洋流形成并驱动，聚集了大量的塑料垃圾[298]。熟知的世界五大流涡包括：北大西洋流涡（North Atlantic Gyre）、南大西洋流涡（South Atlantic Gyre）、北太平洋流涡（North Pacific Gyre）、南太平洋流涡（South Pacific Gyre）和印度洋流涡（Indian Ocean Gyre）[244]。这些流涡中的塑料量是巨大的。例如，在北太平洋流涡中有一种巨大的海洋塑料垃圾表现形式，称为"北太平洋垃圾带"，其多年来在这个巨大的旋涡中稳定地积累，对环境是巨大的挑战[294]。在北太平洋流涡中，每平方千米约有 330 000 块塑料，而在南太平洋流涡和北大西洋流涡中，每平方千米分别约有 25 000 块和 20 000 块塑料[177, 243, 298]。在南太平洋流涡中，在波利尼西亚地区（Polynesian regions）发现了高密度的漂浮塑料[293]。同样，在复活节岛（Easter Island）和智利大陆海岸线之间的南太平洋地区，人们在海洋岛屿上发现了大量塑料，

而不是在海岸线上，并且在南太平洋海洋流涡中心的塑料更多，其中 62.3%
是粒径大于 2 cm 的碎片。

　　这些海洋流涡的位置和与航道的接近程度如图 3.6 所示。我们可以看到两
个北方的流涡均位于航运繁忙的区域。这是一个值得考虑的因素，因为运输
活动与海洋化学污染物的增加有关 [2, 364, 442]。此外，漂浮的塑料碎片可能会吸
附（adsorption）或黏附微生物群落、有机碎片、黏土颗粒、金属和持久性有
机污染物（persistent organic pollutants，POPs）[284]。第 6 章和第 7 章将详细讨
论：人们逐渐认识到塑料和水体化学污染物之间危险的相互作用以及这对生
活型造成的潜在风险 [212, 279, 354]。海洋垃圾的增加与运输活动有关。地中海被
认为是世界上污染最严重的地区之一，塑料是最主要的垃圾类型，其中大部
分碎片来自该地区的航运活动 [81]。

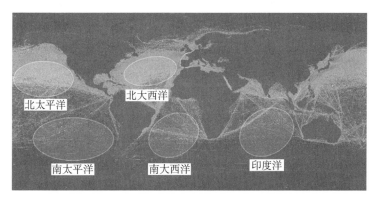

图 3.6　5 个海洋流涡与航道的接近程度

　　北美五大湖部分地区表层水中的塑料积累水平与海洋流涡中的相似 [104]。
研究表明，微塑料的平均丰度（abundance）高达 43 000 个 /km^2，而在某些地
点，可能达到惊人的 466 000 个 /km^2。此外，很大一部分是非常小的球形微
珠（microbead），例如面部磨砂膏，主要用于消费品中 [116]（见第 5 章）。

搁浅的大型塑料

　　漂浮的塑料碎片可以通过海岸沉积、纳米碎裂、摄食和沉积从海洋表面

去除[284]。在一项研究中，对北海海滩（North Sea Beach）的 4 个 100 m 剖面每年进行 4 次取样，在 4 年时间内，确定旅游业和渔业是造成该地区塑料污染的最主要原因，绝大多数垃圾是由聚苯乙烯、其他塑料和泡沫构成的漂浮碎片造成的[470]。在对印度洋内一个孤立的珊瑚环礁——圣布兰登礁（Saint Brandon's Rock）上的海岸碎片进行调查时，发现其中 79% 的碎片是塑料制品，如人字拖和塑料瓶。据推测，许多物品来自东南亚、印度次大陆和阿拉伯海国家。同样，阿根廷海岸线上最多的海洋垃圾是塑料[64]。在北美五大湖的沿岸上，发现沉积的碎片中 80% 以上是由塑料组成的[104]。在 2012—2014 年对加拿大安大略湖（Lake Ontario）的沿岸清理工作中发现，几乎有一半的碎片由塑料组成[75]。此外，2012 年整个加拿大海岸线上所有可观察到的碎片中有 77%～90% 由塑料构成。总体而言，与海岸线上的其他碎片相比，塑料的占比往往在 62%～92% 之间波动[75, 104, 293]（表 3.2）。

表 3.2　海岸线碎片中塑料的占比

地点	占比
阿曼湾（Gulf of Oman）	61.8%
智利	65%
巴西	69.8%
澳大利亚	70.4%
日本	72.9%
加拿大	77%～90%
北美五大湖区	> 80%
南太平洋萨拉什和戈麦斯岛（Salas & Gomez Island）	87.6%
加拿大贝恩斯湾（Baynes Sound）	90%
北太平洋中途岛环礁	91.9%

就塑料的重量而言，在格鲁吉亚海滩的繁忙地区发现含有 300～1 000 kg 的塑料碎片，而在格鲁吉亚海岸的偏远地区则有 180～500 kg。此外，在一个

面积为 8 km² 的海滩上，塑料额外累积量为每 30 天 0.18~1.16 kg。同样地，在一个面积为 8 km² 的沼泽地，额外积累的塑料为每 30 天 0.6~1.61 kg。

净滩

清理海滩塑料是减少其大量积聚的有效方法，也是避免塑料被冲回海中的预防措施。例如，在贝恩斯湾［加拿大不列颠哥伦比亚省登曼岛（Denman Island）和温哥华岛（Vancouver Island）之间的一条海峡］每年开展、持续 10 年的净滩活动报告称，当地社区收集了 3~4 t 碎片，其中 90% 是塑料（如膨胀聚苯乙烯、袋子、绳索和网），主要归因于贝类产业[24]。像这样通过志愿者清除海岸线上碎片的办法，对改善水生环境特别有效。其他如海洋保育协会（Ocean Conservancy）的国际海岸清理和海滩清扫活动（International Coastal Cleanup and Beach Sweeps），在当地社区非常受欢迎。

在一项专注于有效的净滩计划的研究中[219]（平均每两年进行一次），建议应在塑料垃圾的平均停留时间长于沉积时间的海滩开展净滩活动。因此，研究人员建议定期清理塑料停留时间短于塑料输入海滩平均时间的海滩，这将对海滩环境产生较小的影响。为了确定塑料在海滩上的停留时间，研究人员建议利用标记重捕实验（mark-recapture experiments）[220]，并建议通过远程摄像机监测海滩，以确定塑料输入的时间。塑料垃圾的输入通常因为季节性天气模式而波动。因此，在塑料输入的高峰期，清理操作通常更有效。最终，有效的海滩清洁减少了有毒金属添加剂（如铅和铬）从塑料中浸出的持续时间，并降低了大型塑料降解成塑粒的可能性。

浸没的大型塑料

与直觉不同，并非所有塑料都浮在表层水中，实际上，许多塑料会下沉。甚至超过 50% 的热塑性塑料会沉入海水中[296]。此外，小块塑料下沉到海洋深层的速度及在水柱中的垂直分布受到海洋聚集体（aggregate）[265] 和生物膜（biofilm）形成的显著影响。在关于亚得里亚海（Adriatic Sea）北部、中部和底部的垃圾研究中，塑料是回收率最高的材料，其回收率约为 34%，而这其中的 36% 是渔具。此外，在海岸线附近发现了更多的垃圾。然而，对德国瓦登海（Wadden Sea）海底的研究发现，在研究期间（1998—2007 年），塑料污染减少了。尽管如此，研究人员推测，波浪和潮汐流的作用使塑料重新悬浮，并以比海洋废弃物输入更快的速度将其运出该区域。海洋废弃物由于捕捞活动的减少而减少了[470]。

沉没的塑料也可以下降到海沟的深处，这些峡谷往往充当浸没的塑料垃圾进入开阔海洋的通道。当然，探索深海峡谷时已经发现大量的塑料垃圾[412]。例如，在对地中海的拉福内拉（La Fonera）峡谷、卡普德克雷乌斯（Cap de Creus）峡谷和布拉内斯（Blanes）峡谷的研究中，发现拉福内拉峡谷和卡普德克雷乌斯峡谷在深海中的垃圾数量水平最高，分别达到了 15 057 个 / km^2 和 8 090 个 / km^2。甚至在研究人员的一次报告中提到，垃圾的数量高达 167 540 个 / km^2，其中，72% 的垃圾由塑料组成，而 17% 由丢失的捕鱼设备组成。此外，据推测，沿海地区严重风暴造成的强大洋流、峡谷壁下高密度水的季节性运动以及它们与海岸线的接近是海洋垃圾向深海运动的有效输送机制。

塑料海洋碎片可能积累的另一个区域是水下深洞［蓝洞（blue hole）］，尽管不太可能。有许多著名的蓝洞，如伯利兹大蓝洞（Great Blue Hole of Belize）、红海（Red Sea）的达哈卜蓝洞（Blue Hole of Dahab）、地中海的戈佐蓝洞（Blue Hole of Gozo）以及华特林蓝洞（Watling's Blue Hole）和巴哈马的迪恩蓝洞（Dean's Blue Hole），迪恩蓝洞是世界上第二深的蓝洞，深 202 m（633 ft[①]）。虽然目前还没有关于蓝洞底部塑料垃圾的科学研究，但是一些媒体报道了位于污染最严重海域的戈佐蓝洞中的塑料垃圾。因此，这可能是一个重要的研究领域。例如，世界上最深的蓝洞是永乐的龙洞（Dragon Hole），位于中国西沙群岛的珊瑚礁，深 300.89 m（987.2 ft），入口宽 130 m，和许多蓝洞一样，其水体交换受到限制。因此，中国研究人员在 2016 年对龙洞进行的一项调查发现，底部实际上没有氧气，因而也没有海洋生物。如果

---

① 1 ft=0.304 8 m。——译者

致密的塑料碎片沉入这些区域的底部，它可能会被困在缺氧（无氧）环境中数千年。类似地，在一些区域，例如波罗的海，细菌氧化分解有机物比氧气补充更快时形成缺氧盆地。因此，可以预计，在这些缺氧的水下区域中，由于缺乏显著的降解或输送过程，例如光解、氧化、机械损伤、潮流和生物摄食，塑料将保持相对完整。最终，考虑到大部分塑料沉没，并且已经发现隐藏在深海中的大量塑料积聚，很可能是浸没的塑料碎片的丰度远大于漂浮的碎片的丰度。

最终，浸没的塑料会沉入深海并进入底部沉积物中。或者，由于它们的理化性质、获得的生物膜或有机物和无机物的其他累积，它们可能表现出近中性浮力，从而减缓它们的下降并促进在水柱周围的运动。洋流的循环以及潮汐的涨落可以引起这种运动，因此，浸没的塑料可能被水生物种错误地识别为食物并随后被摄食。例如，海龟可能将聚乙烯袋误认为水母，而水母是其主要的食物来源（图 3.7）。

图 3.7　浸没的塑料可能被水生物种误认为是食物

大型塑料垃圾立法

越来越多的证据表明，大型塑料垃圾（更具体地说是海洋垃圾）对环境、经济、社会和公众的健康及安全产生了广泛的不利影响[313]。在地中海和黑海等污染地区，已经发现许多水生物种会摄食塑料垃圾并遭受碎片纠缠[81]。正因如此，关于这个问题的立法是十分必要的。具体而言，海洋垃圾被定义为"在海洋和沿海环境中丢弃、处置或弃置的任何持久性的制造或加工的固体材料"[416, 417]。关于塑料垃圾（特别是海洋垃圾）的政策和法规的全面审查已经在进行[56, 254]，并在国际、区域和国家层面的现行具体立法中进行了详细说明。此外，还有人呼吁对塑料碎片以量化、取样和报告的方式进行标准化。

国际

有许多关于处理海洋垃圾的文书，包括公约、协定、条例、战略、行动计划、方案和准则[56]。《联合国海洋法公约》（United Nations Convention on the Law of the Sea，UNCLOS）涵盖有关海洋事务的所有方面（环境、科学、经济、商业和法律）。更具体地说，就是联合国环境规划署（United Nations Environment Programme，UNEP）保护海洋环境免受陆上活动影响的《全球行动纲领》（Global Programme of Action，GPA）和联合国环境规划署区域海洋计划（Regional Seas Programme）于2003年制定的一项关于海洋垃圾的全球倡议。联合国环境规划署与美国国家海洋和大气管理局（National Oceanic and Atmospheric Administration，NOAA）制定了《檀香山战略》（Honolulu Strategy），作为打击海洋垃圾的可能行动的全球框架[419]。2012年，联合国环境规划署建立了全球海洋垃圾伙伴关系（Global Partnership on Marine Litter，GPML），作为建立檀香山战略的协调论坛。联合国教科文组织政府间海洋科学委员会（UNESCO Intergovernmental Oceanographic Commission）以及最近的海洋环境保护科学联合专家小组（GESAMP）一直活跃在海洋垃圾领域[156]。

其他国际协定包括国际海事组织制定的《国际防止船舶造成污染公约》（International Convention for the Prevention of Pollution from Ships，或MARPOL 73/78）附则V以禁止从船舶排放垃圾，以及《伦敦议定书》（或"公约"）以防止在海上倾倒垃圾和其他物质造成的海洋污染，该议定书于2006年起生效。海洋垃

垃调查和监测指南 [政府间海洋科学委员会 (UNEP / IOC)] 以及废弃、丢失或以其他方式丢弃的渔具指南 [联合国粮食及农业组织 (UNEP/FAO)] 也已制定，以帮助减少海洋垃圾。

区域

在欧盟内，有许多与海洋污染和碎片有关的倡议和指令。其中最重要和最相关的是《欧盟指令 2008/56/EC》或《海洋战略框架指令》(*Marine Strategy Framework Directive*, *MSFD*) [119]。*MSFD* 是一项保护欧洲海洋环境的综合政策，旨在到 2020 年实现良好的环境状况。

其他相关的欧盟指令包括用于减少船舶产生的废物和海上货物残余物的《港口接收设施》(*Port Reception Facility*, *PRF*)(2000/59/EC)，以及旨在使欧盟的水生生态系统和湿地实现良好的化学和生态状况的《水框架指令》(*Water Framework Directive*, *WFD*)(2000/60/EC)，*WFD* 涵盖过渡水域(河口)和距离在 1 n mile 内的沿海水域，继而将影响欧洲沿海环境的海洋垃圾。不太具体的欧盟指令包括废弃物框架指令 (2008/98/EC)、包装和包装废弃物 (2004/12/EC)、垃圾填埋场 (1993/31/EC)、城市废水指令 (91/271/EC)、洗浴用水指令 (2006/7/EC)、欧盟渔业政策和综合海事政策。

其他区域行动包括《保护东北大西洋海洋环境公约》(*Convention for the Protection of the Marine Environment of the North-East Atlantic*, *OSPAR*) 的立法，该公约已为北海制定了生态质量目标 (Ecological Quality Objectives, EcoQOs) 系统。根据监测计划 [427]，一个 EcoQO 关注的问题是塑料在北方暴风鹱胃内的存在，并由海洋资源和生态系统研究所 (Institute for Marine Resources and Ecosystem Studies, IMARES) 承担研究工作。*OSPAR* 还制定了监测海滩上海洋垃圾 [324] 和实施捕捞垃圾 (Fishing For Litter, FFL) 项目的指南 [325]。在地中海，为保护地中海免受污染的联合国环境规划署《巴塞罗那公约》(*Barcelona Convention*) 制订了《海洋行动计划》(*Marine Action Plan*, *MAP*)，以解决保护方面的问题，包括消除陆地污染源。在波罗的海，《波罗的海地区保护海洋环境赫尔辛基公约》(*Helsinki Convention on the Protection of the Marine Environment in the Baltic Sea Area*，*HELCOM*）是可行的，特别是 2015 年通过的《波罗的海海洋垃圾区域行动计划》（*Regional Action Plan for Marine Litter in the Baltic Sea*）和 1984 年的《波罗的海港口接收船舶废弃物处理设施战略》（*Baltic Strategy on Port Reception Facilities for Ship-generated Waste*，*MARPOL 73/78* 附件Ⅳ，第 4 条和第 6 条）。在南极洲，南极海洋生物资源保护委员会（Commission for the Conservation of Antarctic Marine Living Resources，CCAMLR）启动了海洋垃圾项目（Marine Debris Program），以减少进入海洋系统的碎片量并减轻其影响。

国家

美国有许多国家工具[56]用于监管海洋垃圾，包括《海洋塑料污染研究和控制法》（*Marine Plastic Pollution Research and Control Act*，*MPPRCA*）、海洋垃圾项目（Marine Debris Program，MDP）、国家海洋碎片监测项目（National Marine Debris Monitoring Program，NMDMP）、《海岸保护法》（*Shore Protection Act*）和《海滩环境评估和沿海卫生法》（*Beaches Environmental Assessment and Coastal Health Act*）。关于海洋垃圾的其他国家立法的例子包括英国《环境法》（*Environment Act*）及《商船法规》（*Merchant Shipping Regulations*）、瑞典《环境法》（*Environmental Code*）、加拿大《环境保护法》（*Environmental Protection Act*）和澳大利亚《海洋政策》（*Ocean Policy*）。

塑料再生

塑料通常分为两大类：热固性塑料（如聚酰亚胺和酚醛塑料）[180]和热塑性塑料（如聚丙烯和聚乙烯）[175]。绝大多数热固性塑料是永久性固化的，不能熔化和重整[101]。这种不可逆的化学变化阻止了热固性塑料的再生。相反，热塑性塑料种类更加丰富，可以加热直至熔化，然后冷却并形成新的形状，从而使其中的许多材料得以再生[461]。

热塑性塑料聚对苯二甲酸乙二酯（PET）被认为是再生最广泛的塑料。当然，到 2014 年，已有 200 多个再生工艺在欧洲食品安全局（European Food Safety Authority）和美国食品药品管理局（United States Food and Drug Administration）注册，其中 75%～80% 与 PET 的再生有关。由于 PET 广泛用于食品和饮料包装，因此发生了对 PET 再生的偏见。因此，对这些包装物的处理及其给环境带来的影响的日益关注促进了许多 PET 再生工艺的发展。顺便提一下，塑料制造商所产生的塑料垃圾的回收率和后续再生近乎100%。

其他塑料的再生更具挑战性。如果是多层和复合材料，塑料部件的再生可能非常昂贵。此外，复合材料可包含热固性塑料、长纤维和许多其他材料的混合物。另外，聚烯烃（如聚丙烯）易于被氧化。尽管如此，加入添加剂可以解决这一问题[462]。最终，塑料再生不了几次就会在无意中失去其性能并需要另作他用、丢弃或焚烧。实际上，许多再生工厂在经济上都很困难，主要原因是塑料的收集和分离特别耗时且昂贵。此外，废塑料的清洁和有效分类并不完美，并且在再生塑料的制造过程中不可避免地会带入不需要的污染物，例如从电气和电子设备的加工、降解产物、化学品残留物和吸附在塑料上的食品成分中。

不需要的污染物的存在会阻碍食品和饮料包装制造商使用再生产品。例如，装碳酸饮料的塑料容器被认为是加压容器。如果在再生过程中带入污染物，则可能导致容器在使用过程中结构不完整。这是包装制造商不可接受的。因此，如果包装产品中使用的再生材料的安全性或耐久性受到质疑，则制造商可能会拒绝该材料。由于这些问题，大多数再生塑料用于低等级应用，例如用于生产摇粒绒、地毯、枕头填充物和户外家具。为了增强再生塑料的性能，已经开发了添加纤维或纳米材料的技术。然而，到目前为止，尚未充分评估这些添加剂对材料在其使用寿命结束时进一步再生的影响程度。有害污染物的另一个问题是它们可能有毒。有许多研究已经确定一些再生塑料中存在有毒的溴化阻燃剂（brominated flame retardant）、邻苯二甲酸盐（phthalate）和重金属[57, 248, 370, 452]。然而，再生工艺正在迅速发展，开始引入更严格的测试以解决这些问题。

最终，要想减少大量塑料进入水生环境，塑料废物的再生是至关重要的一步。然而，塑料的再生通常被认为是不经济的，因为回收的材料往往表现出低的内在价值。因此，如果没有立法机构的干预，对许多塑料的再生的商业态度在不久的将来不太可能发生重大变化。目前，许多塑料被运往人口密集的发展中国家进行再生，因为这被认为是一种更具成本效益的途径。此外，随着复合材料的生产和开发，高质量和高价值废料的识别可能是为这些材料开发具有成本效益的再生途径的第一步。实际上，玻璃和碳纤维具有相当大的废料价值，并且在某些利基市场（niche market）中可能具有很高的价值。然而，随着传统再生工艺的发展，塑料再生有望变得更加高效和具有成本效益。例如，已有行业建议将印记条形码引入包含多组分人工制品的不同类型的塑料中，以帮助识别和分离各类塑料。

传统的塑料再生工艺通常涉及预分选，以去除金属、玻璃、纸和其他非塑料物品。这可以手动完成或通过自动化完成。下一步涉及每个预选物品的光谱和光学分析，以确定其化学成分和颜色。然后将选定的塑料粉碎成薄片并用化学清洁剂洗涤。再利用密度分离薄片并干燥。进行第二次光学分析以通过颜色分离薄片。接着挤出机将薄片加工成颗粒，之后将其熔化并重新形成新的人工制品。

许多政府已经采用再生计划来收集消费者产生的废物。因此，为了帮助消费者分类要收集的材料，通常使用颜色编码系统。每种颜色表示应放置在再生箱中的材料类型。虽然还没有通用的国际色码系统，但许多此类程序都遵循图 3.8 中所示的颜色。在这种情况下，黄色再生箱用于塑料。

为了识别特定类型的塑料，大多数塑料产品（尤其是食品、饮料和产品包装中使用的塑料）都有国际公认的代码，用于识别产品的塑料类型。目前的编码系统由美国材料与试验协会（American Society for Testing and Materials，ASTM）管理。

塑料　　　　　　　玻璃　　　　　　　金属

混合物

电子器件　　　　　　纸类　　　　　　有机垃圾

图 3.8　使用最广泛的再生色码系统

ASTM 国际树脂识别编码系统

　　1998 年，塑料工业协会（Society of Plastics Industry，SPI）发布了最常见的塑料（商品塑料）代码，以辅助再加工工作，从而使塑料易于识别和分离[176]。然而，2008 年，ASTM 国际接管了代码。2013 年，ASTM 国际决定修改符号，摒弃人们熟悉的 3 个相互追逐的箭头，并用固定的等边三角形替换它们，作为新修订 ASTM D7611 标准的一部分。这一决定背后的原因是原来的符号与通用再生符号非常相似。这是引起困惑的源头，因为当时许多设施和项目只接受某些代码的塑料进行再生并拒绝其他类型的塑料，尽管均有相互追逐的箭头（图 3.9）。因而，消费者对塑料被拒绝的原因感到困惑，尽管它具有再生符号。因此，ASTM 国际希望确保符号仅识别塑料的类型，而不是它们的再生能力。因此，为了在整个利益相关者群体中保持树脂识别编码系统的有效和可靠使用，创建了实线等边三角形系统。

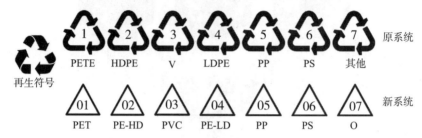

图 3.9　用于塑料识别的塑料工业协会原系统和美国材料与试验协会新系统的比较

塑料的应用

由于其多功能性，塑料被用于许多行业和应用中。然而，塑料最常用的主要部门是包装，电气和电子产品，建筑和施工，陆地、空中和海上运输，农业，医疗和健康设备以及运动和休闲（表 3.3）。

表 3.3　塑料的应用

美国材料与试验协会代码	塑料	缩写	典型应用
01 PET	聚对苯二甲酸乙二酯	PET	饮料瓶、食品容器、薄膜和薄片、捆扎线、纤维、摇粒绒、填充材料
02 PE-HD	高密度聚乙烯	HDPE	化学容器、饮料瓶、食品容器、包装箱、桶、油管、管道
03 PVC	聚氯乙烯（刚性）	PVC	容器、电气导管、管道、水槽、包层、窗框

续表

美国材料与试验协会代码	塑料	缩写	典型应用
△ 03 PVC	聚氯乙烯（塑化）	PVC	电缆绝缘层、园艺软管、鞋类、薄片、地板、垫子
△ 04 PE-LD	低密度聚乙烯	LDPE	袋子、可挤压瓶子、食品包装、纸箱内衬、收缩包装、托盘片、覆盖膜、废物箱、户外家具
△ 05 PP	聚丙烯	PP	瓶盖和容器盖子、包装胶带、管道、绳索、车用设备、户外家具
△ 06 PS	聚苯乙烯（刚性）	PS	一次性餐具、一次性刚性食品容器、其他低成本刚性应用
△ 06 PS	聚苯乙烯泡沫（膨胀或挤压）	EPS,XPS	一次性食品容器和杯子、包装泡沫、泡沫箱、隔热材料
△ 07 O	聚碳酸酯	PC	信息存储光盘、交通灯透镜、防暴盾牌、安全窗口、护目用具
△ 07 O	聚甲基丙烯酸甲酯	PMA	玻璃、飞机座舱盖和窗户、荧光灯漫射器、车辆照明罩和镜头、隐形眼镜
△ 07 O	聚四氟乙烯	PTFE	用于炊具和烤盘的不粘涂层、透气面料、水暖胶带、水滑梯、低摩擦涂层、车用设备
△ 07 O	丙烯腈丁二烯苯乙烯	ABS	电气和电子设备、汽车应用、管道

美国材料与试验协会代码	塑料	缩写	典型应用
△ 07 0	聚酰胺（尼龙）	PA	纤维、刷子毛、单丝、轴承、车用设备
△ 07 0	聚氯丁二烯（氯丁橡胶）	CR	手套、鞋、潜水服、医用绷带和支架、汽车垫圈、电气绝缘材料、气象气球

  塑料适合的应用很大程度上取决于塑料的理化性质。在选择合适的材料时，其美观性和触感等因素往往是次要的。例如，聚苯乙烯的脆性使其不适用于高拉伸强度的应用，而在低温下聚丙烯表现出较差的耐冲击性。因此，每种塑料都有其特性，这些独特的性质将决定材料在水生环境中的持久性以及降解的速率和机制。

第 4 章　理化性质和降解

塑料的结构

　　在当代，塑料已经取代了许多传统材料，如木材、玻璃和金属，成为我们现代生活中不可替代的一部分（见第 1 章和第 2 章）。塑料成功背后的主要原因可归功于其特有的性质。例如，许多塑料具有更多传统材料不易达到的性能，而与之相关的成本可能比传统材料低几个数量级。同时，塑料的特性可使其能够很容易地模制成特定的部件，从而可以大大减少制造时间，也促进了相同人工制品的大规模生产。然而，这些使得塑料成为理想制造材料的特性（如强度和耐用性等）也恰恰是阻碍塑料在水生环境中降解的特性。归根结底，塑料由原子组成，化学结构复杂。这些原子排列、组合的方式对塑料的特性具有直接的影响。塑料的坚硬度、柔韧性以及玻璃化转变温度都和组成该塑料的原子排列方式有密切的关系。此外，材料中所含原子和分子结构有序的程度［即结晶度（crystallinity）］对该材料的密度、透明度、硬度等特性具有显著的影响。进一步说，原子间的化学键类型也会影响材料对热和紫外光的耐受程度。因此，这些不同的特性也将直接决定塑料在水生环境中的持久性和降解性。所以，要想了解塑料在水体中的降解方式，更详细地了解塑料的性质是十分有必要的。

聚合

　　塑料是由长链分子（高分子）组成的，而这些长链高分子又是由许多小分子（单体）按顺序重复连接组成的。分子拓扑结构（molecular topology）并非总是完全呈线状，通常的情况是通过聚合过程赋予大分子链段和特征。依据形成过程可以将聚合物大致分为两类，即链增长聚合物（chain-growth polymer）和分级增长聚合物（step-growth polymer）。

链增长反应［加聚物（addition polymer）］

在链增长反应中，各个单体按顺序相连形成长链。链增长聚合的典型例子是自由基聚合。在许多塑料中，烯烃单体是常见的反应单体，其聚合由热量和催化剂（如有机过氧化物）激发。在加热过程中，键能较弱的 O—O 键断裂形成两个自由基，并进一步加到单体中的 C＝C 键上，从而生成反应性中间体（碳自由基）。这些反应性中间体会再与其他单体的 C＝C 键进行反应，进而将两个单体连接在一起。这个反应会一直进行到形成长链，最终以某种方式而终止，比如形成的两个自由基相互反应。重要的是，生成这种长链的单体中的每个原子都保留下来。通过链增长反应形成的两种典型塑料聚合物是聚乙烯和聚丙烯。

分级增长反应［缩合聚合物（condensation polymer）］

与链增长反应保留组成单体的每一个原子不同，分级增长反应会使得单体的原子以形成小分子（如水分子）的形式丢失。分级增长反应通常会涉及两个不同的特定原子基团［官能团（functional group）］之间的化学反应。因而，一个单体上的官能团与另一个单体上的官能团反应，从而连接在一起，并在该过程中生成额外的小分子。一个典型的分级增长反应形成的聚合物是聚酰胺（尼龙）(图 4.1)。

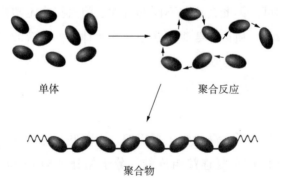

单体   聚合反应

聚合物

图 4.1 小分子（单体）经过重复的连接（聚合）形成了大的链状分子（聚合物）

立体化学

立体化学（stereochemistry，也称为 3D 化学）是指一个分子结构中原子的三维空间排列，以及这些不同排列对分子的反应性和性质产生的影响。例如，常见的塑料单体是乙烯基（图 4.2），是聚氯乙烯（PVC）和聚丙烯（PP）的基本组成。

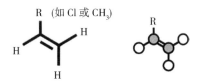

图 4.2　乙烯基单体（R 代表任意官能团）

乙烯基中 R 的位置可以被不同的官能团替代，如 PVC 中的氯原子（Cl）。当乙烯基被单个甲基（—CH₃）替代，并进一步与其他乙烯基单体相连成一个长链（聚合）后，便形成了聚丙烯（PP）。形成的碳原子长链被认为是该聚合物的主链（backbone），也是官能团［侧基（pendant group）］所连接的分子的最简单代表。当 1 个碳原子所连接的是 4 个不同的原子或者官能团时，则该碳原子称为不对称碳原子［asymmetric carbon，亦称手性碳（chiral carbon）］。在聚丙烯中，每个不对称碳原子都可以被看作是一个立体中心［stereogenic centre，手性中心（chiral centre）］，因为这些碳原子由于与其所连的甲基，其镜像是不能重叠的（见图 4.3）。

这些不对称碳原子能够将连接的甲基按照不同构型进行排列［等规度（tacticity）］，从而产生不同形式的聚丙烯。因此，每个 2 号碳原子与甲基以其镜像不可重叠的形式结合，从而缺少对称平面（手性）。如果观察者沿着聚丙烯链的长度方向进行观察，A 末端是最靠近观察者的一端，B 末端是距离最远的一端（见图 4.4）。

一种构象形式是另一种形式的镜像，每种形式分别被称为左旋（left-handed，levorotary）或右旋（right-handed，dextrorotary）。如果将左旋形式与右旋形式重合，那么很明显其镜像是无法重叠的（图 4.5）。

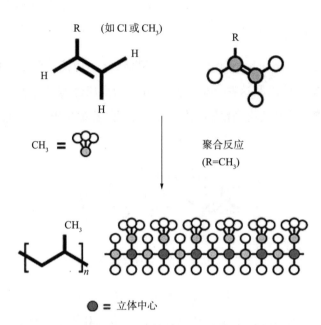

图 4.3　当乙烯基被一个甲基替代，然后聚合成为聚丙烯，
每个 2 号碳原子即为立体中心

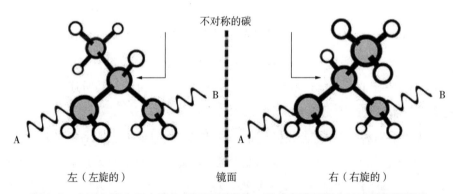

图 4.4　由于末端 A 和末端 B 是不可重叠的，因此在聚丙烯中被甲基取代的碳
是不对称的，同时具有左旋和右旋的特征

68

无法重叠的

图 4.5　左旋形式无法与右旋形式重叠，因为不对称碳原子旋转后
甲基无法重叠，从而产生了不对称性

如果在聚合过程中，这些甲基的不同构象沿着聚合物主链是规则排列的，那么聚合物链被称为有规立构的（stereoregular）。然而，如果这些不对称碳原子上的甲基是彼此无规取向的话，则整体呈现不规则性，那么形成的聚合物链被称为无规立构的（stereorandom）。就聚丙烯而言，共有 3 种典型的立构化学排列。

1. 等规（isotactic）聚丙烯：所有不对称碳原子按相同的规律排列（有规立构）（图 4.6）。

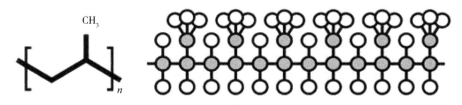

图 4.6　等规聚丙烯

2. 间规（syndiotactic）聚丙烯：所有不对称碳原子按一定的规律交替排列（有规立构）（图 4.7）。

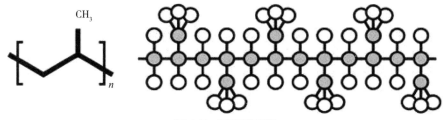

图 4.7　间规聚丙烯

69

3. 无规（atactic）聚丙烯：不对称碳原子不按照一定的规律排列，是无规构型的（无规立构）（图 4.8）。

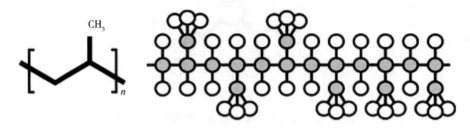

图 4.8　无规聚丙烯

在商业生产的聚丙烯中，通常聚合物链在不同的片段［嵌段（block）］会呈现不同的立构形式。这些不同立构化学组成的比例将直接影响聚合物的物理性质，尽管它们是由相同的单体聚合而成的。举例来说，丙烯的自由基聚合通常产生无规聚丙烯。然而，20 世纪 50 年代齐格勒 - 纳塔混合有机金属催化剂的研发革新了聚丙烯的制造（见第 2 章）。通过配位催化的方法，制造链上具有等规聚丙烯和间规聚丙烯嵌段的无规聚丙烯也成为可能，相比传统的无规聚丙烯，其性能得到显著提高。顺便提一句，聚甲基丙烯酸甲酯聚合条件的改变也可以产生等规聚丙烯或者间规聚丙烯。由此，目前市售的聚丙烯通常是不同立构形式的化合物的混合物，其中 75% 为等规立构、25% 为无规立构。尽管对冲击强度的影响不是很大，但这种不同立构形式的混合会使得聚合物具有更高的分子量、优异的拉伸强度和刚度。同样，材料生产商也可以通过改变立构形式比例，以获得所需要的性质（表 4.1）。

表 4.1　三种不同立构形式的聚丙烯具有不同的性质

聚丙烯立构形式	性质
等规聚丙烯	结晶度高的刚性材料，高熔点 （160～166℃）
间规聚丙烯	具有弹性体性质的半结晶物质，结晶度为 30%，使得其熔点为 130℃
无规聚丙烯	无定形和黏性橡胶状材料，没有特定熔点

结晶度

聚合物的结晶度是指聚合物链排列整齐的区域（结晶区域）所占的比例。然而，为了实现这一点，需要一定程度的立构有规性（stereoregularity）。这是因为结晶区域是由聚合物链中的有规立构嵌段形成的。当聚合物在熔化状态下时，长聚合物链彼此缠结成不规则的线圈状结构。当熔化的聚合物冷却成固体时，一些聚合物由于其聚合物链中较大程度的不规则性（无规立构的）而保持这种无序的缠结排列。这种聚合物被称为无定形聚合物（amorphous polymer）。

另一种情况下，在其他含有有规立构链的聚合物中会形成不同的有序结晶区域（聚合物微晶），在这些结晶区域，10%～80%（取决于塑料类型）的链会以大概 10 nm 的间距进行折叠并彼此间对齐，形成被称为薄片（lamellae）的结构。这些结构又是更大的球状结构［球晶（spherulite）］的一部分。由于仍然存在一些无规的（无规立构的）嵌段，因此完全结晶是不会发生的。此外，如果在某些区域有分支产生，就会影响立构的规整性，从而限制结晶。由于聚合物的某些区域仍然保持未结晶状态，称其为半结晶聚合物（semi-crystalline polymer）。因为所有的塑料都是聚合物，因而可以将塑料分为两类：一类是无定形塑料（amorphous plastic），比如丙烯腈丁二烯苯乙烯（ABS）、聚苯乙烯和聚氯乙烯（PVC）；另一类是半结晶塑料（semi-crystalline plastic），比如高温工程塑料聚醚醚酮（PEEK）、聚对苯二甲酸乙二酯和聚四氟乙烯（图 4.9）。

塑料的结晶度（结构中有序区域的量）对材料的机械、光学、化学和热学性质等都有直接的影响。例如，当无定形塑料在室温（21℃）下时，聚合物链处于高度无序和缠结的状态。因此，聚合物的运动会受到阻碍，从而表现出刚性和脆性。但是，当无定形塑料被加热时，会引发分子的运动，塑料随着温度的升高变得柔软、有弹性，也不会有确定的熔点。相反，半结晶聚合物可以承受一定量的热，在这个范围内聚合物不会变软或者弯曲。但是一旦达到其熔点，半结晶塑料往往会迅速发生相变，将从固体状态变为低黏度液体（表 4.2）。

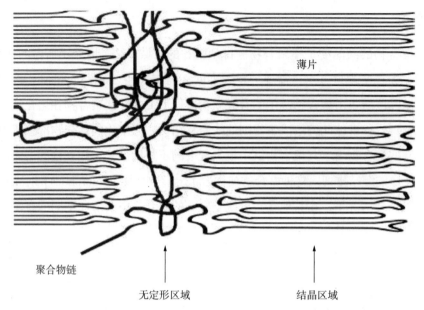

图 4.9　塑料中无定形区域有无序缠结的链，而半结晶塑料
则有有序的结晶区域散布其中，这些结晶区域中的链都是对齐的

表 4.2　无定形聚合物与半结晶聚合物常见性质的比较

无定形聚合物	半结晶聚合物
高熔体黏度	低熔体黏度
无确定熔点	确定熔点
低强度	高强度
疲劳寿命低，耐磨性差	疲劳寿命高，耐磨性好
低耐化学性	高耐化学性
透明	半透明
熔化状态下分子取向：无规	熔化状态下分子取向：无规
固体状态下分子取向：无规	固体状态下分子取向：有结晶区域（微晶）

支化

　　塑料种类多样，可以具有适用于任何服务环境的性质。材料的一些性质
是由聚合物结构引起的。这指的是聚合物链的支化会使得聚合物的性质与完

全线型结构产生差异。塑料的物理性质（例如玻璃化转变温度和熔体黏度）会受到支化的程度和这种支化的发生方式的影响（见图 4.10）。

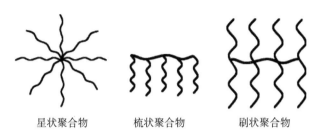

星状聚合物　　　梳状聚合物　　　刷状聚合物

图 4.10　均聚物支化的方式

举例来说，低密度聚乙烯（LDPE）由于其含有大量从主链衍生的支链而通常被称为"支化聚乙烯"[153]。这些支链会降低聚合物的可压缩性，从而使得主链之间会有较大的间隙[329]。这些间隙会降低材料的密度和质量，同时增加聚合物的柔韧性[329]。比 LDPE 强度和刚性略强的材料称为线型 LDPE，其有很多短的支链连接在主链上，但是没有长的支链（见图 4.11）。这个变化允许更紧密的链堆积，从而在一定程度上增加密度和强度，但同时仍然允许有一定的弹性[175]。

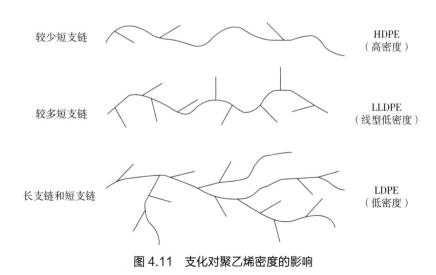

较少短支链　　　　　　　　　　　　　　　　　　　　　HDPE（高密度）

较多短支链　　　　　　　　　　　　　　　　　　　　　LLDPE（线型低密度）

长支链和短支链　　　　　　　　　　　　　　　　　　　LDPE（低密度）

图 4.11　支化对聚乙烯密度的影响

　　与 LDPE 不同，高密度聚乙烯（HDPE）是由长的直链和很少的支链组成的。这使得链能够紧密地堆积在一起，从而显著地增加材料的密度、质量、强度以及刚性等[153, 329]。

共聚物

　　对均聚物而言，其是由一种类型的单体聚合形成聚合物链。然而，利用两种或两种以上的单体可以聚合形成更加复杂的结构，性能也会随之提高。目前共有 4 种共聚物的类型：交替（alternating）、无规（random）、嵌段和接枝（graft）（见图 4.12）。

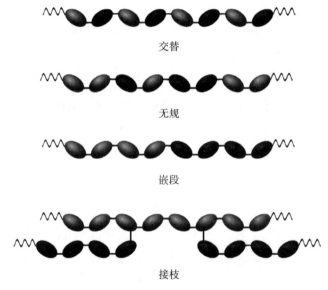

图 4.12　4 种主要类型的共聚物

　　对以交替方式形成的共聚物而言，链由两种单体简单地以交替的顺序组成。对以无规方式形成的共聚物而言，链中的不同单体的交替没有规律。对嵌段共聚物而言，链的一大部分是一种单体，而后接另一大部分其他类型的单体。接枝共聚物是指一种不同的单体的单个或多个嵌段利用主链上存在的功能位点（如双键），作为支链连接到主链上。嵌段共聚物和接枝共聚物可以各种复杂的排列方式构建（见图 4.13）。

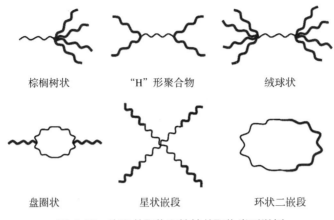

棕榈树状　　　　　"H"形聚合物　　　　绒球状

盘圈状　　　　　　星状嵌段　　　　　环状二嵌段

图 4.13　嵌段共聚物和接枝共聚物类型举例

聚合物共混物

　　过去，人们非常重视开发全新的塑料类型（见第 1 章）。然而，随着时间的推移，人们开始将重点转向生产不同类型塑料的新颖组合，从而给予新材料两种原材料的有利特性（见第 2 章）。这些类型的塑料被称为聚合物共混物。例如，柔软有弹性的聚合物可以与脆性玻璃状的聚合物混合。与原来脆性玻璃状物质或柔软有弹性物质相比，所得共混物将表现出更好的韧性和刚性。其中一个常见聚合物共混物的例子是聚丙烯和丙烯 - 乙烯共聚物。当温度低于 0℃时，聚丙烯均聚物往往会变得极为脆弱，因此容易破碎。然而，通过将其与丙烯 - 乙烯共聚物混合，一种耐受低温且拉伸力和韧性都提高的新型材料便产生了（表 4.3）。

表 4.3　塑料共混物及其性质举例

共混物名称	性质
PA（尼龙）/ 弹性体	良好的耐冲击性
ABS/PC	良好的耐热性和耐冲击性
ABS/PVC	良好的耐燃性和耐冲击性
PMA/PVC	良好的耐燃性和耐化学性

商品塑料

商品塑料是指那些具有广泛的应用，对机械性能和操作环境要求不严苛的塑料，其具有很大的商业价值。因此，这些常见塑料的生产率极高，也正因为其在全球的巨大产量和应用，使得商品塑料成为水生环境中最普遍的塑料垃圾。在前面的章节中，我们分别讲述了各类商品塑料的结构和性质。如第 3 章所述，每一种商品塑料已经被国际标准组织 ASTM 分配了具体的指定代码。这些代码可以使这些塑料很容易地被识别和分离[176]。然而，需要注意的是，这些代码虽然有助于再生，但它们并不能表示材料的可再生性。

聚对苯二甲酸乙二酯（PET）

聚对苯二甲酸乙二酯（PET）是一种化学性质稳定的聚酯，在过去的几十年中，其已经被逐渐应用于很多领域中，从食物和饮料的包装盒到电子元件[176, 196]以及衣服的纤维。通常，再生的 PET 瓶会被用于制造摇粒绒服装以及塑料瓶。的确，PET 的最常见用途之一是制造饮用水瓶子，而这些垃圾也常出现在水生环境中（见第 3 章）（图 4.14）。

图 4.14　聚对苯二甲酸乙二酯（PET）

化学式	$(C_{10}H_8O_4)_n$
缩写	PET 或 PETE
分类	热塑性塑料
固体状态下分子取向	半结晶
单体	对苯二甲酸、乙二醇
性质	可见光和微波下可透，耐老化、耐磨、耐热；轻质，抗冲击、防碎；气味和水分阻隔能力强

聚乙烯（PE）

PE-HD

PE-LD

作为全球需求量最大的塑料种类，聚乙烯不可避免地成为水生环境中数量最大的塑料垃圾种类。其密度通常小于水，并且具有良好的防水特性，因而聚乙烯通常漂浮在表层水中。其表现出的拉伸程度、冲击强度以及刚度由聚合物基体的结晶度决定（图 4.15）。

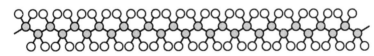

图 4.15　聚乙烯（PE）

化学式	$(C_2H_4)_n$
缩写	PE, LDPE, LLDPE, HDPE
分类	热塑性塑料
固体状态下分子取向	半结晶
单体	乙烯
性质	根据结晶度，PE 可以从柔性（低密度）到刚性（高密度）。稳定后，PE 表现出良好的耐候性以及耐化学性。是防水的

聚氯乙烯（PVC）

在没有加入添加剂的情况下，纯聚氯乙烯（PVC）是脆性白色物质。在制造过程中，PVC生产为两个类型，即刚性PVC和柔性PVC。尽管在室温（21℃）下往往耐冲击性较弱，刚性PVC仍是特别耐用的硬质材料，并且具有阻燃性、耐化学腐蚀性[175]以及耐候性。风化作用往往只能发生在其表面[85]。柔性PVC是通过在制造过程中添加邻苯二甲酸酯增塑剂软化塑料生产的。PVC与木材粉混合所得的材料可能易于生物降解[408]。因此，当需要时，可以加入抗菌添加剂以对抗生物降解作用（图4.16）。

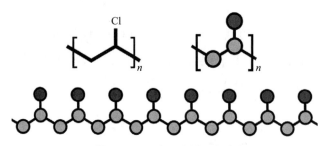

图4.16　聚氯乙烯（PVC）

化学式	$(C_2H_3Cl)_n$
缩写	PVC
分类	热塑性塑料
固体状态下分子取向	无定形
单体	氯乙烯
性质	氯元素的存在使得PVC具有良好的阻燃性能，引燃温度高达455℃，并可以有效防止氧化。对酸、碱和大多数无机化学品又有耐受性。使用添加剂可以在很大范围内调节材料的性质，改善其柔韧性和耐冲击性，增加其应用的广泛程度。易于与其他塑料混合

聚丙烯（PP）

聚丙烯被认为是最轻便和最通用的聚合物之一。它可以经受各种制造工艺，例如注射成型、通用挤压、挤出吹塑甚至发泡成型。虽然存在 3 种不同的立构形式，商业聚丙烯通常是 75% 等规立构和 25% 无规立构的混合物。由于对聚丙烯的需求迅速增加[19]，因此，它是在海洋环境中最常见的微塑料类型之一[355]（图 4.17）。

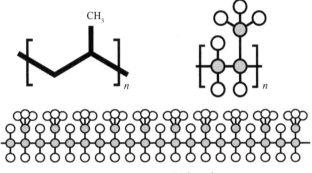

图 4.17　聚丙烯（PP）

化学式	$(C_3H_6)_n$
缩写	PP
分类	热塑性塑料
固体状态下分子取向	半结晶（等规、间规），无定形（无规）
单体	丙烯
性质	对多种酸、碱和溶剂具有耐受性。低密度，高刚度，在冲击强度和硬度间具有良好的平衡，耐热性好，透明度好

聚苯乙烯（PS）

聚苯乙烯在海洋环境中常以固体形式或泡沫形式存在，由于可能残留致癌单体成分苯乙烯[260]，因而聚苯乙烯对海洋生物具有特殊的危害[356]。加热时，聚苯乙烯往往会解聚（depolymerise）成苯乙烯。在制造过程中加入对二乙烯基苯（*p*-divinylbenzene），可以生产更坚硬的聚苯乙烯。这使得链相互交联并生成共聚物——聚（苯乙烯-*co*-二乙烯基苯）[poly（styrene-*co*-divinylbenzene）]，其对有机溶剂的抗性增强。这种交联聚苯乙烯通常用于生产粒径在200～1 200 μm的球形离子交换树脂（ion exchange resin）。聚苯乙烯也可与挥发性溶剂混合，通常是与5%戊烷混合。当该混合物被加热时，戊烷膨胀并起泡以生产低密度聚苯乙烯泡沫，称为Styrofoam。或者，可以用戊烷将聚苯乙烯球形小珠膨胀至其原始粒径的40倍左右，以生产由粒径为0.5～1.0 mm的低密度聚苯乙烯球形小珠组成的材料，称为Styropor。发泡或膨胀的聚苯乙烯通常漂浮在水生环境的表层，而固体聚苯乙烯密度比水的密度略大，因而通常会分布在表层以下（图4.18）。

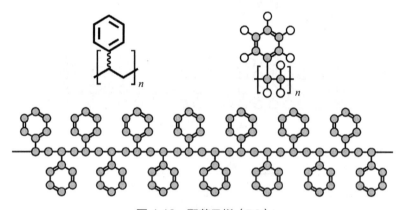

图4.18　聚苯乙烯（PS）

化学式	$(C_8H_8)_n$
缩写	PS
分类	热塑性塑料
固体状态下分子取向	无定形
单体	苯乙烯
性质	刚性聚苯乙烯是透明的、坚硬的和脆的。空心聚苯乙烯有闪亮的水晶状外观。高抗冲聚苯乙烯（high impact polystyrene，HIPS）是通过与丁二烯共聚物或橡胶混合得到的，从而增加耐冲击性和韧性。对水和氧气的阻隔性差

聚碳酸酯（PC）

聚碳酸酯指通过碳酸酯基将有机官能团连接在一起的热塑性塑料。由于具有很长的分子链，聚碳酸酯很容易通过加热成型。通常，聚碳酸酯与其他塑料混合，例如 ABS 和橡胶（图 4.19）。

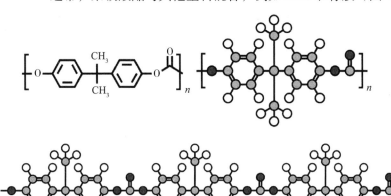

图 4.19　聚碳酸酯（PC）

化学式	$(C_{16}H_{18}O_5)_n$ [①]
缩写	PC
分类	热塑性塑料
固体状态下分子取向	无定形
单体	双酚 A
性质	与玻璃类似，自然透光。坚韧、坚固、耐热且尺寸稳定性极佳

聚甲基丙烯酸甲酯（PMA）

---

① 此处原文恐有误，应为 $(C_{16}H_{14}O_3)_n$。——译者

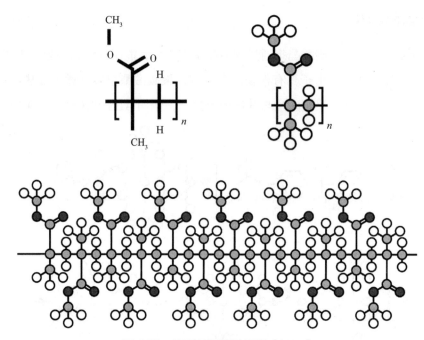

图 4.20　聚甲基丙烯酸甲酯（PMA）

化学式	$(C_5H_8O_2)_n$
缩写	PMA 或 PMMA
分类	热塑性塑料
固体状态下分子取向	无定形
单体	甲基丙烯酸甲酯
性质	极长的使用寿命、出色的光线传输性和良好的抗紫外线能力及耐候性。是所有热塑性塑料中表面硬度最高的

聚四氟乙烯（PTFE）

聚四氟乙烯是一种独特的具有高熔点、高结晶度的耐用塑料。这种材料在负载下倾向于表现出相当大的弹性变形。因此，在需要无摩擦表面和抗负载的应用中（如轴承表面），可以通过使用添加剂和填料改善 PTFE 变形特性。由于具有碳氟键的高度稳定性，

PTFE 通常具有高分子量且反应活性很低。此外，氟原子的高电负性使得这种塑料具有极佳的防水表面以及不粘性（图 4.21）。

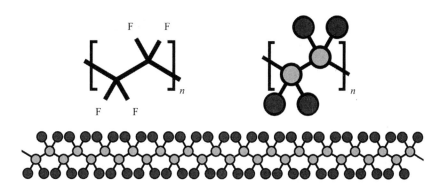

图 4.21　聚四氟乙烯（PTFE）

化学式	$(C_2F_4)_n$
缩写	PTFE
分类	热塑性塑料（含氟聚合物）
固体状态下分子取向	半结晶
单体	四氟乙烯
性质	具高强度和韧性的白色固体，有蜡状表面，摩擦系数低。该材料对化学腐蚀及风化作用具有极佳的耐受性，但是在负载下会出现弹性变形。吸水率和可燃性低，而热稳定性高

丙烯腈丁二烯苯乙烯（ABS）

07
O

丙烯腈丁二烯苯乙烯（ABS）用途广泛，是继 PE、PP、PS 和 PVC 后第 5 种最常用的聚合物[175]。ABS 由丙烯腈和苯乙烯的刚性聚合物以及散布的聚丁二烯橡胶颗粒组成。3 种单体的比例不同时会产生不同性质的材料。虽然 ABS 被认为是工程塑料[85, 463]，并且是在许多电子元器件中使用的常见塑料[175]，但 ABS 易燃，并且容易生烟[68]。因此，ABS 需要添加阻燃剂[463] 或者与 PVC 混合来控制这种缺点。在环境中，ABS 极易受风化作用的影响[175]，其密度大于海水的密度[84]，往往会在水生环境表层以下（图 4.22）。

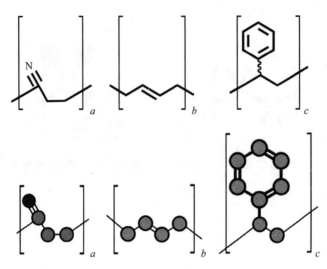

图 4.22　丙烯腈丁二烯苯乙烯（ABS）

化学式	$(C_8H_8 \cdot C_4H_6 \cdot C_3H_3N)_n$
缩写	ABS
分类	热塑性塑料
固体状态下分子取向	无定形
单体	丙烯腈丁二烯苯乙烯
性质	具高表面质量的高光泽不透明物质。苯乙烯和丙烯腈的共聚合使得这种材料具有强度高、硬度高、耐冲击性，而这种材料的韧性则归因于聚丁二烯橡胶细颗粒均匀散布在整个苯乙烯 - 丙烯腈共聚物中。苯乙烯、丙烯腈和聚丁二烯的比例可以改变，以产生具有不同性质的不同等级 ABS。此外，ABS 通常与其他材料混合以赋予材料韧性或与 PVC 混合以获得阻燃性

聚酰胺（尼龙）

尼龙是世界上使用最广泛的材料之一，并且在从水生环境中回收的样品中较常见，有尼龙 6 和尼龙 6,6 两种形式[9]。尼龙的合成通过缩合聚合反应实现，在该反应中，其中一个单体上的氨基与另一个单体上的羧基反应产生酰胺键，最终产生聚合半透明纤维状物质[180]。尼龙 6 和尼龙 6,6 的结构分别如图 4.23 和图 4.24 所示。之所以得名尼龙 6,6，是因为其两种单体（六亚甲基二胺和己二酸）各含有 6 个碳原子。尼龙纤维具有弹性并具有优异的强度和韧性，比 PET 纤维更耐用。此外，尼龙还有优异的耐磨性。

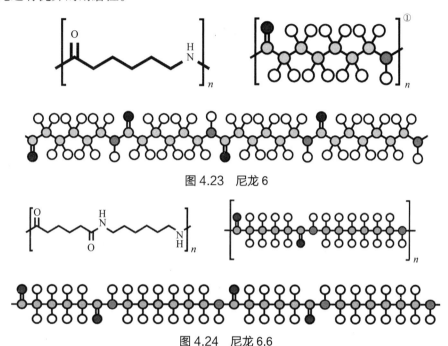

图 4.23　尼龙 6

图 4.24　尼龙 6,6

化学式（尼龙 6）	$(C_6H_{11}NO)_n$
化学式（尼龙 6,6）	$(C_{12}H_{22}N_2O_2)_n$
缩写	PA
分类	热塑性塑料
固体状态下分子取向	半结晶
单体（尼龙 6）	六亚甲基二胺，己二酰氯
单体（尼龙 6,6）	六亚甲基二胺，己二酸
性质	坚韧，具高拉伸强度和优异的耐磨性。但是容易吸水，会降低其抗拉强度

① 此处原文恐有误。——译者

聚氯丁二烯（氯丁橡胶）

虽然聚氯丁二烯被认为是合成橡胶，因此与塑料树脂性能相对，属于弹性体，但在此节包含这种材料是有必要的，而且应该在此节前部中列出。由于其低密度浮力性质和广泛的水上应用（潜水服、速干衣、人字拖），聚氯丁二烯具有污染水生环境的潜在危害。此外，聚氯丁二烯还通常被用作气象气球的材料，随着时间的推移，气象气球会沉降到水体中并破碎[323]。当聚氯丁二烯固化时，其抗拉强度就会增加。然而，由于其聚合物主链具有高度的立构有规性，固化（硫化）和未固化的聚氯丁二烯都具有很高的结晶度。得益于连接在聚合物主链上的氯原子，聚氯丁二烯具有独特的性能平衡，既有良好的机械强度和抗老化性，同时具有较低的可燃性。

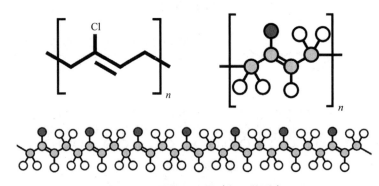

图 4.25　聚氯丁二烯（氯丁橡胶）

化学式	$(C_4H_5Cl)_n$
缩写	CR
分类	弹性体
固体状态下分子取向	半结晶
单体	氯丁二烯
性质	用作天然橡胶替代品，具有良好的机械强度。具有耐高温性。矛盾的是，热降解导致硬化而不是熔化。在低于 0℃ 的温度下，材料开始变硬。耐候性、防水性好。具高弹性和低易燃性

降解

　　一旦塑料垃圾进入水生环境中，其降解就会受到各种因素的影响。这些因素的影响程度和发生的时间完全取决于塑料自身的理化性质。一些塑料本身坚固、不易破碎，因而在水生环境中具有高度持久性。因而，这些材料的降解可能需要数千年的时间。还有一些类型的塑料则柔软易碎、容易折断，而一些塑料则被设计为可生物降解的。由于所有的塑料都是由大的分子链组成的，塑料的降解可以定义为任何可以导致塑料长链破裂成低分子量短链的过程，这些短链仅由少数单体（寡聚物）组成。根据发生的过程，主要有两种可能的降解方式：生物和非生物。

生物降解和可生物降解的塑料

　　塑料的生物降解是指塑料被生物有机体降解。例如，可生物降解塑料的降解依赖于以塑料中存在的碳为能源的生物过程。但是，为了使塑料能够降解，它必须经历两个阶段：

　　阶段 1——降解

　　氧气、水分、热量、紫外线或微生物酶会破坏长聚合物链的 C—C 键，导致塑料碎裂。这些不同因素的影响程度取决于聚合物的分子结构。重要的是，聚合物降解的这一事实并不意味着它是可以生物降解的。

　　阶段 2——生物降解

　　一旦聚合物充分碎裂，较短的碳链就能够穿过微生物细胞壁。链中的碳就可以被微生物作为食物和能量来源，最终转化为生物质、水、二氧化碳或甲烷气体，生成物取决于是有氧条件还是厌氧条件。然而，微生物对碳的这种转化意味着确实发生了生物降解。

　　重要的是，这两步降解过程必须以可接受的速率进行，同时不应对生物降解过程发生的周围环境产生负面的影响，才可被视为是合适的可生物降解塑料。因此，可生物降解塑料的固有价值取决于其对环境的影响，如是否影响生物群、土壤条件的稳定性、甲烷气体的排放和是否造成地下水的污染。而今，可生物降解塑料已经取得了相当可观的进展（见第 1 章和第 2 章有关塑料的详细历史）。

聚羟基丁酸酯（PHB）

最受欢迎的可生物降解塑料是聚羟基丁酸酯（PHB），其是一种热塑性塑料，属于聚酯类化合物。PHB 不溶于水，因此与其他可溶于水或对水分敏感的可生物降解塑料相比，它具有更好的抗水解性。此外，这种材料表现出良好的抗紫外线氧化能力。当前有许多物品使用 PHB 制造，如洗发水瓶、杯子和高尔夫球座。在日本，市场上有种类繁多的 PHB 材质的一次性剃须刀。PHB 也被用于人体内部伤口缝合，这是由于 PHB 的无毒降解特性、可以自然分解，因而不需要再进行额外移除（图 4.26）。

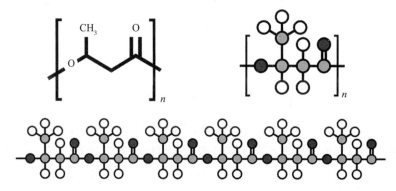

图 4.26　聚羟基丁酸酯（PHB）

化学式	$(C_4H_6O_2)_n$
缩写	PHB
分类	热塑性塑料
单体	β- 羟基丁酸
性质	具有良好的透氧性，熔点为 175 ℃，玻璃化转变温度为 2℃。具有良好的抗紫外线能力。对酸和碱的耐受性差。不溶于水。可生物降解

聚己内酯（PCL）

　　另一种常见的可生物降解塑料是聚己内酯（PCL）。这种材料的熔点低至 60℃，因此不适合高温条件下的应用。但是，偶尔也会将其与其他塑料混合，从而提高耐冲击性或者塑化 PVC。PCL 在人体内的降解速率比聚乳酸（PLA）慢，因此正在进行大量研究以开发可植入的装置或缝合线，从而在不需要被降解时可以长时间留在体内。此外，用 PCL 封装药物已经成功被用于可控的靶向药物输运系统（图 4.27）。

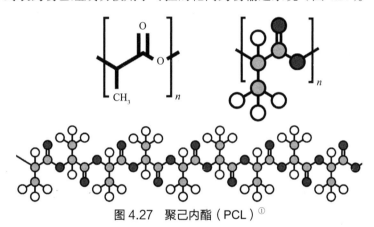

图 4.27　聚己内酯（PCL）[①]

化学式	$(C_6H_{10}O_2)_n$
缩写	PCL
分类	热塑性塑料
单体	6- 羟基己酸或 ε- 己内酯
性质	偶尔与其他塑料混合以提高耐冲击性或塑化 PVC。是一种坚韧的材料，玻璃化转变温度为 –60℃，60℃软化，因而耐热性差。可生物降解

聚乳酸（PLA）

　　聚乳酸（PLA）是应用第二广泛的可生物降解塑料，其由乳酸合成，可以通过可再生农产品（如甘蔗或玉米淀粉）的发酵生产。PLA 具有多种应用，例如产品包装材料、餐具和桌面

---

① 此处原文恐有误，此图为聚乳酸（PLA），图 4.28 为聚己内酯（PCL）。——译者

3D 打印机原料。此外，由于这种物质能够降解成无害的乳酸单体，PLA 可作为人体内的医疗植入物，例如医用针、医用棒和医用螺钉。在身体内，如果组合精准，PLA 会在 6～24 个月内完全降解。其在身体内相对缓慢的降解速率有利于承重结构（如骨头）的康复，因为在聚合物降解和身体恢复时，负荷可以逐渐转移到身体上。此外，乳酸可以与乙醇酸（glycolic acid）共聚合以产生聚（乳酸 -co- 羟基乙酸）[poly（lactic-co-glycolic acid），PLGA]，这是一种可生物降解和生物相容的聚合物。利用微注射技术可以生产微塑料级（< 60 μm）的固态 PLGA 微胶囊，其中装有活性药物，用于在体内靶向传送药物，如抗生素阿莫西林[396]。一旦进入体内，固态 PLGA 微胶囊在暴露于水时会通过酯基水解而降解，从而释放出活性药物（图 4.28）。

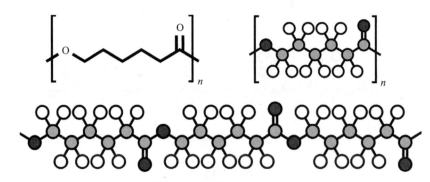

图 4.28　聚乳酸（PLA）

化学式	$(C_3H_6O_3)_n$[①]
缩写	PLA
分类	热塑性塑料
单体	乳酸
性质	脆性物质，玻璃化转变温度为 44～63℃。虽然在室温（21℃）下稳定，但 PLA 不适合高温环境，且在此温度范围内会开始软化。可生物降解

当这些可生物降解的塑料被丢弃到环境中时，若是在污水中，需要大

_____

① 此处原文恐有误，应为 $(C_3H_4O_2)_n$。——译者

约 2 周才能完全生物降解，而在土壤环境或水生环境中，则需要约 2 个月（图 4.29）。

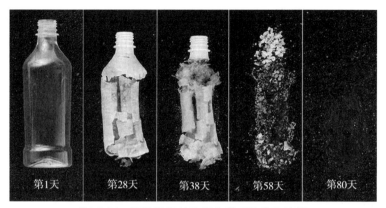

第1天　　第28天　　第38天　　第58天　　第80天

图 4.29　聚乳酸瓶的降解和随后的生物降解

虽然可生物降解塑料似乎是解决环境中塑料垃圾问题的完美方案，但实际情况并非如此。可生物降解塑料推广的主要困难是它们不受制造商欢迎。高产的商品热塑性塑料最关键的特征是低成本、用途广泛和高强度。然而，在成本和机械性能方面，可生物降解塑料根本无法与这些商品热塑性塑料竞争。举例来说，聚羟基丁酸酯（PHB）虽是可生物降解的，但由于其玻璃化转变温度仅为 2℃，因此表现出相当大的脆性，特别是在低温下。PHB 伸长后断裂时伸长部分仅为原始长度的 6%。这与聚苯乙烯相近，其平均值为 2.5%。相比之下，聚丙烯的平均值为 450%。一个解决 PHB 脆性的方法是与聚羟基戊酸酯（PHV）共聚合，从而产生刚度降低的材料。随着更大比例的羟基戊酸酯亚基被添加到 PHB 链中，材料变得更坚韧且更柔韧。

此外，PHB 对溶剂、酸和碱的耐受性差以及其较低的热稳定性可能导致其无法用于生产最终产品。为了解决这些问题，大量研究在尝试改善 PHB 的这些特性，例如将其与黏土纳米粒子混合以增加其强度和降解速率。PHB 的一个特殊优点是材料的密度为 1.25 g/cm^3，大于海水密度（1.025 g/cm^3），因此在海洋中容易沉降至沉积物中，并最终生物降解。尽管如此，可生物降解塑料的最大缺点在于生产它们的成本要比不可生物降解塑料的高得多，同时产量较低，这都是未来制造商必须克服的主要障碍。

最终，商品热塑性塑料对环境中微生物降解的抵抗性被认为是其一大优势，特别是就结构完整性和耐用性而言。出于这个原因，可生物降解塑料不适合用于可能暴露于大量微生物活动的服务环境中（比如食物的储存和包装）以及外部环境设备（比如汽车和管道）。的确，汽车制造商不希望发现他们的新塑料保险杠使用一年就降解、出于安全原因需要更换。同样地，塑料管道制造商不希望快速降解导致管道爆裂和引发漏水而被客户索赔。因此，在开发出能够与现有常见的热塑性塑料拥有相近功能的可生物降解塑料之前，我们将继续见证不可生物降解塑料的生产的增加，并且不可生物降解塑料仍然是塑料制造商的首选。

能降解塑料的昆虫

当前，研究者正在寻找能够食用环境中丢弃的常见塑料垃圾的昆虫。实际上，研究已经证明一些昆虫会为了取食而吃掉塑料，如蟑螂（cockroach）会咀嚼装有面包的塑料袋。但是，如果任何摄食的塑料仅仅是被简单地排出体外，那么生物降解并不会发生。同样，研究发现当材料与木材紧密接触时，木蛀虫（woodworm）会钻入 PVC 材料中。虽然这些昆虫没有通过摄入塑料来获取能量，但最近有研究报道了昆虫真正摄食塑料并对其进行生物降解的案例。2014 年，有报道称印度蜜蜂（*Plodia interpunctella*）的幼虫（蜡虫）能够摄入薄的聚乙烯膜[466]。

注：要区分这些蜡虫与它们的"亲戚"——或大或小的蜡蛾幼虫，后者是作为动物的食物而饲养的，通常也被称为蜡虫。

研究发现，摄食塑料后，蜡虫肠道内的细菌菌株（*Enterobacter asburiae* YT1 和 *Bacillus* sp.YP1）降解了部分聚乙烯膜。通过扫描电子显微镜（scanning electron microscope，SEM）检查，在薄膜表层上发生了 0.3～0.4 μm 的点蚀。随后从蜡虫肠道中分离并培养这些微生物。然后将 100 mg 的聚乙烯膜引入 YT1 和 YP1 的悬浮培养皿中培养 60 d，每毫升培养液含有 1 亿个细菌细胞。最终经检查，确定 YT1 已降解 6.1% 的聚乙烯塑料膜，而 YP1 降解了 10.7%。随后确定了这些细菌已经将一些聚乙烯转化为生物质、二氧化碳和可生物降解垃圾。

因此，这是一个很有希望的研究领域，可能被证明有利于处理塑料垃圾或开发新的更容易被生物降解的塑料。然而，食用塑料的昆虫不应该被认为是塑料再生的替代品，后者仍是帮助减少塑料垃圾在环境中的积累所不可或缺的途径（图 4.30）。

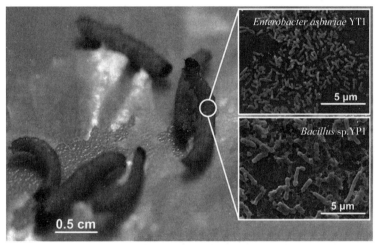

图 4.30 取食聚乙烯膜的蜡虫

经允许修改自 Yang J，Yang Y，Wu W，Zhao J，Jiang L. Evidence of polyethylene biodegradation by bacterial strains from the guts of plastic-eating waxworms.Environmental Science and Technology 2014;48（23）:13776-84.

能降解塑料的微生物和真菌

从环境中回收的大多数塑料物品都会有一定程度的生物污损（见第 7 章）。然而，许多塑料自身就耐受生物攻击或被抗菌添加剂所保护。但是，微生物［如硫细菌（sulphur bacteria）］可以在塑料上形成生物膜，并分泌硫酸。类似地，酸也可以由某些种类的真菌分泌。这会对少数易受酸影响的塑料产生不利影响，例如聚酰胺（尼龙）。但是，有一些降解特定塑料的微生物和真菌的例子。

2011 年，据报道有一种新的内生真菌［小孢拟盘多毛孢（*Pestalotiopsis microspora*）］在厄瓜多尔的亚马孙热带雨林中被发现[362]。这种真菌体内含有一种丝氨酸水解酶（serine hydrolase enzyme），可以使该真菌在有氧或者无氧的环境下仅仅依靠聚酯型聚氨酯（polyester polyurethane，PUR）生存。这些特点可能非常有价值，因为 PUR 在垃圾填埋场深处的生物降解需要一种能够在缺氧的情况下生存并进行降解的微生物。

2013 年，枯草芽孢杆菌（*Bacillus subtilus*）、短小芽孢杆菌（*Bacillus pumilus*）和沼泽考克氏菌（*Kocuria palustris*）等浮游细菌在体外试验中能够生物降解低密度聚乙烯（LDPE）[179]。2015 年，报道称来自嗜温真菌 *Fusarium oxysporumr* 的一种功能性角质酶（植物角质层降解酶）在细菌大肠杆菌（*Escherichia coli*）BL21 中表达。将重组酶与聚对苯二甲酸乙二酯（PET）接触后，发现重组酶能够通过水解降解 PET 表面。最高的活性发生在 40℃和 pH=8.0 时[100]。2016 年，据报道，在日本的一处塑料瓶再生设施，发现了一种以土壤和废水中的 PET 碎片为食的新细菌（*Ideonella sakaiensis*）[469]。该细菌能够通过两种内在酶水解来降解 PET，将 PET 转化为两种基本单体——乙二醇和对苯二甲酸（表 4.4）。

表 4.4　报道的对常见塑料具有降解作用的微生物和真菌

塑料	缩写	降解微生物	降解真菌
聚对苯二甲酸乙二酯	PET	*Ideonella sakaiensis*[469]	*Rhizopus delemar*［与脂肪族二羧酸（aliphatic dicarboxylic）的共聚物］[145, 310, 433]
聚乙烯	PE	*Pseudomonas chlororaphis*[377] *Brevibacillus borstelensis*[170] *Rhodococcus ruber*[159, 386] *Bacillus subtilus*[179] *Bacillus pumilus*[179] *Kocuria palustris*[179] *Enterobacter asburiae* YT1[466] *Bacillus sp.* YP1[466]	*Penicillium simplicissimum* YK[464] *Curvularia senegalensis*[194]
聚酯型聚氨酯	PUR	—	*Pestalotiopsis microspora*[362]
聚氯乙烯	PVC	*Ochrobactrum* TD[295] *Thermomonospora fusca*[224] *Pseudomonas fluorescens* B-22[224] *Pseudomonas putida* AJ[10]	—

续表

塑料	缩写	降解微生物	降解真菌
聚丙烯	PP	*Pseudomonas* sp.[43] *Vibrio* sp.[43]	*Aspergillus niger*[306]
聚苯乙烯	PS	—	—
聚碳酸酯	PC	—	—
聚甲基丙烯酸甲酯	PMA	—	*Physarum polycephalum*[230]
聚四氟乙烯	PTFE	—	—
丙烯腈丁二烯苯乙烯	ABS	—	—
聚酰胺（尼龙 6）	PA	—	—
聚酰胺（尼龙 6,6）	PA	—	White rot fungi IZU-154[95]
聚氯丁二烯（氯丁橡胶）	CR	—	—

通常，真菌很容易在环境中的塑料表面上生长。当真菌丝穿透聚合物基体时，它们会导致塑料膨胀并爆裂，从而引起新表面的破裂和暴露。这些新暴露的表面易受进一步的生物降解和非生物降解的影响（图 4.31）。

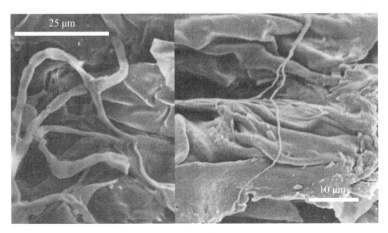

图 4.31　真菌丝可以使塑料膨胀、爆裂

95

此外，真菌和细菌经常分泌有机化学物质（如酸）作为它们分解活动的一部分。而后这可以创建一个微环境，有利于增加某些塑料的降解，如聚酰胺（尼龙）易受有机酸腐蚀。但是，大多数塑料仍然很难被生物降解，因为真菌和细菌还没有进化出能降解这些合成材料的合适且有效的降解酶。因此，塑料的降解往往主要通过非生物过程发生，这些非生物过程将塑料解聚成组成它们的单体。而后，作为二级过程，微生物和真菌可以攻击并使用这些单体作为能源。

非生物降解

塑料的非生物降解是指塑料受到环境因素（如机械力、温度、光、气体和水）影响而老化的过程。在塑料开发的早期阶段（见第1章和第2章），塑料的降解被认为是塑料的主要缺点，因为这会使塑料随着时间的推移失去其原有的优势，如拉伸强度、耐冲击性和刚性等性能，从而无法再用于所需的服务环境中。因此，研发生产更耐用、更加耐受降解和风化作用的塑料成为商业竞争的巨大推动力[85]。不幸的是，这一耐久性现在是塑料在海洋环境中持久和普遍存在的关键因素[353]。

化学添加剂

通常，塑料会含有各种化学物质，这些化学物质是在制造过程中添加的，以改变聚合物的性质或增加其稳定性和耐久性，并防止环境及生物因素的影响。同时，还可以通过加入添加剂来促进塑料制造工艺。例如，在加工过程中，聚丙烯由于连接甲基的是叔碳原子，为氧化提供了位点，因此在高温制造环境下极易发生氧化降解。在这个位点形成了一个自由基，其进一步与氧气反应，导致聚合物链破裂（断链），同时产生羧酸和醛。因此，所有商用聚丙烯均聚物和共聚物都含有抗氧化成分。常见添加剂及其用途清单见表4.5。

表 4.5　常见塑料添加剂及其用途

添加剂	用途
增塑剂｛如双（2-乙基己基）邻苯二甲酸酯［bis（2-ethylhexyl）］｝	增加聚合物的延展性和柔韧性
增强剂［如碳纤维、硅灰石（wollastonite）］	增加聚合物的拉伸及抗弯强度
冲击改性剂（硬化剂）［如玻璃纤维（glass fibre）］	提高材料的冲击强度
着色剂［如二氧化钛（titanium dioxide）、氧化铁（iron oxide）］	给材料着色
填料［如碳酸钙（calcium carbonate）］	用作填充剂以增加质量
抗静电剂［如乙氧基化酯（ethoxylated ester）］	消散积聚的静电荷
热稳定剂（如金属粉末）	消散任何积聚的热量
氧化稳定剂［如苯并呋喃（benzofuranone）］	防止暴露于空气中
表面改性剂［如金属硬脂酸盐（metal stearate）］	可以赋予粗糙或润滑的表面
阻燃剂［如三氧化二锑（antimony trioxide）］	用于抑制燃烧及烟雾产生
光稳定剂［如二苯甲酮（benzophenone）］	吸收有害的紫外线辐射
生物保护（如银离子）	防止微生物及真菌作用
化学发泡剂［如偶氮二甲酰胺(azodicarbonamide)］	用于产生气体，以使塑料和橡胶膨胀为泡沫状
化学发泡剂活化剂（如尿素和锌化合物）	调节发泡剂的分解温度
润滑剂和滑爽添加剂［如芥酸酰胺(erucamide)］	通过增加流动性和减少散热及黏性，以提高加工效率

常见塑料的缺点

尽管添加了化学试剂以改善性能，但不同类型的材料依其化学组成仍然有其固有的缺点。因此，在水生环境中，一些塑料对环境压力的抵御能力更差，更容易破碎分裂[84, 369]（表 4.6）。

表 4.6　常见塑料固有的缺点

塑料	缩写	在环境中的缺点
聚对苯二甲酸乙二酯	PET	高温条件下（73～78 ℃）在水中或者潮湿的环境中发生水解
低密度聚乙烯	LDPE	应力下会发生开裂，光氧化
高密度聚乙烯	HDPE	应力下会发生开裂，光氧化
聚氯乙烯	PVC	室温（21℃）下大多数刚性 PVC 的冲击强度低
聚丙烯	PP	低温下，抗弯曲、断裂和抗压性能（柔韧性）差。0 ℃左右脆化。热氧化和光氧化会导致开裂和细裂纹，并且随着时间的推移，这种情况会越来越严重
聚苯乙烯	PS	脆，在阳光下容易降解并变黄
聚碳酸酯	PC	容易磨损，对强碱敏感
聚甲基丙烯酸甲酯	PMA	脆，容易碎裂
聚四氟乙烯	PTFE	对压力抵抗差，在应力下倾向永久变形
丙烯腈丁二烯苯乙烯	ABS	阳光下变脆，变黄
聚酰胺	PA	吸收水后，拉伸强度下降；对酸和碱敏感
聚氯丁二烯（氯丁橡胶）	CR	易受大气中臭氧的影响

热降解

塑料热降解是指温度改变导致塑料的分解。因此，塑料的热性能可作为该材料在环境中对热降解的敏感性的指示。在高温的情况下，塑料通过热氧化反应（thermo-oxidative reaction）发生降解。但是，为了使塑料进行热氧化降解，必须有足够的能量以热量的形式输入，去破坏化学键。当对塑料施加足够的热量时，就会引发聚合物自由基链式反应（free radical chain reaction），这是一种自我扩散的氧化反应（见图 4.32）。该反应有三个不同的阶段：起始、扩散和终止。

起始

能量以热量的形式输入，克服能量障碍并导致长聚合物链的分解以形成小的活性分子，这些活性小分子被称为自由基。重要的是，除加热外，还可以通过充足的紫外线能量输入引发自由基链式反应［见"光氧化降解"（photo-oxidative degradation）］。

扩散

在起始阶段产生的这些自由基与大气中的氧气反应产生过氧化物自由基，随后进一步分解形成高度活性羟基自由基和烷氧基。然后这些自由基会与大气中的氧气继续反应产生更多的自由基，此后周而复始，不断将该反应扩散。

终止

当初始的能量输入停止或者氧气不足时，上述反应会终止。也有可能自由基彼此反应，形成稳定的非自由基加合物时也会终止反应，但这种概率很小，因为两个自由基相互碰撞的机会很少[380]。

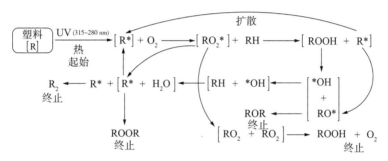

图 4.32 聚合物自由基链式反应

该氧化反应发生的温度取决于塑料自身的热性能和氧气的可用性。例如，极限氧指数（limiting oxygen index）以百分数表示材料的可燃性，是指允许持续燃烧 3 min 所需的最小氧气量。因此，低数值表示需要较少的氧气，因而这些材料具有较高的可燃性。然而，数值会随着添加卤化阻燃剂而增加，常见的阻燃剂是多溴二乙醚（polybrominated diethylethers，PBDEs）①。这类化学品毒性很大并且是水生环境中的常见污染物（将在第 6 章和第 7 章中更加详细地讨论 PBDEs）。此外，聚氯乙烯（PVC）和聚氯丁二烯（氯丁橡胶）等材料具有固有的阻燃性，因为它们在聚合物主链上有氯原子使其卤化。这些卤素原子在气相可以阻燃火焰，从而起到阻燃剂的作用，因而会与自由基反应，终止

① 原文此处恐有误，应为"多溴二苯醚（polybrominated diphenyl ethers，PBDEs）"。——译者

自由基链式反应。如果极限氧指数高于 21，则表示室温下该材料不会燃烧，因为地球大气中的含氧量约为 21%。如果该指数为 25～27，则该材料仅仅会在极端温度下持续使用时才会燃烧。

玻璃化转变温度（T_g）是聚合物最重要也是独有的热性能之一。其表明塑料从硬玻璃态转变为软柔性状态的温度区域。一些塑料（如聚乙烯和聚丙烯）在其 T_g 以上使用，因此在室温（21℃）下具有柔韧性，而其他材料（如 ABS、聚苯乙烯和刚性 PVC）的使用温度低于其 T_g 值，因此在 21℃时硬而脆。但是，通过在 PVC 中加入某些化学添加剂，可以降低其 T_g 值，从而使材料更具弹性，增加其适用的范围，易于成形。这些化合物就是我们常听说的增塑剂。虽然当前有超过 100 种商业上使用的 PVC 增塑剂，包括使用己二酸酯（adipate）增加低温下材料的抗性、使用偏苯三酸酯（trimellitate）增加材料的耐热性，到目前为止最常用的一类是邻苯二甲酸酯，其可以均衡地提高材料的性质。由于邻苯二甲酸酯无法与 PVC 结合，因此它们可能从材料中浸出并诱导生物效应。但是，邻苯二甲酸酯对人体健康和水生环境的危害以及是否可以将其认为是持久性环境污染物的争论已经持续了很多年（见第 6 章和第 7 章）。

塑料的最高使用温度取决于材料是无定形的还是半结晶的。如果是半结晶塑料，该材料能够在它从固体快速转变为低黏度液体之前吸收一定的热量。因此，在这种情况下，决定塑料最高使用温度的最重要的温度是熔点。相反，无定形塑料在加热时往往会变软，而不是具有特定的熔点。因此，这些材料最重要的使用温度是其玻璃化转变温度。

由于长时间暴露在太阳的辐射热下，许多塑料会因此软化，从而导致形态变化并影响它们对机械降解的抗性。可以通过测试确定塑料变软的温度。该测试需要先将某一特定种类的塑料加热变软，直到横截面面积为 $1\ mm^2$ 的针可以穿过塑料表面 1 mm，此时的温度称为维卡软化温度［Vicat softening temperature，也称为维卡硬度（Vicat hardness）］。依据施加在针上的力，可以有两种测试方法。在维卡 A 测试中，施加 10 N 的力，而在维卡 B 测试中，施加的力是 50 N。另一方面，环境中的塑料可能会暴露在极度寒冷中，如果气温低于它们的玻璃化转变温度，那么材料会变脆，从而断裂和破碎（表 4.7）。

表 4.7　常见塑料的热化学性质

塑料	缩写	玻璃化转变温度（T_g）/℃	最低使用温度/℃	最高使用温度/℃	极限氧指数范围/%
低密度聚乙烯	LDPE	-110	-70	80~100	17~18
线型低密度聚乙烯	LLDPE	-110	-70	90~110	17~18
高密度聚乙烯	HDPE	-110	-70	100~120	17~18
聚酰胺（尼龙 6）	PA	-60	-40~-20	80~120	23~26
聚酰胺（尼龙 6,6）	PA	-58~-55	-80~-65	80~140	21~27
聚氯丁二烯（氯丁橡胶）	CR	-49~-20	-57~-34	95~120	26~40
聚丙烯	PP	-20~-10	-40~-5	90~130	17~18
聚氯乙烯（增塑）	PVC	-50~-5	-40~-5	50~80	20~40
聚对苯二甲酸乙二酯	PET	73~78	-40	80~140	23~25
聚苯乙烯	PS	90	20	65~80	17~18
聚苯乙烯（耐高热）	PS	90	20	75~90	17~18
聚氯乙烯（刚性）	PVC	60~100	-10~1	50~80	40~45
丙烯腈丁二烯苯乙烯	ABS	90~102	-40~-20	85~95	18~28
聚甲基丙烯酸甲酯	PMA	90~110	-40	70~90	19~20
丙烯腈丁二烯苯乙烯（耐高热）	ABS	105~115	-40~-20	75~110	18~19
聚四氟乙烯	PTFE	115	-200	260~290	95~96
聚碳酸酯	PC	150	-40	90~125	30~40
聚甲基丙烯酸甲酯（耐高热）	PMA	100~168	-40	100~150	19~20
聚碳酸酯（耐高热）	PC	160~200	-40	100~140	24~35

光氧化降解

光氧化降解是指通过光分解塑料。陆地（如海滩）上的微塑料垃圾或浮在海面上的垃圾将不可避免地暴露在大量阳光直射下，因而在很长一段时间内将持续受到高强度紫外线（UV）暴露的影响。大多数塑料因含有光活性基团（photo-reactive group），往往容易受到紫外线的影响，这些基团被称为发色团（chromophore），其容易吸收高能紫外线辐射，导致聚合物的化学键断裂。但是也有一些例外。例如，PVC 具有良好的抗紫外线能力，因为它内部不含有相关紫外发色团。然而，PVC 有时仍然表现出一定程度的光敏性（photo-sensitivity），这可能是聚合物基体杂质引发的，例如，存在 C$=$O 和 O—O 基团[85]。

当聚合物吸收了紫外（UV）光，特别是电磁谱的 UVB 区（315～280 nm）的光子时（见第 10 章），就会发生聚合物自由基链式反应（图 4.32），从而启动光化学降解。虽然紫外线往往对自由基链式反应的扩散阶段的作用很小，但是即使 UV 的暴露已经中断，降解的过程仍会因为伴随的热氧化降解而持续。结果，即使只有 1% 的氧化，塑料的机械性能也会受到严重的损害。塑料的光氧化损伤的常见迹象是变黄、起雾、开裂、发脆[380]。塑料也可能开始呈现颜色变化，与被屏蔽的区域相比，暴露于 UV 的区域呈现出明显漂白的外观。例如，图 4.33 展示了从海岸线上回收的小塑料碎片，这块碎片上有一块被污垢覆盖。将这个污垢移除后，可以很明显看到污垢下面的黑暗区域受到了保护，而暴露在阳光下的区域已经氧化并变白了。从而，为了防止这种光氧化损害，通常向塑料中加入化学物质［如炭黑、羟基二苯甲酮（hydroxybenzophenone）或胺类物质］以达到稳定化，这些物质由于空间位阻效应，可以提供抗紫外线性并使得材料可以在户外使用[85]（图 4.33、表 4.8）。

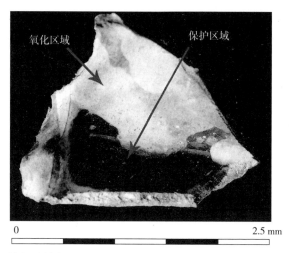

图 4.33　一块部分被氧化和部分因表面污垢保护未受到紫外光氧化的塑料碎片

表 4.8　常见塑料对紫外光的抗性

塑料	缩写	对紫外光的抗性
丙烯腈丁二烯苯乙烯	ABS	差
聚苯乙烯	PS	差
聚酰胺（尼龙 6,6）	PA	差
聚酰胺（尼龙 6）	PA	一般
聚对苯二甲酸乙二酯	PET	一般
聚乙烯	PE	一般
聚丙烯	PP	一般
聚碳酸酯	PC	一般
聚氯乙烯	PVC	好
聚甲基丙烯酸甲酯	PMA	好
聚四氟乙烯	PTFE	好
聚氯丁二烯（氯丁橡胶）	CR	好

大气氧化和水解

大气中的氧气可以催化一些塑料的分解。例如，PVC 通过除去氯化氢

［脱氯化氢（dehydrochlorination）］形成双键，从而降解（图4.34）。但是这种分解过程往往最多只能发生在距离暴露环境表面1 mm的深度。这是因为大气中的氧气不能渗透到比这个深度更深的反应位点[85]。因此，PVC仅部分易受大气氧化影响。但是如果是剧烈的动态环境，比如波浪和岩石的相互作用，PVC的表面可能会变得凹陷和磨损，从而暴露出更多的适合氧化的新反应位点。

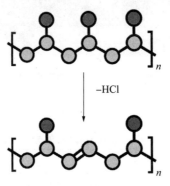

图4.34　PVC的脱氯化氢

　　然而，氧气不是唯一对塑料产生损害的气体。与农村和偏远地区相比，在城市环境中，高度频繁的工业和家庭活动会导致更多的污染物排放到大气中。因此，产生了臭氧和氧化物，其中的一些污染物会对塑料产生降解作用。例如，当聚乙烯和聚丙烯在有氧气和污染物二氧化硫的情况下暴露于阳光下时，会发生聚合物链的交联反应。同样，尼龙6,6也会受到二氧化氮的影响和损害。

　　然而，大气中高活性的臭氧对一些塑料中双键和弹性体［臭氧分解（ozonolysis）］的作用引起塑料的降解往往是对塑料最大的损害。臭氧分子与双键反应产生不稳定的活性多原子阴离子（臭氧化物），从而引发反应。臭氧化物的快速分解导致双链裂解，进而使聚合物链断裂。聚合物中的长链是聚合物高分子量和强度的基础。因此，链越长，材料强度越大。但是，当臭氧解导致长链断裂后，聚合物的分子量会因此下降，材料的强度也会变低，直到其变脆和产生裂缝。例如，臭氧可以使弹性体暴露于大气的表面产生裂缝，在旧汽车轮胎中经常可以看到这种变化。但是，有些弹性体［如聚氯丁二烯（氯丁橡胶）］由于聚合物链中的双键被保护，得以免受臭氧的影响，因而具有良好的抗臭氧性。这是由于聚合物主链上的氯原子的存在降低了双键上的电子密度，因此降低了双键与臭氧反应的活性。

当一些塑料浸没在水中时，水分子会扩散到塑料的无定形区域。某些塑料（如聚四氟乙烯）只有微不足道的吸水性，而其他的一些聚合物（如尼龙）对水的吸收率是很大的。然而，水分子扩散到聚合物基体可能会使得水分子通过化学键断裂（水解）的方法连接到聚合物中。例如，聚对苯二甲酸乙二酯（PET）在温度高于玻璃化转变温度（73～78℃）时水解，受到氧鎓离子或羧基产生的氢离子催化而发生断裂反应，会断裂聚合物链的主要键，导致不可逆转的损伤。其他受水分影响的塑料是聚氨酯（表 4.9）。

表 4.9　浸没在蒸馏水 24 h 后塑料增加的重量以及臭氧对塑料的影响

塑料	缩写	水吸收量（21℃下 24 h 后增加的重量）/%	臭氧的影响（> 1 000 ppm[①]）
聚四氟乙烯	PTFE	0.005～0.01	无影响
聚乙烯	PE	0.005～0.02	中度影响（在空气中）轻度影响（在水中）
聚丙烯	PP	0.01～0.03	中度影响
聚苯乙烯	PS	0.01～0.03	中度影响
聚氯乙烯	PVC	0.01～1.0	轻度影响
丙烯腈丁二烯苯乙烯	ABS	0.05～1.8	轻度影响
聚对苯二甲酸乙二酯	PET	0.1～0.2	无影响
聚碳酸酯	PC	0.1～0.4	无影响
聚甲基丙烯酸甲酯	PMA	0.1～0.8	无影响
聚氯丁二烯(氯丁橡胶)	CR	0.6	轻度影响
聚酰胺（尼龙 6,6）	PA	1.0～3.0	中度到重度影响
聚酰胺（尼龙 6）	PA	1.6～1.9	中度到重度影响

① 1 ppm = 1×10^{-6}。——译者

机械降解

一旦进入水生环境，大块的塑料碎片就会受到不同形式的机械应力的影响[73, 285]（表 4.10）。

表 4.10　施加在塑料碎片上的不同机械应力

机械应力	定义	举例
磨损	磨损动作导致塑料产生小于 5 mm 的碎片（塑粒）	削
压缩	力的方向向内，用于缩短或压缩塑料	压、破碎
弯曲	在塑料的相邻两面分别产生压缩和拉伸的弯曲	折弯
冲击	短时间内对塑料施加很大的力或震动可能导致碎片化	冲击
撕	作用在塑料上的力，垂直于塑料的延伸方向	撕
拉伸	用于拉长或膨胀塑料的力	拉伸
扭	因塑料的一端被扭曲而另一端保持不动或反方向扭曲而受到的应力或发生的变形	扭

这些应力可以由洋流、波浪、来自岩石及砂土的碰撞和磨损引起[40, 62]。随着时间的推移，这最终导致大型塑料逐渐分解为小的碎片[8, 73]（图 4.35）。

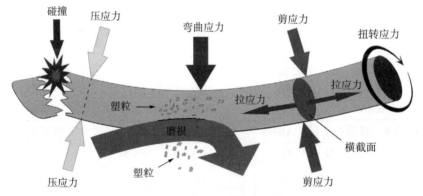

图 4.35　在一块大型塑料上可能施加的应力

这些不同外力产生影响的程度取决于塑料的机械性能。例如，断裂伸长率（elongation at break）表示塑料被拉断之前的拉伸长度与其初始长度的百分比，因此也是其在破碎之前可以承受形状变化的最大程度。例如，像聚苯乙烯这样的脆性塑料具有的最大值为 4%，说明在外力下该材料只能轻微拉长；但是聚乙烯可以被拉伸至其初始长度的 900%，从而表明它可以在不开裂的情况下抵抗形状的巨大变化。因此，具有高断裂伸长率的塑料不太可能被拉力破碎。当一种塑料（比如高抗冲聚苯乙烯）遭到拉力之类的应力时，银纹会因为外部应力导致聚合物链缠结增加而形成（见图 4.36）。持续的外部应力导致聚合物主链上的 C—C 键断裂，从而导致发生断裂（表 4.11）。

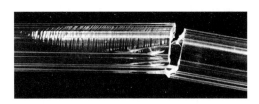

图 4.36 高抗冲聚苯乙烯管的断裂

表 4.11 常见塑料的断裂伸长率（%）

塑料	缩写	断裂伸长率 /%
聚苯乙烯（30% 玻璃纤维）	PS	1～1.5
聚苯乙烯（晶体）	PS	1～4
尼龙 6,6（30% 玻璃纤维）	PA	2～2.2
聚丙烯（30%～40% 玻璃纤维）	PP	2～3
聚碳酸酯（20%～40% 玻璃纤维）	PC	2～4
聚碳酸酯（20%～40% 玻璃纤维和阻燃剂）	PC	2～4
聚丙烯（10%～20% 玻璃纤维）	PP	3～4
聚氯乙烯（20% 玻璃纤维）	PVC	2～5
聚对苯二甲酸乙二酯（30% 玻璃纤维）	PET	2～7
聚对苯二甲酸乙二酯（30% 玻璃纤维和冲击改性）	PET	6～7
聚甲基丙烯酸甲酯	PMA	2～10
尼龙 6,6（冲击改性和 15%～30% 玻璃纤维）	PA	3～10
聚丙烯（10%～40% 滑石）	PP	20～30
尼龙 6,6（30% 矿物填充）	PA	2～45
丙烯腈丁二烯苯乙烯	ABS	10～50
聚丙烯（10%～40% 矿物填充）	PP	30～50
聚苯乙烯（高抗冲）	PS	10～65
聚甲基丙烯酸甲酯（冲击改性）	PMA	4～70
聚对苯二甲酸乙二酯	PET	30～70
聚氯乙烯（刚性）	PVC	25～80

塑料	缩写	断裂伸长率 /%
丙烯腈丁二烯苯乙烯（阻燃剂）	ABS	2～80
丙烯腈丁二烯苯乙烯（高抗冲）	ABS	2～100
聚碳酸酯（耐高热）	PC	50～120
尼龙 6,6（冲击改性）	PA	150～300
尼龙 6,6	PA	150～300
聚四氟乙烯（25% 玻璃纤维）	PTFE	100～300
尼龙 6	PA	200～300
聚氯乙烯（增塑）	PVC	100～400
聚四氯乙烯	PTFE	200～400
聚丙烯（共聚物）	PP	200～500
聚氯乙烯（增塑和填充）	PVC	200～500
聚丙烯（均聚物）	PP	150～600
低密度聚乙烯	LDPE	200～600
高密度聚乙烯	HDPE	500～700
聚丙烯（冲击改性）	PP	200～700
聚氯丁二烯（氯丁橡胶）	CR	100～800
线型低密度聚乙烯	LLDPE	300～900

不同海洋区域的塑料易受的影响

由于这些多样的降解过程，塑料在海滩、沉积物和深海等不同海洋区域的降解速率和效果是有很大差别的。例如，搁浅的微塑料暴露于波浪、野生生物、显著的冷热效应和阳光。因此，可以预料，搁浅的塑料容易受到热氧化和光氧化过程的影响，被野生生物摄食后还会暴露于酸性环境中。相反，深海沉积物中的塑料无法接触阳光，从而避免了光氧化，但是会经历极端的高压和持续的低温。当然，深海中的塑料如果进入热液喷口（hydrothermal vent）附近，那就会遇到极热，尽管这种可能性不大。在这些地区，在高达464℃的温度下海水可以成为超临界流体（supercritical fluid）。由于这种极端的静水压力和温度，在这些热液喷口附近的塑料很可能被完全热降解为组成它们的单体。尽管这些单体中有一些具有高毒性，但另一些随后可能被微生物和真菌降解。

　　因此，在深海中，自然界具有内在的某种原始形式的降解机制，但仅适用于能够并且密度大到可以到达这些区域的塑料。有意思的是，通过绘制所有已知的热液喷口区域与海洋流涡在大洋中的位置图（见图 4.37），发现似乎有许多热液喷口位于海洋流涡的正下方。由于这些海洋流涡区域是海洋中塑料汇集的地方，因此由于生物污损而重量增加的塑料（见第 7 章）可能会下沉到这些热液喷口存在的深度。但是，这些水下火山区域的零星分布和那里存在的强大潜流使这种可能性变得很低。然而，这是一个潜在的研究领域，特别是关于塑料热降解成组成它们的单体以及在这些地点随后释放的有毒化学污染物。可以设想一项科学研究，即探究热液喷口周围的水和已知的塑料降解产物及其对这个独特的生态系统的影响。但是就减少塑料垃圾量而言，目前热液喷口对海洋塑料污染的影响可以忽略不计。尽管如此，由于到 2050 年每年预计会有 3 200 万 t 塑料垃圾进入海洋，这将迅速增加海洋中塑料垃圾的数量，且塑料垃圾向热液喷口上方区域汇聚的趋势，也许意味着热液喷口将塑料高温分解成更有毒的持久性污染物在未来很可能成为一个环境问题（表 4.12）。

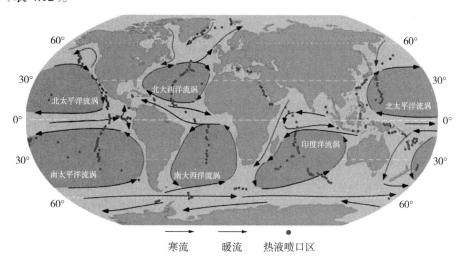

图 4.37　已知的海底热液喷口的位置与海洋流涡的关系

表 4.12　环境中不同位置的塑料易受的影响

塑料的位置	易受的影响
海滩／陆地	阳光，热效应，冷效应，风，波浪，酸和酶（被野生生物摄食），人为活动造成的损害（如车辆、建筑、篝火）
表层水	阳光，热效应，冷效应，风，波浪，岩石，酸和酶（由野生生物和水生生物摄食），水体污染物，生物污损，船只损坏（如螺旋桨、舱底泵、船舶撞击）
沉积物	热效应，冷效应，酸和酶（由水生生物摄食），盐度变化（河口），生物污损，疏浚造成的破坏
深海沉积物	极高压，冷效应（≤ 2℃），来自热液喷口的极高温（60～464℃），水体污染物，酸和酶（由水生生物摄食），低氧气含量

最后，在水生环境中大型塑料降解的速率和过程还未被科学界完全研究，因此，在这个领域需要更多的研究。然而，可以肯定的是塑料的降解导致了大型塑料和中型塑料的分解，并变成越来越小的塑料碎片，称为微塑料。

第5章 微塑料、标准化及其空间分布

什么是微塑料？

前一章讨论了大型塑料垃圾（称为大型塑料）在环境中降解成越来越小的塑料。不幸的是，数据显示在过去的半个世纪中塑料的产量呈指数级增长，这些小块塑料日益在水生环境中富集。事实上，随着其日益富集，并且作为危害海洋环境最普遍和最棘手的威胁之一，人们已越来越认识到这一问题并日益关注。不仅世界各地几乎每个海滩上都能发现它们 [7, 96, 257]，甚至在远洋表层水中也有检出 [141]。此外，在淡水湖的表层水 [1, 16]、岸边及沉积物中 [75] 和海洋沉积物中 [61]，甚至在极地冰帽内都已发现它们 [183]。事实上，在水生环境中微塑料几乎无处不在，更重要的是，这些污染物的丰度可以达到特别高的水平。例如，从英国泰马河河口（Tamar Estuary）表层水中回收的碎片中有82%是由小块塑料构成。依据粒径大小，可以将其分为微塑料、小型微塑料及纳米塑料。

微塑料（MP）一词通常是指沿其最长的尺寸粒径为 1 μm～5 mm 的任何塑料。但是，如果有人特别指出沿其最长的尺寸粒径小于 1 mm 的才为微塑料，则可使用术语"小型微塑料"（MMP）代替。任何粒径小于 1 μm 的塑料被认为是纳米塑料（NP）。然而，由于纳米塑料小粒径的特点，因此在检测和回收方面存在着较高的难度，大多数水生环境的相关研究往往忽视纳米塑料而只关注微塑料和小型微塑料。正因如此，本书后续将主要重点关注这些。

什么是塑粒?

"塑粒"(PLT)一词是"塑料颗粒"(plastic particles)的缩写,由本书作为标准化粒径和颜色分类系统〔standardised size and colour sorting(SCS)system〕的一部分首次提出,以便基于微塑料的颜色和外观来进行有效分类(见图5.8)。因此,"塑粒"一词是指任何沿其最长的尺寸粒径小于5 mm的塑料,包括微塑料、小型微塑料和纳米塑料。表5.1列出了这些标准化粒径分类。

表 5.1　塑料标准化粒径分类

类别	缩写	粒径	粒径定义
大型塑料	MAP	≥ 25 mm	沿其最长的尺寸粒径大于或等于25 mm的塑料
中型塑料	MEP	5～25 mm	沿其最长的尺寸粒径为5～25 mm的塑料
塑粒	PLT	< 5 mm	沿其最长的尺寸粒径小于5 mm的塑料
微塑料	MP	1～5 mm	沿其最长的尺寸粒径为1～5 mm的塑料
小型微塑料	MMP	1 μm～1 mm	沿其最长的尺寸粒径为1 μm～1 mm的塑料
纳米塑料	NP	< 1 μm	沿其最长的尺寸粒径小于1 μm的塑料

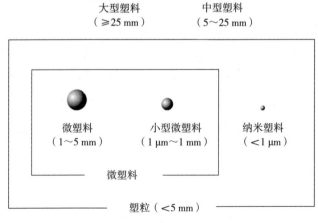

图 5.1　塑料粒径标准化

微塑料的研究史

　　"微塑料"一词最早出现在 1968 年的美国空军材料实验室出版物中[200]。当时该术语用于描述外部应力作用下塑料的形变，是微英寸 / 英寸（in）[①] 的量级。顺便提一下，在同一出版物中，"大型塑料"也是首次出现并用于描述由于负载更高的应力而造成的塑料的形变。此后，这些含义不再适用，科学家更多的是采用一种新的含义，它们通常指的是塑料的物理粒径。这种变化背后的动力是 20 世纪 70 年代在水生环境中发现了小块塑料。

　　正是在 1972 年，科学家报道了马尾藻海（Sargasso Sea）表层水中漂浮着大量的塑料小颗粒（"塑粒"），全球第一次意识到水生环境中存在着小型塑料。顺便提一下，马尾藻海位于北大西洋流涡的中部，是地球上唯一没有海岸线的海洋。当时，这些小型的塑料只是简单地被称为"塑料颗粒"，直到 2004 年[406] 的出版物中才提出了"微塑料"这一术语的现代用法。在该出版物中，研究人员使用术语"微塑料"来描述从英国普利茅斯（Plymouth）海滩和沉积物中收集的小块塑料。该术语的这种新用法最终被科学界采用，在此之后，美国国家海洋和大气管理局（NOAA）海洋垃圾项目委员会[12] 定义微塑料为沿着其最长的尺寸粒径小于 5 mm 的塑料。但是，没有设置微塑料粒径下限。而且，到目前为止，各种粒径的微塑料的准确定义很模糊，致使在比较研究和分析结果时存在着较大的难度。

　　例如，人们普遍认为纳米塑料小于微塑料。但是，预先没有设定微塑料粒径的下限，也没有设定任何划定纳米塑料的粒径界限。此外，文献中的一些例子提到了中型塑料的粒径下限为 4.75 mm，而没有确定的上限。因此，微塑料与大型塑料的定义出现了重叠。问题更甚者，偶尔有作者会将微塑料粒径的上限定义为 1 mm。同样，这使得结果比较出现了问题。此外，将微塑料定义为粒径小于 1 mm 意味着粒径在 1~4.75 mm 之间的塑料未被定义。不过，许多研究人员越来越多地要求将粒径 1 mm 作为小块塑料的界限，因其

[①]　1 in=2.54 cm。——译者

使用简单，并要求有明确的定义。因为这样的定义特指仅能被非常小的水生生物所摄食的微塑料。因此，基于塑料粒径对其进行分类的标准化系统是十分迫切需要的。

为解决这一问题并促进未来的研究和环境监测结果的有效比较，本书提出了一个基于粒径和外观的有效且有逻辑性的微塑料分类标准化系统。作为该标准化系统的一部分，提出"小型微塑料"这一术语以定义小于 1 mm 这一非常有必要的粒径界限。此外，新的标准化系统根据从环境中回收的塑料的粒径、外观和颜色，能够提供有效的分类，并生成简单的代码，大大有助于数据处理和样品分析。对标准化系统粒径分类的基本概述如表 5.1 和表 5.4 所示，以及图 5.1 和图 5.8 所示。有关如何使用粒径和颜色分类（SCS）的标准化系统对任何粒径的塑料进行分类的完整步骤见第 10 章。

尽管水生环境中微塑料的主要来源是较大的塑料碎片分解，但还有一个来源是有目的地制造的微塑料。实际上，我们每天都会遇到这些人工合成的微塑料，就是我们衣服里的合成纤维（sythetic fibre）。因此，为了区分降解源微塑料和工业源微塑料，本书将其分为两大类：原生（primary）微塑料和次生（secondary）微塑料。

原生微塑料

原生微塑料通常指球形微珠，是由塑料工业有目的地制造的，主要用于化妆品、个人护理产品（personal care product）、皮肤去角质剂、清洁剂和喷砂处理。许多原生微塑料经常被不小心地直接排进海洋环境[251, 254]，如在喷砂处理期间[350]。相对于传统的喷砂打磨，现代喷砂工艺采用了与砂粒相比耐久性更好的人工微塑料[244]。于是，这些打磨剂中的微塑料可以被风刮起并卷走，然后沉积在水体中。或者它们可以被冲洗到城市河道中，从而进入淡水环境和海洋环境。

原生微塑料的另一种形式是工业原料（见图 5.7）。这些小的彩色塑料颗粒是由塑料工业在全球制造的，用于熔化和模塑以制造大型的塑料制品[254]。

水生环境中塑料污染的重要来源是工业塑料的原料[188]，无意排放的这些工业源微塑料被认为是在海洋环境中发现的大量微塑料的重要来源[435]。在某些情况下，这可能是因工业废水管道中这些原生微塑料的直接排放而发生的[247]，其他情况下是由于工业泄漏，致使其进入水生环境（图 5.2）。例如，据估计[63]在英国，每年有 105～1 054 t 的原生微塑料颗粒因为意外事故而进入环境中，相当于每年排放 50 亿～530 亿个颗粒。

图 5.2　微塑料的工业泄漏

　　由于制造服装的合成纤维是有意制造为小粒径的，通常认为它们是原生微塑料。从环境中回收的样品中，纤维是最多的塑料类别之一。纤维类微塑料的一个特别重要的来源是纺织品的清洗，不仅来自工业生产中，也来自消费者。事实上，单次洗涤一件合成纤维的衣服即可释放超过 1 900 根塑料纤维[38]。凭借现代洗衣机的大容量滚筒，完全可以相信 10 件衣服的单次洗涤即可释放出多达 19 000 根纤维。最近对此进行重新估计，发现每次洗涤每件衣服可产生 2 000 根纤维[9]。此外，据估计排出的废水中含有的纤维多达 100 根 /L。最终，微塑料纤维通过下水道和排污系统输送，通过排放口输入并沉积在海洋环境中[182, 169]。当然，在用收集的污水底泥处理的土壤中发现了大量的合成微塑料纤维，这也进一步证实合成衣服纤维是一种相当大的环境危害[415]。此外，已经观察到大量的微塑料能够直接通过城市污水处理厂的收集过滤器[430]。

除纤维外，废水通常还含有大量其他塑粒，例如微珠（粒径在 1 μm～1 mm 的球形颗粒）和纳米塑料（见图 5.8）。化妆品制造商经常在许多产品中加入这些小塑粒。这可能是出于各种原因，例如有利于控制产品的黏性和生成薄膜[253]。使用后，消费者通常用湿巾擦去面部的化妆品。通常，消费者会将用过的湿巾扔到马桶里，从而使这些小塑粒进入下水道系统[327]。由于微珠和纳米塑料非常小，它们很容易从湿巾上洗脱，然后在城市污水处理厂过滤时成为漏网之鱼[307, 410, 430]。

此外，人体皮肤清洁产品的制造商为了深层清洁和去除皮肤角质，也向其产品中添加微珠[391]（见图 5.3）。传统上，这种清洁剂主要来自天然磨料，例如燕麦片[126]、浮石[65]或核桃壳等[13]。但是，在最近 40 年内，清洁产品制造商越来越多地使用塑料代替[122, 292]。通常，聚乙烯微塑料是最为常用的，是由于其表面光滑，往往对皮肤更温和，从而减少了由表面粗糙的天然磨料带来的损害[166]。

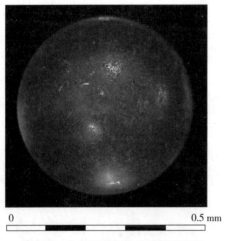

0   0.5 mm

图 5.3　个人护理产品中回收的微珠

此外，微珠常常因美白目的而被添加到牙膏中，甚至被添加进除臭剂中以堵塞毛孔和防止出汗[13]。在消费者使用这些产品时，微珠被冲洗下来，经由污水系统到达城市污水处理厂[166]。据估计[165]，在美国平均每人每天使用的个人护理产品中包含约 2.4 mg 的聚乙烯微塑料。这相当于对全体人口而言，每年约有 263 t 聚乙烯塑料排放。鉴于处理后的废水通常排入河流或海洋[341, 307]，这些悬浮的塑粒通过排出的水直接排入水生环境中[166, 410]。相关数据表明[382]，欧洲每年向海洋排放 80 042～218 662 t 原生微塑料，这些原生微塑料中的 2 461～8 627 t（3.2%～4.1%）为微珠，源自个人护理产品。重要的是，这些估算未包含经常被添加到个人护理产品和化妆品中的纳米塑料，也未考虑其他含有微珠的产品，例如磨料。因此，来自含有微珠和纳米塑料的产品并进入海洋的塑料实际量可能要大得多。事实上，奥地利的一个工业污水管道被认为每年可能排放 95.5 t 微塑料[247]。

在市场高需求或暴雨期间，污水处理厂的废水可能会未经任何过滤措施而直接排放到水生环境中。重要的是，在一些国际化的地区，如伦敦[341]，家庭自来水中的大部分水是先前从污水处理厂排出的水。由于已发现塑粒从污水处理厂的过滤工艺漏出[307, 410, 430]，可以假设微塑料，特别是实际上看不见的纳米塑料，可以绕过进一步的水处理措施，从而进入市政饮用水。因此，这可能需要严格的科学调查，以确定是否有任何健康风险。

经过几十年的广泛使用，微珠（表 5.2）现已在海洋表层水和沉积物中普遍存在[126]，且在许多水生环境中发现的微塑料的一些最常见类型是纤维和微珠也不足为奇[152]。重要的是，污水处理厂污水排放口附近的区域被认为是传统水处理工艺未能去除的污染物对水生生物的重要暴露场所[343]。实际上，英国索伦特（Solent）河口区域中微塑料的来源被确定为污水处理厂和工业生产[152]。

因此，世界上许多主要制造商现已承诺停止在其生产线中加入微珠，部分是由于来自非政府组织、消费者、立法机构和越来越多的倡议并承诺停止采购含有微塑料产品的零售商的压力。此外，一些政府正在对生产含微塑料的产品制定禁令[410]。尽管上述措施能够很有效地减少每年排放到水生环境中的大量塑料，但是目前还没有任何有效的方法可以去除已存在于环境中的大量原生微塑料（图 5.4）。

表 5.2　化妆品及个人护理产品中塑料微珠的用途[253]

塑料	在化妆品及个人护理产品中的用途
聚对苯二甲酸乙二酯	头发固定剂；黏附；成膜；黏性控制；美化添加剂（光泽秀发）
聚异对苯二甲酸乙二酯	填充剂
聚对苯二甲酸丁二酯	黏性控制；成膜
聚对苯二甲酸丙二酯（polypropylene terephthalate）	乳化稳定剂；皮肤护理
聚对苯三甲酸三辛酯（polypentaerythrityl terephthalate）	成膜
聚乙烯	成膜；黏性控制；磨料；黏合剂
聚丙烯	黏性控制；填充剂
聚苯乙烯	成膜
聚氨酯	成膜
聚甲基丙烯酸甲酯	用于活性成分传递的吸附剂材料
尼龙 6	黏性控制；成膜
尼龙 12	黏性控制；填充剂；遮光剂
聚四氟乙烯	填充剂；黏合剂；润滑调节剂；皮肤护理
乙烯 / 丙烯酸酯共聚物	成膜；稠化剂
乙烯 / 甲基丙烯酸酯共聚物	成膜
苯乙烯 / 丙烯酸酯共聚物	美化添加剂（颜色）
苯乙烯 / 乙烯 / 丁烯共聚物	黏性控制
苯乙烯 / 乙烯 / 丙烯共聚物	黏性控制

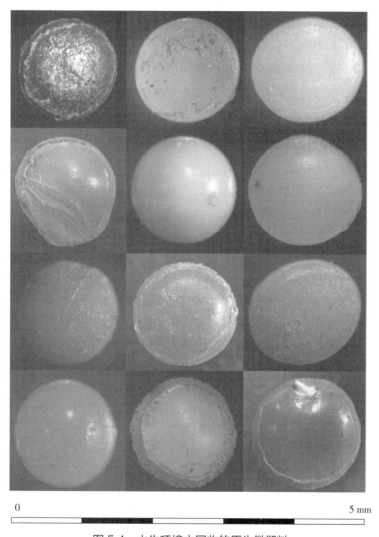

0   5 mm

图 5.4　水生环境中回收的原生微塑料

次生微塑料

次生微塑料是不规则的塑料，是由于较大的塑料（例如塑料袋、板条箱、瓶子，特别是绳索和网）降解而无意产生的 [350]。经过一段时间，这些大块塑料垃圾由于暴露于来自太阳的紫外线[62]和受到机械作用（如潮波）[73]，会降解形成越来越小的塑料（见第 4 章）。例如，最近证明了一块 1 cm² 聚苯乙烯咖啡杯盖置于 30℃的脱盐水中 24 h 后，接着将其暴露在 320～400 nm 的紫外线下，56 天后能够产生 1.26×10^8 个/L 的纳米颗粒，平均粒径为 224 nm[236]。令人关注的是，因为聚苯乙烯纳米塑料能够在整个水柱中分布[29]，因此可被多种生物误认为食物而摄食（见第 7 章）。而且，由于它们粒径较小，加之检测和回收非常困难，因此对水生环境中的纳米塑料的研究报道近乎没有。次生微塑料的另一个来源是废弃的地毯[62]和反捕食者网[24]，由于其为纤维状的，会释放大量纤维到周围的水中。因此，据估计，18% 的微塑料来自塑料绳索（图 5.5）和网具的降解[7]。此外，据估计，在欧洲每年有 68 500～275 000 t 次生微塑料排放到海洋中（图 5.6）[382]。

图 5.5　塑料绳索的降解是微塑料的一个重要来源

　　由于油基微塑料（oil based microplastic）对生物降解具有特别的耐受性，因此往往持久地存在，并通过洋流分布于海洋环境中[368]。尽管如此，目前对水生环境中微塑料的空间分布、路径和归趋仍存在着很大的知识缺陷[81]。

0   5 mm

图 5.6　水生环境中回收的次生微塑料

微塑料垃圾立法

　　微塑料是塑料垃圾的一种，在海洋垃圾的定义范围内。因此，受到若干全球、国际、区域和国家立法协定的管理。在国际立法方面，微塑料受到国际和区域组织的若干国际法律、公约、协定、法规、战略、行动计划、方案和准则的管理。这些组织包括联合国（United Nations，UN）、国际海事组织（IMO）、《保护东北大西洋海洋环境公约》（OSPAR）、欧盟委员会（European Commission，EC）和波罗的海地区的《波罗的海地区保护海洋环境赫尔辛基公约》（HELCOM）。

在欧盟，《海洋战略框架指令》的描述 10 涵盖了微塑料的基线数量、性质和潜在影响 [147, 305]。这一指令提供了欧洲微塑料研究的法律框架。同样在欧洲，根据 OSPAR 的要求 2015/1，即"在现有监测调查的基础上制定监测鱼胃和选定的贝类中塑料颗粒的通用方案"，国际海洋勘探理事会（International Council for the Exploration of the Sea，ICES）最近提供了用于监测鱼胃中塑料的初步方案 [197]。

人们越来越关注微塑料对环境的影响导致化妆品行业的压力越来越大，不得不停止生产以及禁止在个人护理产品（PCPs）中使用原生微塑料。为保护海洋生态系统免受污染，荷兰、奥地利、卢森堡、比利时和瑞典联合呼吁欧盟禁止在 PCPs 中使用微珠。2013 年，欧盟委员会发布了一份关于欧洲对环境中塑料垃圾（尤其是对备受关注的微塑料）的战略的绿皮书 [108]。

在美国，伊利诺伊州（Illinois）成为第一个颁布禁令禁止生产（到 2017 年）和销售（到 2018 年）含有微珠的产品的州。随后，新泽西州、纽约州（New York）、俄亥俄州（Ohio）和加利福尼亚州也通过了类似的法案，许多其他州也提出了禁令。2015 年年底，贝拉克·奥巴马（Barack Obama）总统签署了《2015 年无微珠水法案》（第 1321 号决议），规定"禁止在州际贸易中制造和引入含有人为添加塑料微珠的漂洗化妆品"。最终，这项联邦法律的目标是在 2017 年禁止微珠的生产，2018 年和 2019 年分别禁止特定产品的生产和销售。

专门立法禁止在个人护理产品中使用微塑料的其他国家包括加拿大，其政府在 2015 年发表了一份提案，将微珠加入加拿大《环境保护法》下的有毒物质清单，并打算禁止在 PCPs 中使用微塑料。最近在印度，国家绿色法庭（National Green Tribunal，NGT）已经询问了环境和水资源部门为应对在 PCPs 中禁止使用微塑料的情况，澳大利亚参议院委员会最近呼吁禁止在 PCPs 中使用微珠。顺便提一句，澳大利亚以前曾赞成由行业自愿逐步淘汰微珠。这也是英国政府所青睐的方法，英国政府承受着越来越大的压力来立法解决该问题。然而，立法途径的一个问题是，收集科学证据以建立指导政策的论点与法律的制定、通过和实施之间通常存在相当大的延迟。但是这一进程可因公众对行业和立法机构的压力而加速。

最近，联合国环境规划署（UNEP）发布了一份题为《化妆品^①：我们是否通过个人护理污染环境？》的与塑料有关的报告[418]，并开发了名为"击败微珠"（beat the microbead）的应用程序和网站，可以让消费者检查产品中是否含有微珠。此外，提高对微塑料给海洋环境带来的影响的认识是联合国海洋环境保护科学联合专家小组为减少环境中的微塑料而提出的若干与政策相关的建议之一[156]。非政府组织（non-governmental organisations，NGOs）也在开展非常重要的工作，这些工作可以引起人们对关键问题的关注，并对决策者和行业产生重大影响。表 5.3 列出了截至 2016 年，一部分有影响力的非政府组织及其使命宣言。

表 5.3　一些具有较大影响力的非政府组织及其使命宣言

组织名称	使命
环境责任经济联盟（Coalition for Environmentally Responsible Economics，Ceres）	"调动投资者和企业领导者建设一个繁荣、可持续的全球经济"
保护国际基金会（Conservation International）	"以科学、合作和野外示范为坚实基础，保护国际基金会促进社会以负责任和可持续的方式为了人类的福祉而保护自然和我们的全球生物多样性"
食品与水观察（Food & Water Watch）	"食品与水观察倡导健康食品和清洁水。我们反对那些把利益放在人类前面的公司，提倡民主，改善人类的生活并保护我们的环境"
绿色和平（Greenpeace）	"绿色和平是一个独立的运动组织，用非暴力、创造性的对抗来揭露全球环境问题，推动对绿色与和平的未来至关重要的解决方案"

---

① 此处原文恐有误，UNEP 的报告题目中为"Plastic in Cosmetics"，即为"化妆品中的塑料"。——译者

组织名称	使命
自然资源保护协会 （National Resources Defense Council）	"自然资源保护协会致力于保护地球——它的人类、植物和动物——以及所有生命赖以生存的自然系统"
大自然保护协会 （The Nature Conservancy）	"大自然保护协会的使命是保护所有生命赖以生存的土地和水域"
海洋保育协会 （Ocean Conservancy）	"海洋保育协会正与你们一起努力保护面临当今最大的全球性挑战的海洋。我们一同为健康的海洋和依赖其的野生生物及群落提供基于科学的解决方案"
塞拉俱乐部 （Sierra Club）	"探索、享受和保护地球上的野生环境；实践和促进负责任地使用地球的生态系统和资源；教育和招募人类以保护和恢复自然及人类环境的质量；并使用一切合法手段实现这些目标"
世界自然基金会 （World Wildlife Fund）	"遏止地球自然环境的恶化，创造人类与自然和谐相处的美好未来： • 保护世界生物多样性 • 确保可再生自然资源的可持续使用 • 推动减少污染和浪费性消费"
海洋保护协会 （Marine Conservation Society）	"通过政府政策、行业实践和个人行为实现我们的海洋、海洋生物多样性和鱼群状态的显著改善"
野生动植物保护国际 （Fauna & Flora International）	"在全球范围内采取行动保护濒危物种和生态系统，选择可持续的、基于健全的科学和考虑人类需要的解决方案"

非政府组织所开展的重要工作在成功地提高公众对水生环境中塑料污染的认识方面发挥了关键作用。事实上，联合利华（Unilever）、强生（Johnson & Johnson）和宝洁（Proctor & Gamble）等几家跨国公司已经提出倡议，并宣布在 2016 年、2017 年前停止在产品中使用微珠的计划。此外，涉及清除海岸线上碎片的基于社区的方法也非常有益，比如海洋保育协会在美国的国际海岸清理和海滩清扫活动。最后，显然的是治理水生环境中微塑料污染的成功方法不应仅仅依靠决策者和立法。现在需要的是私营部门（制造业、零售业、旅游业、渔业）和整个社会作出坚定的承诺，减少原生微塑料的制造、使用

和处理。

微塑料特性

　　从水生环境中收集的微塑料以各种形状、颜色和大小存在，有些呈球形，有些呈纤维状或不规则形状[41]。原生微塑料一般会有人造外观，呈球状或纤维状，并有一致、平滑的表面。相反，次生微塑料往往具有更多随机的外观，因此更难以分类[65]。一个特别的困难是风化作用可以明显地改变这两种类型微塑料的外观[9]。此外，微塑料显示出各种不同的颜色[66]。因此，这些不同的颜色被用做标准化系统的一部分以分类从环境中回收的微塑料（见第 10 章）。值得注意的是，微塑料的颜色通常可以显示出它们被化学污染物污染的程度（见第 6 章）。事实上，研究人员在黄色和黑色微塑料上发现了最高水平的污染物。在对加拿大亨伯河和亨伯湾沉积物微塑料的研究中[75]，白色塑料的数量远远超过其他颜色，其次是灰色和黑色颗粒，接着是绿色、蓝色和非常少量的粉色和紫色塑料。此外，微塑料的颜色对海洋生物将其与天然食物来源混淆从而摄食有重要影响（见第 7 章）。

0　　　　　　　　　　　　　　　　　　　　　　　2.5 mm

图 5.7　原生微塑料被生产为各种颜色，如作为工业原料用于制造较大塑料制品的颗粒

作为本书提出的标准化粒径和颜色分类（SCS）系统的一部分，在实验室鉴定和分类时根据微塑料的粒径和外观将其细分为 10 种类型。这确保了报告结果是标准化的，更重要的是使报告结果具有可比性。这 10 种类型如表 5.4、图 5.8 所示。关于如何使用标准化粒径和颜色分类（SCS）系统对任何粒径的塑料进行分类的完整步骤见第 10 章。

表 5.4　依据微塑料粒径和外观进一步细分为 10 种类型

缩写	类型	粒径	定义
PT	颗粒	1～5 mm	直径为 1～5 mm 的塑料小球
MBD	微珠	1 μm～1 mm	直径为 1 μm～1 mm 的塑料小球
FR	碎片	1～5 mm	沿其最长的尺寸粒径为 1～5 mm 的形状不规则的塑料
MFR	微碎片（microfragment）	1 μm～1 mm	沿其最长的尺寸粒径为 1 μm～1 mm 的形状不规则的塑料
FB	纤维	1～5 mm	沿其最长的尺寸粒径为 1～5 mm 的丝状或线状塑料
MFB	微纤维（microfibre）	1 μm～1 mm	沿其最长的尺寸粒径为 1 μm～1 mm 的丝状或线状塑料
FI	薄膜	1～5 mm	沿其最长的尺寸粒径为 1～5 mm 的薄片状或膜状塑料
MFI	微薄膜（microfilm）	1 μm～1 mm	沿其最长的尺寸粒径为 1 μm～1 mm 的薄片状或膜状塑料
FM	泡沫	1～5 mm	沿其最长的尺寸粒径为 1～5 mm 的海绵状、泡沫状或类似泡沫状塑料
MFM	微泡沫（microfoam）	1 μm～1 mm	沿其最长的尺寸粒径为 1 μm～1 mm 的海绵状、泡沫状或类似泡沫状塑料

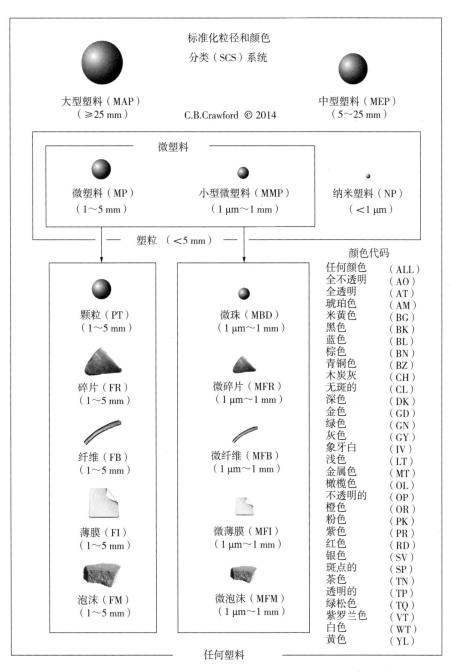

图 5.8　基于粒径、颜色及外观的标准化粒径和颜色分类（SCS）
系统用于分类任何一块塑料

微塑料密度

微塑料的密度是影响其在水生环境中的空间分布的关键因素。在北大西洋用浮游生物网（neuston net）收集微塑料的一项研究中，发现比海水密度大的微塑料漂浮在表层水中[72]。同样，在一项关于表层水塑料垃圾的研究中[353]，在北大西洋西部用浮游生物网回收的微塑料中99%的微塑料的平均密度比海水小，微塑料密度范围为 $0.808 \sim 1.238$ g/cm³。顺便提一下，海水密度被认为是 1.025 g/cm³[353]。这些结果可能令人惊讶，因为直觉上，人们通常不会期望在表面上发现的漂浮物质密度大于海水的密度。因此，不只在底部沉积物中，表层水中也可能发现比海水密度大得多的微塑料，尽管数量很少。发生这种情况的两个主要原因是：

1. 这种高密度的微塑料在表层水的出现可能是由于水体有力的上下运动，是由于不同深度的温度差异（垂直混合）。

2. 比海水密度大的微塑料内部可能含有气泡，从而增加了它们的浮力，使它们能够浮在水面上[356]。

有意思的是，尽管聚氯乙烯（PVC）和聚酰胺（尼龙）密度较大，分别达到了 $1.15 \sim 1.70$ g/cm³ 和 $1.12 \sim 1.38$ g/cm³，风力和潮流可能是这些微塑料在各个海洋区域间输送的重要因素，而不是密度的单一影响[368]。这是否意味着至少一些致密的微塑料正在通过动态的大气和洋流而活跃地流动，而不是简单地下沉到海底并进入沉积物中。除了密度减小，微塑料的密度也会增加。主要有两个原因：

1. 由于环境因素的作用，一些微塑料的密度会增加。例如，聚乙烯的密度（$0.92 \sim 0.97$ g/cm³）小于海水的密度，聚乙烯的密度可由于风化作用而增加。

2. 污垢物质（如生物质）的积累（见图 5.9）可以导致微塑料密度增加，从而导致下沉。

塑料的破损导致其表面的磨损、点蚀和开裂，物质可以聚集在这些开口中，从而使密度增加。此外，实际上海洋环境中的任何东西都会开始累积一层污垢物质，如生物质[7, 309, 350]。事实上，比水密度小的微塑料的生物污损有利于密度的增加，从而使微塑料在缓慢下沉到海底前，在水柱内达到中性密度[77]。重要的是，微塑料也可以进入海洋聚集体中。这些是有机颗粒碎屑和其他碎片的团聚（agglomeration），形成颗粒状沉淀物，沉降到海底。然而，由于微塑料和其他塑料颗粒的浮力不同，它们对海洋聚集体下沉到海底的沉降速度有着直接的影响。事实上，已经观察到硅藻聚集体的沉降速度下降，而隐藻聚集体下沉的速度却显著增加了 1 个数量级（10 倍）以上[265, 304]。

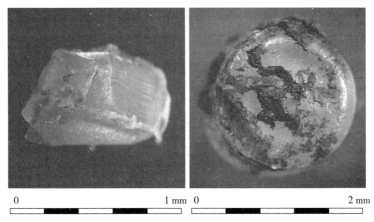

图 5.9　一个生物附着的次生小型微塑料（左）和一个污垢附着的原生微塑料（右）

然而，微塑料的密度是决定微塑料在水柱中位置的关键因素；一般来说，比海水密度大的微塑料应下沉到底部，而那些密度较小的微塑料浮在水面上。表 5.5 列出了各种各样的塑料的密度，以及如果一个 1 mm 球状微塑料在一个 1 m 长、装有 21℃时密度为 1.025 g/cm³ 的无扰动海水的独立柱的中心被释放时微塑料是上升还是下降。

表 5.5　常见微塑料的密度和浮力

物质	缩写	密度 /（g/cm³）	在水柱中的方向	
海水	SW	1.025	—	
聚苯乙烯（膨胀泡沫）	EPS	0.01～0.05	上升↑（由于捕获的气体）	
聚苯乙烯（挤压泡沫）	XPS	0.03～0.05	上升↑（由于捕获的气体）	

续表

物质	缩写	密度 /（g/cm³）	在水柱中的方向
聚氯丁烯（氯丁橡胶）（发泡）	CR	0.11～0.56	上升↑（由于捕获的气体）
低密度聚乙烯	LDPE	0.92～0.94	上升↑
线型低密度聚乙烯	LLDPE	0.92～0.95	上升↑
高密度聚乙烯	HDPE	0.94～0.97	上升↑
聚丙烯	PP	0.88～1.23	上升↑或下降↓取决于成分——见第9章（密度分离）
丙烯腈丁二烯苯乙烯	ABS	1.03～1.21	下降↓
聚酰胺（尼龙6）	PA	1.12～1.14	下降↓
聚甲基丙烯酸甲酯	PMA	1.10～1.25	下降↓
聚氯丁烯（氯丁橡胶）（固体）	CR	1.20～1.24	下降↓
聚酰胺（尼龙6,6）	PA	1.13～1.38	下降↓
聚苯乙烯（固体）	PS	1.04～1.50	下降↓
聚碳酸酯	PC	1.15～1.52	下降↓
聚对苯二甲酸乙二酯	PET	1.30～1.50	下降↓
聚氯乙烯	PVC	1.15～1.70	下降↓
聚四氟乙烯	PTFE	2.10～2.30	下降↓

21℃ 1.04 g/cm³ 1 m

注：上面列出的密度考虑了许多塑料是玻璃纤维或其他材料的共混物，以及增塑和冲击改性。因此，列出了每种塑料的最小密度值和最大密度值。与含有或不含有其他材料、增塑和冲击改性的塑料共混物有关的更具体的密度值见第9章。

一般来说，1个典型的微塑料样品会由几种不同类型的塑料组成。然而，在水生环境中最常见的塑料类型是聚乙烯、聚丙烯、聚苯乙烯、聚对苯二甲酸乙二酯和聚氯乙烯[355]。不过，一些塑料（如聚苯乙烯[62]）比其他类型的塑料要常见得多，有些类型在一些地区会更多，而在另一些地区会更少[257]。尽管如此，在水生环境中最常见的3种微塑料是聚乙烯、聚丙烯和聚苯乙烯[250]。

一旦微塑料进入水生环境，它们的行为往往可以分为3种[284]：

1. 物理行为，如累积、沉积和迁移。

2. 化学行为，如污染物的吸附和吸收（absorption）。

3. 生物行为，如生物摄食、转移和营养传递。

本章关注微塑料在水生环境中的物理行为，而第 6 章关注它们的化学行为、第 7 章关注它们的生物行为。

陆地环境和大气中的微塑料

目前，关于陆地环境中微塑料污染程度的数据很少，关于它们对陆地动物区系的影响的资料也很有限[107, 195, 235, 352]。然而，与没有施用污水污泥的土壤相比，施用污水污泥 15 年的土壤中塑料纤维的浓度要高得多[415]。此外，一项关于蚯蚓（*Lumbricus terrestris*）的研究[195]发现，垃圾中小于 150 μm 的聚乙烯微塑料在垃圾中的浓度为 28%、45% 和 60%（干重）时，减缓了蚯蚓生长率并增加其死亡率。在加利福尼亚和夏威夷的一项工业现场研究中[254]，发现收集到的微塑料样品由聚丙烯（80%～90%）和聚乙烯组成。在一项研究中[105]，在 20 L 玻璃瓶中使用不锈钢漏斗收集大气沉降物，随后用红外光谱法（infrared spectroscopy）鉴定物质，据报道，每天沉降的微塑料为 2～355 个 /m^2。此外，据估计，29% 的微塑料是合成纤维，在一年的时间里，在 2 500 km^2 区域上从大气沉降 3～10 t 纤维。因此，大气沉降物很可能是微塑料大量进入水生环境的另一种途径。

湖泊中的微塑料

微塑料（例如消费品中的微珠）往往由城市水道和支流[41, 281, 368]输送到大的淡水水体中，同时还通过工业污水和污水处理厂处理后的出水直接沉积[410]。事实上，已经发现一些湖泊含有大量的微塑料[116, 138]。一项对北美劳伦琴五大湖［Laurentian Great Lakes，伊利湖（Lake Erie）、苏必利尔湖（Lake Superior）和休伦湖（Lake Huron）］表层水的研究[116]发现，源自消费者个人护理产品的微珠带来大量污染。类似地，在对中国长江的一项研究中[336]，发现靠近三峡大坝处有大量的微塑料，那里的微塑料浓度是河流其余部分的3倍。有意思的是，研究人员推断，根据收集到的微塑料的粒径和形状，很可能它们主要是由较大的塑料降解产生的次生微塑料组成。通常，次生微塑料一般与海洋环境有关，在海洋环境中，强大的潮汐动力通过机械作用活跃地降解大型塑料。然而，在三峡大坝附近发现了大量的次生微塑料，反驳了这一观点，并证明了次生微塑料在淡水环境中也同样多。事实上，河流可以是快速流动的湍流环境，许多河流都可以将大型塑料机械地降解成次生微塑料。

对加拿大安大略湖沉积物中存在的微塑料的研究[75]发现，在湖的中心，在沉积物 8 cm 深以下没有发现微塑料。因此，研究人员推断，微塑料从1977 年前后开始在湖中累积。在沉积物中发现的微塑料种类里，最多的是聚乙烯，占塑料总量的 74%，其次是聚丙烯（17%）和硝酸纤维素（9%），粒径在 0.5～3.0 mm 之间。虽然聚乙烯和聚丙烯是具有浮力的材料，其密度通常小于水，但当它们与矿物材料（如玻璃纤维）混合时，它们的密度大于水，并会在水生环境中下沉（见第 9 章）。

河流和河口中的微塑料

源于湖泊的塑料污染可以通过自然流动的水道（如河流和河口），从这些水体中输出并进入海洋环境[41, 368]。由于盐度不同，河口环境是一个独特的和多产的水生栖息地[259]。然而，河口也是动态波动的过渡区域，由于潮汐的变化，洋流可以流入或流出[368]。这种湍流的环境可以导致颗粒的胶态悬浮体聚集，从而质量变大，随后下沉至海底并污染沉积物[456]。事实上，在巴西的戈亚纳（Goiana）河口，被冲刷入靠近大海的河口下游区域的微塑料与大量降雨呈正相关，在雨季检测到的浓度高于旱季[258]。由于更高浓度的微塑料在河口的上游和下游区域被发现，而不是滨水交汇的中间区域，研究人员提出，在降雨量小的时候，河口中间部分充当屏障，防止微塑料向海洋的迁移。然而，当降雨量大时，淡水涌向河口，微塑料就能通过屏障，被带到海上。类似地，在韩国东南海域的洛东河（Nakdong River）河口，与雨季之前的 5 月的聚苯乙烯微塑料水平相比，雨季过后的 7 月，2～5 mm 聚苯乙烯微塑料有所增加[215]。

对加拿大亨伯湾沿岸存在的原生微塑料进行的一项调查[75]确定，工业源颗粒形式的原生微塑料的累积速率取决于该地区的降雨量。因此，高降雨期导致亨伯湾沿岸沉积更多的颗粒。研究人员认为，这是由于注入湖泊的支流中的水流增加，从而将颗粒输送到那里。在加拿大魁北克的圣劳伦斯河（St Lawrence River），一项对河流沉积物的研究[52]发现，0.4～2.16 mm 聚乙烯微珠的平均密度是（13 832 ± 13 677）个 /m²，而在河流取样的 10 个点位中，其中 1 个点位的微塑料浓度为 140 000 个 /m²，与世界上污染最严重的沉积物相当。有意思的是，在工业和城市污水附近的点位，微珠的粒径平均为 0.7 mm，比没有污水的点位的微珠粒径（0.98 mm）小[52]。

据称，在欧洲第二大河流——奥地利的多瑙河［River Danube，仅次于俄罗斯伏尔加河（River Volga）］，正常情况下，1 个生产现场每天有 200 g 微塑料通过工业废水排放进入多瑙河（2010 年监测期内），与当地立法规定向流动水中释放塑料的最大允许量一致，为 30 mg/L[247]。因此，在正常情况下，估计这个点位当时每年可能会向水中释放 95.5 t（相当于 270 万瓶不可回收的 1.5 L 塑料瓶）的塑料[247]。顺便提一句，多瑙河流入黑海（Black Sea），黑海是欧洲东南部和西亚之间的大型水体，被认为是世界上污染最严重的地区之一[81]。除了从河流和河口直接取样，计算模型可以用来推断进入一个特定地区的塑料水平。例如，2009—2015 年对亚得里亚海盆（Adriatic Basin）塑料碎片的计算模拟得出的结论是波河三角洲地区［一大片沼泽地和潟湖，波河（River Po）在此分为多个河道流入大海］每天的塑料通量约为 70 kg/km。

在加拿大亨伯河岸边，95% 的塑料是聚乙烯，而只有 5% 是聚丙烯。然而，在加拿大亨伯湾的岸滩上，73.5% 的塑料是聚乙烯，而 26.5% 是聚丙烯[75]。类似地，在英国的泰马河河口，一项研究[368]发现回收的微塑料最普遍的类型有聚乙烯、聚苯乙烯和聚丙烯，而最常见的微塑料粒径是 1～3 mm。然而，尼龙只存在于 3 mm 或更小的微塑料样品中，而 PVC 只存在于粒径为 1～5 mm 的碎片中。类似地，在洛东河河口的一项研究[215] 中，采用了 330 μm 曼塔拖网（manta trawl）和 50 μm 手网（hand net），在所有检测区域均观察到小于 2 mm 的微塑料。研究人员指出，当使用较小尺寸的手网时，观察到这些微塑料的收集量增加了一倍。此外，最常见的微塑料类型（< 2 mm）是聚乙烯、发泡聚苯乙烯及聚酯纤维和油漆颗粒。相反，在对英国索伦特河口的一项研究中，发现粒径在 0.5 mm 左右的微珠和纤维是最常见的微塑料类型[152]。

海洋表层水中的微塑料

自 1930 年聚苯乙烯开始生产以来[393]（见第 1 章），大约 40 年后，也就是 20 世纪 70 年代初，研究人员开始在北大西洋的表层水中检测到颜色从透明到白色、直径为 0.2～2.5 mm 的聚苯乙烯微塑料[48, 72]。从那时起，聚苯乙烯就成为海洋表面最常检测到的微塑料类型之一[7, 202, 358]。事实上，一项对北太平洋流涡表层水取样的研究[298] 发现，回收的样品主要由聚苯乙烯、薄塑料膜以及最常见的聚丙烯和单丝钓鱼线组成。顺便提一下，单丝钓鱼线通常是由聚酰胺（尼龙）构成的[269]。从那时起，进入海洋的塑料数量每年都在稳步增加[321]。

对 2007—2013 年从世界 1 571 个点位收集的数据进行分析[115]，推断现在有超过 5.25 万亿块塑料存在于世界的海洋表面，质量至少有 268 940 t，其中 35 450 t 是微塑料。此外，2001 年的一项研究[298] 在北太平洋流涡随机收集 11 个地点的表层水，使用 333 μm 浮游生物网，发现当时在太平洋有记录以来最高的微塑料丰度，为 334 271 个 /km^2，质量超过 5 kg/km^2。11 年后，即 2013 年，一项研究[162] 报告称，东北太平洋的微塑料中位浓度为 0.488 个 /m^2，这可能相当于 448 000 个 /km^2（表 5.6）。此外，一项对西北大西洋塑料垃圾的研究[303] 确认，收集的所有塑料中 69% 的粒径在 2～6 mm，88% 小于 10 mm。

表 5.6　已报道的不同地点海洋表层水中的碎片丰度（升序）

区域	网孔大小	碎片丰度
加利福尼亚洋流 （California Current，太平洋）	0.505 mm	$0.011\sim0.033$ 个 /m³ （中值）[160]
美国（西海岸）和 白令海（Bering Sea）东南部	0.505 mm	$0.004\sim0.19$ 个 /m³ [103]
加利福尼亚洋流（太平洋）	0.333 mm	3.29 个 /m³ [240]
南加利福尼亚（近岸水域）	0.333 mm	7.25 个 /m³ [299]
东南太平洋（智利） （40°S～50°S）	无网——仅用肉眼观察	<1 个 /km² [404]
利古里亚海（Ligurian Sea， 地中海的一部分）	无网——仅用肉眼观察	$1.5\sim3$ 个 /km² [3]
孟加拉湾（Bay of Bengal， 东北印度洋）	无网——仅用肉眼观察	(8.8 ± 1.4) 个 /km² [365]
东南太平洋(智利)（近岸水域）	无网——仅用肉眼观察	>20 个 /km² [404]
利古里亚海（地中海的一部分）	无网——仅用肉眼观察	$15\sim25$ 个 /km² [3]
西北太平洋	0.5 mm	<37.6 个 /km² [88]
智利南部（峡湾、海湾和海峡）	无网——仅用肉眼观察	$1\sim250$ 个 /km² [190]
马六甲海峡（Straits of Malacca，东北印度洋）	无网——仅用肉眼观察	(578 ± 219) 个 /km² [365]
加勒比海（Caribbean Sea）	0.335 mm	$(1\,414\pm112)$ 个 /km² [243]
缅因湾（Gulf of Maine， 北大西洋）	0.335 mm	$(1\,534\pm200)$ 个 /km² [243]
东北太平洋	无网——仅用肉眼观察	$0.001\,4\sim0.003\,2$ 个 /m² [163]
北大西洋（近岸水域）	0.333 mm	3 537 个 /km² [48]
澳大利亚	0.333 mm	$4\,256.4\sim8\,966.3$ 个 /km² [350]
东北太平洋	无网——仅用肉眼观察	$0\sim15\,222$ 个 /km² [407]
东北太平洋	0.333 mm（表层） 0.202 mm（次表层）	0.021 个 /m²（中值）[163]
北大西洋流涡	0.335 mm	$(20\,328\pm2\,324)$ 个 /km² [243]
南太平洋流涡	0.333 mm	26 898 个 /km² （平均值）[117]
卡尔维湾（Bay of Calvi, 地中海）	0.2 mm	6.2 个 /100 m² [70]
北太平洋流涡	0.333 mm	174 000 个 /km² [465]
北太平洋流涡	0.333 mm	334 271 个 /km² [298]
东北太平洋	0.333 mm（表层） 0.202 mm（次表层）	0.448 个 /m²（中值）[163]

塑料的消失之谜

微塑料研究领域最大的基本谜团之一是根据进入海洋的塑料数量，应该存在的塑料中 99% 都失踪了，这点无法解释[77]。似乎塑料越小，就越不可能在水生环境的表层水中被发现。事实上，1999 年阿尔加利特海洋研究基金会（Algalita Marine Research Foundation，AMRF）的一项研究得出结论，在北太平洋中央流涡中，微塑料的粒径与其丰度之间存在相关性。因此，AMRF发现微塑料越小，其丰度就越低[296]。类似地，一项关于加勒比海和北大西洋12 年来表层水中塑料丰度的取样数据的分析[243] 似乎表明，微塑料数量在那些期望高累积的区域实际上是保持不变的，尽管每年有更多的塑料进入海洋。最近，据估计，考虑到经常释放到海洋环境中的塑料量，世界海洋中的塑料量比人们所预期的要低两个数量级（1/100）[77]。

由于我们知道微塑料经常被释放到海洋环境中，大的塑料往往会降解成更小的塑料，似乎这些非常小的塑料由于某些未知的机制而离开。此外，一项对6 年全球海洋取样数据进行分析的研究似乎表明，小于 4.75 mm 的微塑料正通过一些目前尚未查明的途径或机制离开海洋表层水[115]。

因此，可以假设 7 种可能性：

1. 绝大多数较大塑料还没有在海洋中存在足够长的时间以降解到如此小的粒径，因此较大粒径塑料的比例更大。

2. 一旦进入海洋，塑料就会迅速降解成很小的粒径，再也不容易被检测到。

3. 一旦漂浮的微塑料降解到适当的小粒径，它就能被风从海洋飞沫（sea-spray）中带走，然后沉积在陆地上，有些小到无法检测。

4. 污垢和生物污损的累积导致微塑料密度增加，从而导致下沉。

5. 微塑料进入海洋聚集体中，从而形成颗粒状沉淀物并下沉。

6. 一旦微塑料达到适当的小粒径，它们就会被海洋生物摄入并转移到它们的组织中。或者由于污损，它们被排泄和下沉。

7. 较小的塑料正在被一些未知的过程降解 / 生物降解。

这 7 种可能性中的任何 1 种或者是这 7 种可能性的组合，都将提供可以解释样品中非常小的微塑料在丰度上远远低于较大粒径塑料这一现象发生的机制。很有可能，许多微塑料是通过波浪沉积在陆地上的，或者是通过风从海洋飞沫中带走的，如果塑料足够小的话，甚至可以被带到很远的地方。当然，在海岸线上已经发现了非常小的微塑料。例如，从英格兰西南部的泰马河河口海滩和沉积物收集的一些样品显示，在样品中发现的大部分塑料颗粒主要由直径大约为 20 μm 的纤维组成[406]，而来自 2 个葡萄牙海滩的样品包含直径小至 1 μm 的纤维[80]。

微塑料从表层水无法解释的损失可能是因为微塑料由于污损而下沉，或进入海洋聚集体。当然，从沉积物中回收的微塑料往往比那些漂浮在表面的微塑料密度要大得多[40, 41, 319]，在新加坡圣约翰岛（St John Island）的海洋沉积物中已经发现了密度比海水密度大的塑料[84]［如尼龙和丙烯腈丁二烯苯乙烯（ABS）][314]。此外，海底峡谷和深海沉积物最近被发现含有大量塑料，这一惊人的发现也证实了这种可能性[332, 458]。事实上，从地中海、大西洋和印度洋采集的深海岩芯样品显示，深海岩芯样品中微塑料的丰度比从相关表层水中采集的样品高 4 个数量级（10 000 倍）；据估计，在印度洋的沉积物中，每平方千米大约有 40 亿根塑料纤维[458]。因此，迫切需要进一步研究，以确定塑料的这一高丰度是否对深海生态系统产生影响，以及微塑料是否对特定的深海生物产生有害影响。因此，有可能深海是大部分塑料前往的地方，从而作为塑料垃圾的一个巨大的汇。最后，在进一步的研究进行之前，失踪塑料的归趋仍然是个谜。

海洋沉积物和海岸带中的微塑料

微塑料现在在海洋沉积物中普遍存在。然而，在英国普利茅斯附近，一项研究[406]推断，微塑料在潮下地区的丰度远高于河口和沙质地区，33% 的样品由 9 种不同类型的塑料组成。此外，这些不同区域内不同点位的微塑料水平相当稳定。然而，一项研究[61]发现，比利时沿海沉积物中微塑料特别多，干沉积物中浓度高达 390 个 /kg，其中一个重要来源是淡水河流。特别是在海港地区，微塑料的浓度是英国普利茅斯[406]的微塑料浓度的 15～50 倍，也比新加坡海岸沉积物中[314]的微塑料浓度高得多。研究人员假设，比利时港口的封闭性质阻碍了足够的冲洗速度，促进了沉积物中微塑料的沉积。此外，根据沉积物中不同深度的微塑料丰度不同，研究人员指出，微塑料的浓度似乎在增加[61]。最近，更大的微塑料丰度已被报道。例如，在加拿大不列颠哥伦比亚省伯拉德湾（Burrard Inlet）的两个地点［霍斯舒湾（Horseshoe Bay）和凯茨公园（Cates Park）］进行的一项研究[32]发现，潮间带沉积物中含有微塑料，在霍斯舒湾的湿沉积物中浓度为 5 560 个 /kg，在凯茨公园的湿沉积物中浓度为 3 120 个 /kg。在回收的所有微塑料中，75% 被鉴定为来自消费品的微珠。类似地，对威尼斯所在的意大利北部亚得里亚海威尼斯潟湖（Venetian Lagoon）沉积物中微塑料的研究发现，沉积物中含有微塑料 2 175～6 725 个 /kg[431]。重要的是，沉积物或砂中颗粒的粒径似乎与这些沉积物或砂中不同粒径的微塑料的丰度没有任何关系[41, 345]。

在对夏威夷卡米洛海滩获得的岩芯沉积物样品的研究中，确定了样品中微塑料的量高达 30.2%（按重量计）。此外，95% 的微塑料被发现在岩芯样品的上部 15 cm，其中 85% 被鉴定为聚乙烯。此外，还观察到含有微塑料的海滩沉积物往往升温较慢，热扩散率（thermal diffusivity）最大下降 16%，而海滩沉积物达到的最高温度降低。因此，假设沉积物中微塑料的存在可能对温度敏感的海洋物种产生不利影响。例如，被埋藏的海龟卵在发育过程中所处的温度决定了孵化幼崽的性别[51]，温度高时孵化出雌海龟，温度低时孵化出雄海龟。

在葡萄牙沿海地点收集的样品中，发现 72% 的塑料碎片属于微塑料粒径范围（小于 5 mm）[274]。在对葡萄牙海滩的另一项研究[80]中，发现聚乙烯、聚丙烯和聚苯乙烯是最常见的微塑料，尽管聚乙烯、聚丙烯的数量大约是聚苯乙烯的 3 倍。类似地，一项从希腊 4 个不同海滩回收塑料颗粒样品的研究[217]发现，这些颗粒主要由聚乙烯组成，由聚丙烯组成的紧随其后（表 5.7）。

表 5.7　已报道的不同地点海底的碎片丰度（升序）

	区域	深度 /m	碎片丰度
	美国（西海岸）	55～1 280	67.1 个/km² 222
	地中海东部（希腊）	—	72～437 个/km² 231
	比斯开湾 （Bay of Biscay, 东北大西洋）	0～100	0.263～4.94 个/hm² 146
	葡萄牙（西海岸）	850～7 400	1 100 个/km² 301
	大西洋	200～2 800	0.59～12.23 个/hm² 457
	印度洋	1 320～1 610	0.75～17.39 个/hm² 457
	地中海西北部	750	19.35 个/hm² 148
	安塔利亚湾 （Antalya Bay，地 中海东部）	200～800	115～2 762 个/km² 168
	墨西哥湾 （Gulf of Mexico）	359～3 724	< 28.4 个/hm² 447
	比利时大陆架	—	（3 125±2 830）个/km² 424
	弗拉姆海峡东部 （Eastern Fram Strait，北极）	2 500	3 635～7 710 个/km² 26
	法国海岸（地中海）	100～1 600	0～78 个/hm² 150
	美国（西海岸， 加利福尼亚）	20～365	1.7 个/100 m 438
	欧洲海岸	< 2 200	0～1 010 个/hm² 149
	亚喀巴湾东北部 （Northeast Gulf of Aqaba，红海）	—	2.8 个/m² 1

微塑料污染物

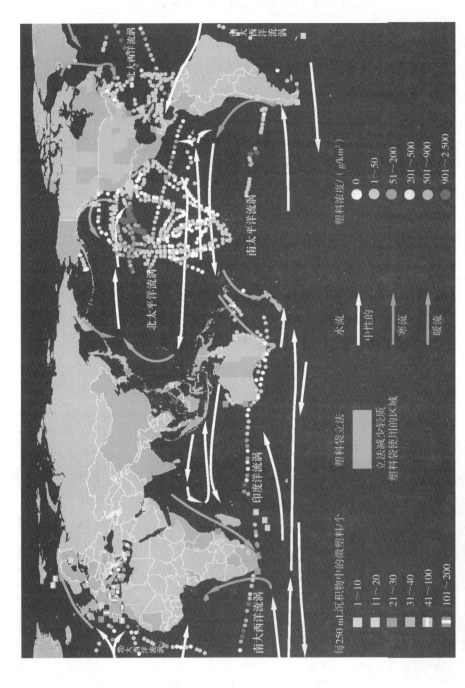

图 5.10 全球海洋环境表层水和沉积物中塑料的丰度（由文献数据制作）[38, 71, 77, 79, 91, 103, 116, 161, 242, 243, 280, 350, 458]

140

全球海洋表层水和沉积物中微塑料的丰度

最后，微塑料在水生环境中的浓度预计将在未来几年大幅增加，主要是由于塑料的增产、塑料废弃物的管理不善[204]、微珠通过废水从工业和消费品流出以及大型塑料垃圾的降解[244]。尽管如此，世界上许多地区已经制定了旨在减少轻型塑料袋使用的立法（见图 5.10）。因此，这类立法大大有助于减少最终进入水生环境的塑料袋的数量，以及它们分解成微塑料或被海洋生物摄食的可能性。

微塑料的老化

在水生环境中的微塑料往往经历风化作用（见图 5.11）。这可能是由于机械作用（比如海洋中海浪的磨蚀作用）以及由于暴露在高温和紫外光下的氧化损伤，比如阳光降解塑料并使其脆弱、易碎、褪色、容易损伤（见第 4 章）。然而，生物质和其他物质在微塑料表面的累积可能会导致密度的增加，从而使原本漂浮的塑料下沉[7, 309, 350]。当然，对浸没在海水中 3 周的聚乙烯的分析表明，随着时间的推移，生物膜的形成显著增加[262]。微塑料一旦进入沉积物中，就会经历较低的温度、较低的氧含量，并免受紫外光和机械风化作用的破坏，从而有利于其在水生环境中持久存在。

重要的是，水生环境中存在着大量的有毒化学污染物，这些污染物通常是人类活动（例如工业化和内燃机）的结果。微塑料有可能将这些污染物集中到它们的表面，或将它们吸收到材料本体中，吸着到微塑料上的污染物水平往往比周围的水中要高得多（见第 6 章）。当这些受污染的微塑料被水生生物误认为食物并摄食时，污染物也会被摄食（见第 7 章）。因此，微塑料的老化程度是一个重要因素，因为微塑料的老化大大增加了其表面积。因此，可能增加了吸着危险有毒污染物的反应位点，从而改变了微塑料的化学行为，增加了存在于水生环境中的危险污染物对其的污染。

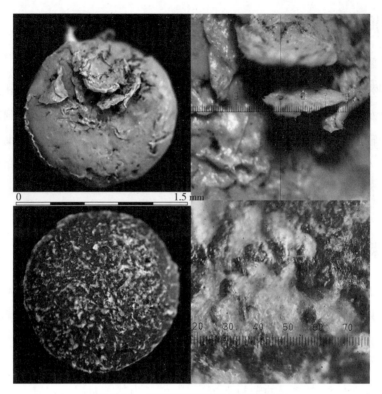

图 5.11　微塑料的老化增加其表面积

第 6 章　微塑料与化学污染物的相互作用

持久性有机污染物（POPs）

据估算，在所有影响人体健康的疾病中，50% 以上是单纯由环境因素造成的[171]，其中工业、农业和其他人类活动因使用有害化学品造成了严重的水生环境污染[444]。因此，有毒化学品对全球水生环境的污染是一个日益严重、越来越受关注的领域。例如，在欧洲，有超过 700 种不同种类、分属 20 个类别的化学污染物存在于水生环境中[155]。存在于全球环境中、新近受到关注的污染物的数量已经超过了 40 000 种。令人震惊的是，这一数字仍以每天 6 种新化学物质的速度在增加[171]。每年有约 70 万桶石油污染物流入北美周围的水域，而其中不到 10% 是由石油泄漏造成的（图 6.1）[311]。此外，每年有相当于大约 62.5 万桶的石油通过陆地径流源源不断地排入沿海水域[18]。经估算，塑料每年向全球海洋环境释放 35~917 t 化学添加剂，其中绝大多数是由增塑的 PVC 释放的[395]。

图 6.1　海滩上的石油污染

许多水污染物在环境中难以降解，因而被视为具有持久性。因此，它们在水生环境中可停留相当长的时间[288, 321, 443]。事实上，对新污染物（emerging contaminant）的研究表明，一种污染物从最受关注水平下降到最不受关注的基准水平的时间周期为（14.5±4.5）a[171]。此外，这些污染物大多可在生物体（包括人体）内生物累积（bioaccumulate），并能够通过食物链迁移，也可由母体传递给子宫中的后代[210]。

这类危险化学品被称为持久性有机污染物（POPs），其带来的令人关注的危害促使联合国环境规划署于 2001 年在瑞典制定《关于持久性有机污染物的斯德哥尔摩公约》(Stockholm Convention on Persistent Organic Pollutants)。该公约的目的是编制一份令参与国关注的污染物清单，并设法减少、限制或消除这些持久性污染物[177]。最初，清单上只有 12 种污染物。随着时间的推移，这一数字有所增加以包括其他受关注的污染物，至撰写本书时，公约清单上有 26 种化学品（见表 6.1）。

表 6.1 《斯德哥尔摩公约》中的持久性有机污染物

附件 A（消除）			
艾氏剂（aldrin）	氯丹（chlordane）	十氯酮（chlordecone）	狄氏剂（dieldrin）
异狄氏剂（endrin）	七氯（heptachlor）	六溴联苯（hexabromobiphenyl）	六溴环十二烷（hexabromocyclo-dodecane，HBCD）
六溴二苯醚（hexabromo-diphenyl ether）	七溴二苯醚（heptabromo-diphenyl ether）	六氯苯（hexachlorobenzene，HCB）	α- 六氯环己烷（alpha hexachlorocyclohexane）
β- 六氯环己烷（beta hexachloro-cyclohexane）	林丹（lindane）	灭蚁灵（mirex）	五氯苯（pentachlorobenzene）
多氯联苯（polychlorinated biphenyls，PCBs）	硫丹(endosulfan)及其异构体（isomers）	四溴二苯醚（tetrabromodiphenyl ether）	五溴二苯醚（pentabromodiphenyl ether）
毒杀芬（toxaphene）			
附件 B（限制）			
滴滴涕（DDT）	全氟辛基磺酸（perfluorooctane sulfonic acid）及其盐类	全氟辛基磺酰氟（perfluorooctane sulfonyl fluoride）	

续表

附件 C（无意生产）			
六氯苯（HCB）	五氯苯	多氯联苯（PCB）	多氯二苯并对二噁英（polychlorinated dibenzo-p-dioxins，PCDDs）
多氯二苯并呋喃（polychlorinated dibenzofurans，PCDFs）			

符合特定标准的污染物才能被列入清单中，即：在水生环境中的半衰期至少为两个月，保持稳定并有表明从最初排放点广泛扩散的证据，以及显示出生物累积和毒理效应[177]。最终，风险评估的首要目的是保护人体健康和生物群落免受化学污染物的危害[155]。

持久性有机污染物（POPs）的分类

虽然多种持久性有机污染物对环境危害极大，但本书重点关注的是与微塑料相互作用且对生物有机体构成较大危害的污染物。

氯丹

氯丹是一种常见的杀虫剂，几十年间使用于农作物、果园和花园，直到 20 世纪 80 年代初为控制白蚁危害而被限制使用，20 世纪 80 年代末被禁止使用。尽管如此，这种化学物质具有极强的持久性，半衰期长达 30 年。因此，几十年后，氯丹仍然会污染水生环境，这种化合物的疏水性（拒水性的）使得其极容易附着在疏水材料表面，比如塑料[264]。此外，氯丹往往在多种生物体内生物累积，对多种鱼类具有高度毒性，被列为潜在人类致癌物（probable human carcinogen）（图 6.2）。

图 6.2　氯丹

滴滴涕（DDT）

20 世纪 60 年代，滴滴涕（DDT）作为一种高效农药常用于农业活动中，直到 20 世纪 70 年代在世界范围内才开始禁止生产和使用 DDT[112]。此外，DDT 广泛用于治疗脑炎和抑制疟疾[422]。因此，DDT 及其相关化合物滴滴伊（dichloro-diphenyldichloroethylene，DDE）和滴滴滴（dichlorodiphenyldichloroethane，DDD）广泛分布于全球，即使是在隔离的、原始的地区，也常在水生环境中被检测到[34]。DDT 往往会导致鸟类蛋壳变薄，长期人体暴露会产生诸多慢性危害（图 6.3）。

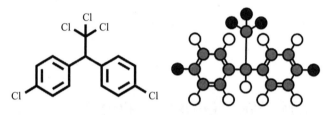

图 6.3 滴滴涕（DDT）

六氯环己烷（HCH）

六氯环己烷是一种存在于环境中的环状饱和氯化合物，有 8 种异构体。尽管六氯环己烷在绝大多数国家已被禁止使用，但它仍可在水生环境中被检测到[455]。只有 4 种异构体被认为最有商业价值（α-HCH、β-HCH、δ-HCH 和 γ-HCH）。γ- 六氯环己烷（γ-HCH）由于强大的杀虫特性，常以纯净物的形式作为农药使用。因此，当含 HCH 农药产品中 γ-HCH 的含量超过 99% 时，称为林丹。此外，为满足不同的商业需求，将 HCH 异构体进行一定比例的浓度混合（60%～70% α-HCH；5%～12% β-HCH；6%～10% δ-HCH；3%～4% ε-HCH；10%～15% γ-HCH），即工业级 HCH[233]。工业级 HCH、α-HCH 是潜在的人类致癌物，而 β-HCH 是可能的人类致癌物（possible human carcinogen）。现有证据表明，γ-HCH（林丹）可能致癌，但尚不足以证明其人类致癌潜力。当然，美国出于对林丹的神经毒性[420]的安全考虑，自 1977 年以来一直限制林丹的使用[420]，且林丹已被《斯德哥尔摩公约》列为持久性有机污染物（POPs）[432]。此外，美国环境保护局（United States Environmental Protection Agency，USEPA）和国际癌症研究机构（International Agency for Research on Cancer，IARC）认为有合理的证据表明林丹极可能是人类致癌物[187]（图 6.4）。

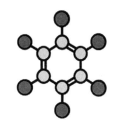

图 6.4　HCHs 的基本化学结构

全氟烷基化合物

全氟烷基化合物是一类高度氟化的化学品，由于其优越的表面活性剂特性和去除污垢、油、水等物质的能力，常被用于工业。因此，它们被广泛应用于包装材料、纺织品及油漆和灭火泡沫。全氟烷基化合物在多种海产品（包括鱼类）中被检测出来，且在水生环境中长期存在。此外，在偏远地点（如北极[158]）的鸟类、海洋哺乳动物和鱼类中，以及北美五大湖[214]食物网的多种水生生物中，都发现了全氟烷基化合物。此外，在分析的日本和韩国鸟类肝脏中有 95% 检出了全氟烷基化合物[213]。来自 13 个国家的 54 195 项分析结果的评估表明，儿童饮食中全氟辛酸（perfluorooctanoic acid，PFOA）和全氟辛基磺酸（PFOS）的暴露量比成人高 2～3 倍[121]。对于某些动物而言，全氟烷基化合物还具有神经毒性作用[271]（图 6.5 和图 6.6）。

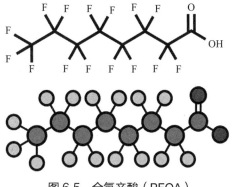

图 6.5　全氟辛酸（PFOA）

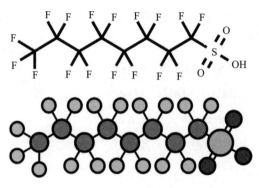

图 6.6　全氟辛基磺酸（PFOS）

邻苯二甲酸盐

　　邻苯二甲酸盐是一类化学品，在制造过程被添加到塑料中，使其更柔韧（增塑），主要用于聚氯乙烯（PVC）[175] 中（图 6.7）。由于在制造过程中加入到微塑料的邻苯二甲酸盐不会和塑料发生化学结合，因此随后会容易浸出[405]。在德国，某些邻苯二甲酸盐〔如邻苯二甲酸二（2-乙基己基）酯（DEHP）（见图 6.8）〕存在于污水污泥及出水、表层水和沉积物中，在液态粪肥、堆肥水和废水中浓度较高[144]。

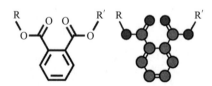

图 6.7　邻苯二甲酸盐的基本化学结构（R 和 R′ 代表占位符）

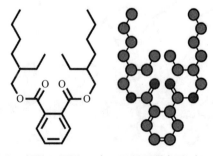

图 6.8　邻苯二甲酸二（2-乙基己基）酯（DEHP）

　　有意思的是，一项研究[221]调查了瓜尔胶（Guar gum）去除农场废水中 DEHP 的能力，结果表明在 pH 为 7 时，仅 4.0 mg 瓜尔胶就能从 1 L 废水中去除 99.99% 的 DEHP。瓜尔胶是瓜尔豆的地下胚乳，其生物降解性、无毒等优点提供了去除水介质中 DEHP 的一个具有前瞻性的研究方向。另有研究[31]发现，室内灰尘中的一些邻苯二甲酸盐（包括 DEHP）与儿童哮喘和过敏症状的发生有关。此外，有研究[227]从德国人群中抽取 85 份尿液样品，结果显示人群 DEHP 的平均摄入量是 13.8 μg/(kg·d)。邻苯二甲酸盐还常用于许多个人护理产品，如香水、乳液和化妆品，以及清漆、涂料和油漆[181]。据报道，尽管人类可以通过使用消费品、环境污染和其他产品浸出而暴露于邻苯二甲酸盐，但饮食摄入被认为是暴露于邻苯二甲酸盐的主要途径[373]。

多环芳烃（PAHs）

　　多环芳烃（PAHs）是一类包括 100 多种不同化合物的化学品，是自然环境中最普遍的污染物之一。多种多环芳烃对水生生物有一定毒性，如芘，即使在低暴露浓度水平下也表现出相当大的毒性[322]。有些甚至致癌，如苯并 [a] 芘。因此，美国环境保护局将 16 种多环芳烃化合物列为关注的污染物，并提出将饮用水中含有的多环芳烃最大允许限值（maximum allowable limit）定为 200 ng/L[123]（图 6.9）。

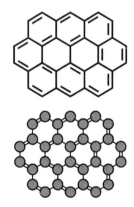

图 6.9　一种多环芳烃化合物——卵苯

　　木材、烟草和其他含碳燃料的不完全燃烧很容易产生多环芳烃[330]。因此，环境中的某些多环芳烃来自自然源，如森林大火、火山喷发[111]。然而，环境中存在的多环芳烃主要是由人类活动（如燃煤发电厂、航运[442]和垃圾堆场）产生的[441]。此外，一些多环芳烃还在生产塑料、杀虫剂和染料的行业中使用。

　　作为生产过程的一部分，海洋工业采油平台常向大气中排放多环芳烃[363]，而燃烧产生的多环芳烃副产品则通过降雨、水道被冲刷到海洋中，或从大气中沉降到海洋表层水[444]。此外，已确定燃烧塑料垃圾会产生多环芳烃，其中燃烧聚苯乙烯产生的多环芳烃含量最高[450]。另外，在加工聚苯乙烯的过程中，由于不完全聚合反应，也会产生多环芳烃，其中有毒的 PAH 前体、苯和苯乙烯可以进入聚合物基体中[358]。

石油泄漏也会造成多环芳烃对海洋环境的直接污染[444]。有意思的是，在分析海水样品时，母多环芳烃和烷基化多环芳烃的比值可以用来确定多环芳烃污染的来源是燃烧排放还是石油基燃料[363]。因此，母多环芳烃含量高意味着是燃烧排放造成的污染，例如燃烧石油和天然气，而烷基化多环芳烃含量高则表示是来源于石油产品的污染，例如该区域船舶活动时燃料泄漏或事故。

多溴二苯醚（PBDEs）

多溴二苯醚（PBDEs）类化合物由 209 个同系物组成[446]。二苯环状结构的溴化程度及溴原子在环状结构中的位置决定了各同系物的同分异构体的数量[440]。重要的是，高度溴化的多溴二苯醚（多于 5 个溴原子）可以在环境中脱溴，形成较低溴化程度的多溴二苯醚（少于 5 个溴原子），从而产生毒性更大的同系物[261]（图 6.10）。

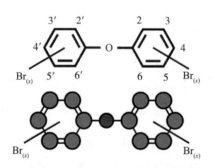

图 6.10　多溴二苯醚的基本化学结构

多溴二苯醚［特别是十溴二苯醚（deca-BDE）和八溴二苯醚（octa-BDE）］常作为阻燃剂被添加到塑料中[440]。然而，多溴二苯醚由于其激素干扰能力和其他毒理效应，对海洋生物构成了严重威胁，是日益引起人们关注的水污染物[444]。因此，2009 年，被列入《斯德哥尔摩公约》的污染物清单。

多氯联苯（PCBs）

多氯联苯（PCBs）是由一个联苯环和在苯环周围不同位置的氯原子组成的一类合成化合物。通过降低多氯联苯对光降解的敏感性，不同的氯化程度直接影响环境中同系物的半衰期。因此，氯化程度更高的多氯联苯往往在环境中停留的时间更长，各类多氯联苯同系物的半衰期为 10～548 d [35]。由于与 2,3,7,8- 四氯二苯并对二噁英（2,3,7,8-tetrachlorodibenzo-*p*-dioxin，TCDD）高度相似，多氯联苯同系物中毒性最高的化合物分别为 PCB-77、PCB-81、PCB-126 和 PCB-169 [446]。在所有的多氯二苯二噁英中，TCDD 显示出对生物体最强的毒性潜力，工业活动（如燃烧和精炼）导致其扩散到环境中 [318]。此外，多氯联苯被列为可能的人类致癌物，能抑制人类免疫系统（图 6.11）。

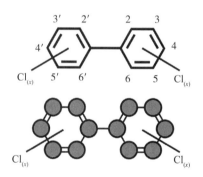

图 6.11　多氯联苯的基本化学结构

多氯联苯在环境中的存在完全是人类活动造成的结果 [321]，这些化合物在工业上已使用了大约 70 年。城市垃圾场、电子元件、变压器外壳和焚烧炉等是多氯联苯扩散至水生环境的主要来源 [35]。事实上，城市垃圾场是大量多氯联苯（PCBs）进入海洋环境的主要原因，而多氯联苯具有从其最初排放点起输送相当长距离的能力。尽管在 20 世纪 70 年代初已停止生产多氯联苯，但废旧工业设施的拆除及其相关技术对水生环境中的多氯联苯污染起着重要作用 [444]。由于具有极强的环境适应性和在生态系统中的分布及行为方式，据估计，至少到 2050 年，多氯联苯仍将是水生环境和生物中分布最广泛的污染物 [400]。

微塑料作为化学污染物的载体

几十年前，研究人员发现聚丙烯微塑料易吸附疏水有机化合物[351]。此后，发现水生环境中的微塑料通过吸着过程被持久性有机污染物污染，因此这些相互作用的过程正在得到越来越多的科学审查[212, 279, 354]。据报道，在瑞典一个港口，生产聚乙烯的工厂附近的海水中微塑料的丰度高达 100 000 个 /m^3 [317]。同时，海洋环境中的微塑料能够收集和浓缩水性持久性有机污染物，浓度比周围海水本底值高出 6 个数量级（100 万倍）[191, 279, 353, 403, 460]。因此，微塑料易被其他污染物污染，加上其普遍分布和长距离迁移的能力，是其受到关注的重要原因。原因是微塑料常被水生生物误食。通过生物有机体摄食受污染的微塑料是向食物网引入高毒性化学污染物的独特暴露途径。然而，在这些相互作用方面的知识还相当不足，因此，许多人认为应当优先研究微塑料作为载体将水污染物引入食物网的方式[81]。因此，对水生物种摄食微塑料的研究是重要的第一步。然而，更重要的是，系统地研究生物摄食受污染的微塑料的复杂相互作用，以确定任何严重的风险和影响[241]。

持久性有机污染物与微塑料的相互作用涉及三类现象：解吸（desorption）、吸收、吸附。

解吸

"解吸"一词本质上是指一种物质从另一种物质本体或表面释放出来的过程。例如，水生生物摄食受污染的微塑料后，污染物可从微塑料上解吸。因此，吸收和吸附过程是受污染的微塑料被摄食后化学品解吸的重要前提，也决定了这些化学污染物扩散到组织后可能产生的毒性。然而，塑料生产中添加的化学品（如增塑剂和阻燃剂）在被摄食后也有可能从塑料中浸出并表现毒理效应。事实上，研究表明，塑料制品（如炊具、餐具和饮具）生产中添加的化学品可转移到人体中[172, 226, 238, 287, 289, 398, 405]。因此，很显然被摄食后，这些添加剂可能会从塑料本体中浸出，然后扩散到生物组织中，从而引起毒性。

至今与受污染的微塑料对生物的影响有关的证据有限，非常需要进一步的研究。然而，一些早期的研究表明，化学添加剂和被吸附的化学污染物确实对摄食了受污染的微塑料的水生生物的健康和生长有不良影响[28, 42]。此外，一项研究[17]表明，某些持久性有机污染物（POPs）从聚乙烯类微塑料中解吸的能力是在海水中解吸能力的 30 倍，并且在研究的 POPs 中，受多环芳烃（PAH）菲污染的聚乙烯微塑料表现出从微塑料转移到生物的最大潜力。

吸收

"吸收"（absorption）和"吸附"（adsorption）这两个词经常会引起混淆（注意到一个词的拼写中是 **b**，另一个词的拼写中是 **d**）。事实上，这两个词都与吸着作用有关，但描述了两个完全不同的吸着过程。这两个过程的主要区别在于吸收是一个本体现象，而吸附是一个表面现象（图 6.12）。

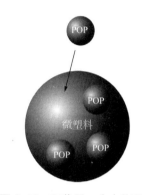

图 6.12　吸收是一个本体现象

吸收时，水性化学污染物可扩散到塑料的本体。例如，就聚丙烯而言，多环芳烃菲经表面扩散进入聚丙烯本体。虽然在聚丙烯中没有发生更深层的扩散，但是在聚乙烯中发生了，聚乙烯的分子几何结构中聚合物链没有聚丙烯紧凑，使得菲可以通过这些间隙渗透进去[89]。类似地，一项研究[358]检测了从加利福尼亚州的圣迭戈（San Diego）海滩上回收的微塑料上吸着的多环芳烃水平，发现聚苯乙烯、聚乙烯、聚对苯二甲酸乙二酯、聚丙烯、聚氯乙烯中多环芳烃的浓度显著不同，聚苯乙烯和聚乙烯含有的多环芳烃的浓度最高，其次是聚丙烯。进一步调查发现，分布在加利福尼亚州圣迭戈湾（San Diego Bay）的原始聚苯乙烯微塑料对多环芳烃的吸着容量大且与聚乙烯相当，明显高于聚丙烯、聚对苯二甲酸乙二酯和聚氯乙烯。一般情况下，在聚苯乙烯制造过程中通过加入 0.1%～1.0% 的对二乙烯基苯来诱导交联而硬化[180]。因此，研究人员推测，这种通过碳环芳烃环发生的交联[180]会导致聚合物链之间产生更大的空间[358]。因此，与聚合物链之间更靠近的聚丙烯基体相比，链间的间隙使得多环芳烃更有效地渗透到聚苯乙烯基体中。然而，在某些情况下，化学污染物不能渗透到塑料的本体，而是附着在材料表面。这就是所谓的吸附。

吸附

吸附可以定义为物质［吸附质（adsorbate）］从气相或液相中移动并在固体或液体凝聚态［基体（substrate）］上形成表面单分子层的过程。每个相都是一个与主体系统其他部分有界限区分的明显区域，其物理性质（如化学组成）不变。最终，吸附质的理化性质决定了吸附发生的程度[11]。在持久性有机污染物（POPs）被微塑料吸附的过程中，持久性有机污染物被认为是吸附质，而微塑料被认为是基体。此外，水（液相）和微塑料（固相）是不互溶的，持久性有机污染物由于溶于溶剂（水）而被认为是溶质（图6.13）。

图6.13　吸附是一个表面现象

有些微塑料是由非极性的塑料构成的，如聚乙烯、聚丙烯和聚苯乙烯，有些塑料是极性的，如聚碳酸酯、聚酰胺（尼龙）和聚甲基丙烯酸甲酯。塑料的非极性越强，对疏水性（拒水性）持久性有机污染物的亲和性就越大。顺便提一句，一种物质的疏水性通常是通过它在疏水物质（辛醇）和水这两个非混相中分配平衡时的分布来度量的。因此，当一种有相当疏水性的物质被引入系统时，它往往会分散到辛醇层中，并在此相中具有更大的浓度。因此，辛醇 - 水分配系数（octanol-water coefficient，K_{ow}）是在达到平衡和精确温度下，溶质在已知、等体积的辛醇和水中的浓度之比的无量纲表达[328]。

同理，当疏水性持久性有机污染物分子和非极性微塑料相互接触时，持久性有机污染物会在两个非混相（水和微塑料）之间分散，直到达到平衡，形成溶质浓度不同的两个相。固相（微塑料）中溶质浓度与液相（水）中溶质浓度的比值称为分配系数（partition coefficient，K_{pc}）［见式（6.1）］。

$$K_{pc}=［持久性有机污染物浓度（固相）］/［持久性有机污染物浓度（液相）］$$

$$（6.1）$$

在平衡状态下，吸附剂（微塑料）每单位重量吸附溶质（持久性有机污染物）的量用 qe（mmol/g）表示，由式（6.2）确定。

$$qe=V（Co-Ce）/M \qquad (6.2)$$

式中：qe——在平衡状态下，单位重量微塑料的持久性有机污染物吸附量；

V——溶液体积；

Co——污染物初始浓度；

Ce——污染物在平衡状态下的浓度；

M——微塑料质量。

因此，吸附可视为物质物理传递的过程，在上述情况下，是物质（持久性有机污染物）从液相（水）转移到固体（微塑料）表面的过程。例如，在水介质中持久性有机污染物被微塑料吸附，是以水为溶剂，持久性有机污染物为吸附质，微塑料为吸附剂。没有持久性有机污染物时，微塑料表面被水覆盖。然而，当持久性有机污染物被添加到系统中时，水转移到溶液中，在微塑料表面会堆积一层被吸附的污染物。因此，表面积的增大可以提高微塑料对污染物的吸附容量和表面活性。在水介质中微塑料对持久性有机污染物的吸附可以用式（6.3）描述。

$$H_2O(ad; X_1^{ad})+POP(aq; X_{POP}) \longrightarrow H_2O(aq; X_1)+POP(ad; X_{POP}^{ad}) \qquad (6.3)$$

式中：POP——持久性有机污染物；

X_1^{ad}——在微塑料表面上薄薄的一层水的摩尔分数；

X_{POP}——水相中持久性有机污染物的摩尔分数；

X_1——在水溶液中水的摩尔分数；

X_{POP}^{ad}——吸附层持久性有机污染物的摩尔分数。

一项研究[248]测定了多环芳烃、六氯环己烷（HCHs）和氯化苯在海水与聚乙烯、聚丙烯和聚苯乙烯之间的分配系数，发现所有的塑料对这些疏水性有机化学品（hydrophobic organic chemicals，HOCs）的吸着容量都很高。此外，研究发现，氯化苯和多环芳烃具有强烈的、相似的吸着特性，而 HCHs 则由于极性增加，吸着容量较小。重要的是，对 HOCs 具有高吸着容量的微塑料会影响 HOCs 在水生环境中的蒸发，从而促使它们在环境中持久存在并被输送至其他地区[248]。

此外，我们研究了 33 种不同的多环芳烃（PAHs）与 3.8 mm 崭新的球状聚乙烯微塑料的相互作用。结果发现，在 10℃时，将微塑料暴露于多环芳烃 24 h 后，高致癌性多环芳烃化合物苯并 [a] 芘和二苯并 [a,h] 芘在浓度为 5～37.5 ng/mL 时，100% 被微塑料吸着；当浓度为 50 ng/mL 时，吸着率分别为 95.58%（苯并 [a] 芘）和 98.18%（二苯并 [a,h] 芘）。相反，当温度为 21℃时，苯并 [a] 芘和二苯并 [a,h] 芘在所有浓度下的吸着率均为 100%。此外，在两种温度下，萘的吸着率最差，分别为 89%～92%（10℃）和 87%～94%（21℃）。总体上，研究结果表明，即使在最高含量 1 000 ppb[①]，21℃时，3.8 mm 崭新的聚乙烯微塑料对 33 种多环芳烃的吸着率比 10℃时大（见图 6.14）。因此，环境中的聚乙烯微塑料在温水区比在冷水区对收集多环芳烃污染物的亲和性更大。因此，这与不同水生物种摄食被多环芳烃污染的微塑料时可能暴露于多环芳烃的程度相关。

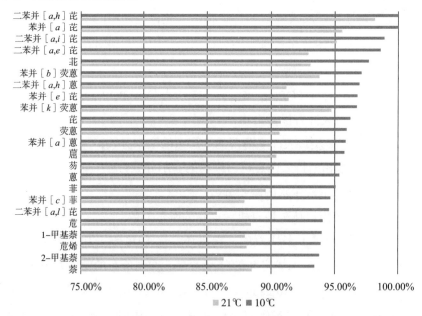

图 6.14　在 21℃下，聚乙烯微塑料对多种 1 000 ppb 多环芳烃的吸附能力高于 10℃下

① 1 ppb=1 × 10⁻⁹。——译者

表面积 – 体积比和风化作用的影响

由于在海洋环境中的微塑料能够吸附和输送持久性有机污染物，这为化学污染物对水生环境的广泛污染提供了一种机制[460]。因此，人们越来越关注水生环境中微塑料为有毒有机化合物提供移动介质的作用[229, 403]。这受到极大关注，因为剧毒污染物（例如大多具有疏水性的多氯联苯）在水生环境中普遍存在[80]，且可被微塑料吸附[212, 217]。

事实上，一项研究报道，10～50 mm 粒径的聚丙烯（虽然在技术上来说不在微塑料范围内）能够吸附 PCBs，浓度高达 4～117 ng/g[279]。然而，塑料越小，它的比表面积就越大，因此可以吸附的位点就越多。事实上，已经证明了塑料越小，对持久性有机污染物的亲和性就越大[429]。一项研究比较纳米级和微塑料级的聚乙烯，发现越小的聚乙烯对多氯联苯的吸附亲和性越大[429]。研究人员将对多氯联苯的吸附亲和性差异归因于纳米级和微塑料级的塑料的表面积 – 体积比（surface-area-to-volume）不同。球状塑料的表面积 – 体积比是该塑料每单位体积的表面积［见式（6.4）］。

$$表面积 \text{–} 体积比 = \left| \dfrac{4\pi r^2}{\dfrac{4}{3}\pi r^3} \right| \qquad (6.4)$$

重要的是，塑料的粒径越小，对持久性有机污染物（POPs）的吸附容量越大。吸附容量的提高是比表面积增加的直接结果，从而增加了对持久性有机污染物进行化学吸附的可用位点[403]。小型微塑料比微塑料有更大的表面积 – 体积比（见图 6.15），因而可以更多地吸附持久性有机污染物。由于这个原因，就那些不能通过吸收而渗透到塑料本体的化学物质向生物体的传递而言，较小的塑料比较大的塑料对海洋物种构成更大的毒性威胁，因为较小的塑料更易被摄食，并且表面可以浓缩更多的化学污染物。

在环境中存在了相当长的时间后的微塑料往往会出现一定程度的老化。此外，有些塑料种类更容易出现老化，如聚苯乙烯和聚乙烯[85]。因此，聚合物表面老化导致光滑表面出现开裂、破碎和起伏[9]，从而增加表面积（见

图 6.16）。事实上，2003—2004 年从北太平洋各海岸收集到的微塑料样品具有
不同的表面积[354]。

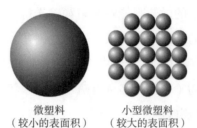

微塑料   小型微塑料
（较小的表面积）   （较大的表面积）

图 6.15　小型微塑料比微塑料具有更大的表面积 - 体积比

原始3.8 mm聚乙烯微塑料（颗粒）（500×）

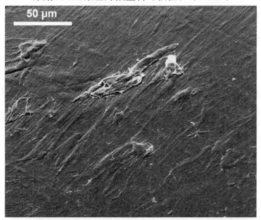

老化的3.8 mm聚乙烯微塑料（颗粒）（700×）

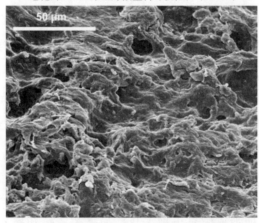

图 6.16　未老化的原始 3.8 mm 聚乙烯微塑料颗粒表面与
老化的 3.8 mm 聚乙烯微塑料颗粒表面的比较

　　重要的是，由于损伤增加了材料的表面积和孔隙度，老化的塑料表面往往更加活跃。表面积的增加为持久性有机污染物的吸附提供了额外的位点，从而提高了微塑料的吸附容量[403]。一项研究[89]比较原始微塑料和从希腊莱斯沃斯岛（Lesvos Island）的海滩收集到的老化微塑料，发现吸附是主要的吸着过程，老化微塑料的结晶降低了污染物扩散到塑料本体中的能力。对于聚丙烯来说尤其如此，由于其紧密的分子几何结构，它只允许表面扩散。此外，老化微塑料表面的含氧基因增加，从而增加极性[357]以及与疏水污染物的亲和性。事实上，有研究[112]表明，多氯联苯（PCBs）在聚丙烯微塑料上的吸附程度取决于两个主要因素：微塑料的降解量和在环境中停留的时间。因此，老化微塑料比非老化微塑料能输送更高浓度的持久性有机污染物[264]。因此，考虑到表面积 - 体积比和风化作用对增加微塑料吸附持久性有机污染物的容量的影响，较小的老化塑料对持久性有机污染物的吸附容量最大，这些持久性有机污染物不能通过吸收进入塑料本体。

水生环境中受污染的微塑料

　　多项已开展的环境研究证实持久性有机污染物很容易在自然的海洋环境和实验室环境下被吸附到微塑料上[17, 28, 80, 89, 112, 143, 191, 212, 229, 248, 279, 320, 353, 354, 357, 358, 403, 429, 460]。此外，世界上许多湖泊中都发现了浓度很高的持久性有机污染物，甚至在被认为未经开发的地区[83]，而且在从北美伊利湖表层水回收的塑料碎片中也发现其受到多环芳烃（PAHs）和多氯联苯（PCBs）的污染[104]。微塑料通过河流系统迁移，因此在河口地区经常能检测到微塑料[152]（特别是在暴雨时期）[215, 247, 258, 368]。类似地，许多持久性有机污染物来源于陆地[207]，常进入城市水道[296]，因此河口往往比沿海地区受到更多的持久性有机污染物污染。由于河口的动态性，洋流不断地进出产生湍流，微塑料的胶体悬浮物合并成团块，下沉并进入被持久性有机污染物污染的沉积物中。随着时间的推移，这些持久性有机污染物吸着到微塑料上，并且随着河口的冲刷[368]或清淤作用[330]，受污染的微塑料被释放到更广阔的水生环境中，然后这些微塑料被生物体摄食。受污染的微塑料也常被冲到海滩上，被鸟类等野生生物摄食。

有意思的是，葡萄牙的一项研究[80]发现，从葡萄牙的两个海滩［丰蒂达泰尔哈（Fonte da Telha）和克雷斯米那（Cresmina）］上收集到的黑色微塑料中的污染物浓度最高，而白色微塑料中浓度最低。虽然黑色颗粒由聚丙烯和聚苯乙烯组成，但是发现如果颗粒是老化的，其很可能是由聚丙烯和聚乙烯组成的。类似地，多名研究人员[12, 217, 320]报道从日本和希腊海滩收集到的黄色微塑料中所含的多氯联苯（PCB）污染物浓度水平最高[112, 217, 320]。

受污染的微塑料呈黄色，表明在制造过程中添加到塑料中的抗氧化添加剂氧化后产生了醌式结构[225]。微塑料发黄说明其已经在水生环境中存在了相当长一段时间[320]。因而，这种长时间的暴露增加了微塑料被水中存在的污染物污染的可能性，这也解释了为何在变黄的微塑料中检测到较高浓度水平的多氯联苯污染物[320]。然而，将发黄现象作为微塑料在环境中停留时间的标志并不一定适用于聚苯乙烯，因为它暴露于阳光时往往会迅速变黄[85]。

氯丹污染的微塑料

对微塑料中氯丹浓度的研究较少。然而，一项调查[264]发现，从加利福尼亚州圣迭戈县的8个海滩［米申海滩（Mission Beach）、米申湾（Mission Bay）、帕西菲克海滩（Pacific Beach）、拉霍尔海岸（La Jolla Shores）、托里派恩斯（Torrey Pines）、科罗纳多（Coronado）和因皮里尔海滩（Imperial Beach）①］收集的微塑料吸附氯丹的浓度范围为1.8～170 ng/g。

滴滴涕（DDT）污染的微塑料

研究[279]表明，10～50 mm（非微塑料粒径）聚丙烯能以0.16～3.1 ng/g的浓度吸着DDE。然而，另一项研究于2003—2004年，从10个工业区以及加利福尼亚州圣加夫列尔（San Gabriel）的1条河收集了微塑料粒径的塑料，发现工业区微塑料吸着的DDT浓度为［0.03～2.03（LOD）］～7 100 ng/g，在

---

① 还有海洋沙滩（Ocean Beach），后同。——译者

圣加夫列尔的河中是 1 100 ng/g。类似地，对加利福尼亚州圣迭戈县的 8 个海滩（米申海滩、米申湾、帕西菲克海滩、拉霍尔海岸、托里派恩斯、科罗纳多和因皮里尔海滩）上收集的微塑料研究[264] 发现，DDT 的吸着浓度范围为 0.56～64 ng/g。另一项研究[80] 从葡萄牙两个海滩（丰蒂达泰尔哈和克雷斯米那）收集微塑料，发现 DDT 吸着到微塑料的浓度为 0.16～4.04 ng/g。一项研究[217] 从希腊 4 个海滩［爱琴（Aegena）、下阿哈伊亚（Kato Achaia）、瓦捷拉（Vatera）和卢特罗皮尔戈斯（Loutropyrgos）］收集微塑料颗粒，发现微塑料颗粒吸着 DDD、DDE 和 DDT 的水平分别为 0.32～2.2 ng/g、0.25～15.0 ng/g、0.56～25.0 ng/g。另一项研究发现孤岛［富埃特文图拉（Fuerteventura）、科科斯（Cocos）、巴巴多斯（Barbados）、夏威夷和瓦胡（Oahu）］收集的微塑料吸着 DDT 的浓度范围为 0.8～4.1 ng/g。图 6.17 详细描述了在世界不同地区微塑料中 DDT 等的吸着情况（ng/g）。

六氯环己烷（HCH）污染的微塑料

一项研究[217] 从希腊海滩（爱琴、下阿哈伊亚、瓦捷拉和卢特罗皮尔戈斯）收集微塑料颗粒，发现六氯环己烷（HCH）在微塑料颗粒上的平均吸着浓度为 1.05～3.5 ng/g。另一项研究[186] 发现从孤岛（富埃特文图拉、科科斯、巴巴多斯、夏威夷和瓦胡）收集的微塑料中 HCH 的吸着量为 0.6～1.7 ng/g，而圣赫勒拿（St Helena）的微塑料中 HCH 的平均吸着量明显更高，为 19.3 ng/g。研究人员认为，圣赫勒拿 HCHs 浓度水平的提高可能归因于 γ-HCH（林丹）作为有机氯杀虫剂的广泛使用。事实上，与其他 8 种 HCH 异构体相比，这些样品中有超过 80% 的林丹。

全氟烷基化合物污染的微塑料

关于全氟烷基化合物的研究很少。然而，一项空前的、广泛的研究调查了大西洋、印度洋和太平洋[163]，发现大西洋表层水中全氟烷基化合物的浓度为 131～10 900 pg/L。在印度洋的浓度水平为 176～1 980 pg/L，而在太平洋的浓度水平为 344～2 500 pg/L。在全氟辛基磺酸（PFOS）和全氟辛基磺酰胺

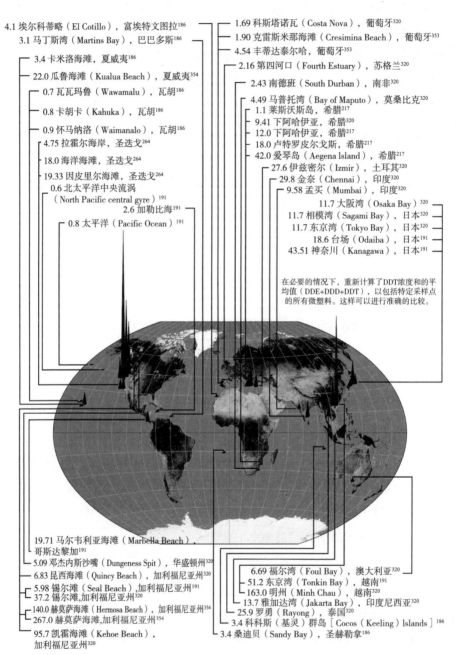

4.1 埃尔科蒂略（El Cotillo），富埃特文图拉[186]
3.1 马丁斯湾（Martins Bay），巴巴多斯[186]
3.4 卡米洛海滩，夏威夷[186]
22.0 瓜鲁海滩（Kualua Beach），夏威夷[354]
0.7 瓦瓦玛鲁（Wawamalu），瓦胡[186]
0.8 卡胡卡（Kahuka），瓦胡[186]
0.9 怀马纳洛（Waimanalo），瓦胡[186]
4.75 拉霍尔海岸，圣迭戈[264]
18.0 海洋海滩，圣迭戈[264]
19.33 因皮里尔海滩，圣迭戈[264]
0.6 北太平洋中央流涡
（North Pacific central gyre）[191]
2.6 加勒比海[191]
0.8 太平洋（Pacific Ocean）[191]

1.69 科斯塔诺瓦（Costa Nova），葡萄牙[320]
1.90 克雷斯米那海滩（Cresimina Beach），葡萄牙[353]
4.54 丰蒂达泰尔哈，葡萄牙[353]
2.16 第四河口（Fourth Estuary），苏格兰[320]
2.43 南德班（South Durban），南非[320]
4.49 马普托湾（Bay of Maputo），莫桑比克[320]
1.1 莱斯沃斯岛，希腊[217]
9.41 下阿哈伊亚，希腊[320]
12.0 下阿哈伊亚，希腊[217]
18.0 卢特罗皮尔戈斯，希腊[217]
42.0 爱琴岛（Aegena Island），希腊[217]
27.6 伊兹密尔（Izmir），土耳其[320]
29.8 金奈（Chennai），印度[320]
9.58 孟买（Mumbai），印度[320]
11.7 大阪湾（Osaka Bay）[320]
11.7 相模湾（Sagami Bay），日本[320]
11.7 东京湾（Tokyo Bay），日本[320]
18.6 台场（Odaiba），日本[191]
43.51 神奈川（Kanagawa），日本[191]

在必要的情况下，重新计算了DDT浓度和的平均值（DDE+DDD+DDT），以包括特定采样点的所有微塑料。这样可以进行准确的比较。

19.71 马尔韦利亚海滩（Marbella Beach），哥斯达黎加[191]
5.09 邓杰内斯沙嘴（Dungeness Spit），华盛顿州[320]
6.83 昆西海滩（Quincy Beach），加利福尼亚州[320]
5.98 锡尔滩（Seal Beach）加利福尼亚州[191]
37.2 锡尔滩，加利福尼亚州[320]
140.0 赫莫萨海滩（Hermosa Beach），加利福尼亚州[354]
267.0 赫莫萨海滩，加利福尼亚州[354]
95.7 凯霍海滩（Kehoe Beach），加利福尼亚州[320]

6.69 福尔湾（Foul Bay），澳大利亚[320]
51.2 东京湾（Tonkin Bay），越南[191]
163.0 明州（Minh Chau），越南[320]
13.7 雅加达湾（Jakarta Bay），印度尼西亚[320]
25.9 罗勇（Rayong），泰国[320]
3.4 科科斯（基灵）群岛［Cocos（Keeling）lslands］[186]
3.4 桑迪贝（Sandy Bay），圣赫勒拿[186]

图6.17　全球已报道的微塑料吸着DDTs的浓度（ng/g）

（PFOSA）与聚乙烯、聚丙烯和聚氯乙烯相互作用的研究[435]中，发现聚乙烯
对 PFOSA 的吸附能力大于对 PFOS，而聚苯乙烯对 PFOS 完全不吸着，但是能
吸着 PFOSA。然而，PVC 对这两种化合物的吸附水平相当。有意思的是，研
究人员提出，与聚乙烯相反的是，聚苯乙烯中苯环的存在可能会增加塑料的极
性，对带负电荷的 PFOS 分子有排斥作用。此外，研究人员推测，苯环可能表
现出空间位阻效应（steric hindrance effect），从而阻止对 PFOS 的吸附。

邻苯二甲酸盐污染的微塑料

　　几乎没有什么研究提到在环境中回收的微塑料中发现邻苯二甲酸盐。
然而，一项研究[136]在撒丁海（Sardinian Sea）通过浮游生物网从表层水中
收集微塑料，发现高浓度的邻苯二甲酸盐，邻苯二甲酸二（2- 乙基己基）
酯（DEHP）浓度为 23.42 ng/g，邻苯二甲酸单（2- 乙基己基）酯［mono
（2-ethylhexyl）phthalate，MEHP］浓度为 40.30 ng/g。此外，利古里亚海中
DEHP 和 MEHP 的浓度分别为 18.38 ng/g 和 61.93 ng/g。

多环芳烃污染的微塑料

　　一项研究[354]于 2003—2004 年在加利福尼亚州和夏威夷的海滩及工业区
的 26 个地点收集了 149 个较小塑料样品。从报告的数据来看，有 61 个在微
塑料粒径范围内，仅从 11 个地点收集到微塑料。这 11 个地点中，10 个位
于工业区，1 个位于加利福尼亚州圣加夫列尔的一条河。工业区微塑料上吸
着的多环芳烃浓度范围为 74～12 000 ng/g，而在圣加夫列尔的河中的浓度为
1 200 ng/g。

　　一项研究[363]发现，苏格兰东设得兰盆地（East Shetland Basin）沉积物中
多环芳烃的浓度接近 150 ng/g，而与烷基化多环芳烃相比，母多环芳烃含量
较高，这表明沉积物中多环芳烃污染可能的主要来源是燃烧。然而，研究人
员发现，20 世纪 80 年代末多环芳烃浓度飙升之后，目前该地区的多环芳烃
水平似乎正在下降，他们将这一现象归因于钻井作业中使用油基流体来提高
油层的润滑性，减少了页岩与水的相互作用。一项对葡萄牙的两个海滩（丰

蒂达泰尔哈和克雷斯米那）的研究[80]表明，收集的微塑料中所吸着的多环芳烃浓度为 0.2～319.2 ng/g。类似地，在加利福尼亚州圣迭戈县的 8 个海滩（米申海滩、米申湾、帕西菲克海滩、拉霍尔海岸、托里派恩斯、科罗纳多和因皮里尔海滩）收集的微塑料中多环芳烃的浓度为 18～210 ng/g[264]。一项研究分析了在希腊 4 个海滩（爱琴、下阿哈伊亚、瓦捷拉和卢特罗皮尔戈斯）收集的微塑料颗粒，多环芳烃的浓度分别为 180 ng/g、160 ng/g、100 ng/g 和 500 ng/g。研究人员将卢特罗皮尔戈斯海滩日益严重的污染归因于该地区船舶、汽车和制造业的排放。

多溴二苯醚（PBDEs）污染的微塑料

关于微塑料吸着多溴二苯醚的相关研究很少。然而，多溴二苯醚在水生环境中的吸着潜力是存在的。例如，研究[467]发现，中国西藏高海拔湖泊中多溴二苯醚的浓度为 0.09～4.32 ng/g。此外，另一项研究[261]发现，中国沿海海域多种鱼类中多溴二苯醚浓度水平为 0.3～700 ng/g，研究人员认为处于"较高的污染水平"。

多氯联苯（PCBs）污染的微塑料

有研究调查了日本 47 个海滩高潮线上回收的微塑料颗粒中的多氯联苯浓度，结果发现，在微塑料上吸着的多氯联苯浓度范围广泛（6～18 700 ng/g）。该范围内的第二高浓度（18 600 ng/g）是在位于 Takushima 以东的长岛[360]种子岛（Tanegashima）测得的[112]，而最高浓度（18 700 ng/g）出现在大阪湾[112]，是迄今为止文献报道中的最高水平。即使是孤岛式根（Shikinejima）岛（位于东京以南 160 km 处）的微塑料[360]中也含有 1 080 ng/g 的多氯联苯[112]。此外，从日本开赛（Kasai）海滩收集的微塑料中的浓度为 28～2 300 ng/g。然而，研究人员强调，开赛海滩多氯联苯总浓度的一半归因于单一微塑料颗粒。该研究证明了吸着在单个微塑料上的多氯联苯浓度巨大的差异以及区域差异。

在对从加利福尼亚州和夏威夷的工业区及海滩收集的微塑料的研究中，发现从陆地工业地点回收的塑料样品未含有超过检出限（limit of detection）

（0.05～0.08 ng/g）的多氯联苯，只有从海滩中回收的微塑料含有多氯联苯。这似乎表明，相对于陆地环境，微塑料往往会在水生环境中通过吸着过程累积多氯联苯。

一项研究[80]对葡萄牙两个海滩（丰蒂达泰尔哈和克雷斯米那）开展取样，发现微塑料中的多氯联苯浓度为 0.11～15.56 ng/g。此外，多氯联苯同系物 2,30,5- 三氯联苯（2,30,5-trichlorobiphenyl，PCB-26）的丰度最高（15.56 ng/g），而多氯联苯同系物 2,20,3,4,40,50- 六氯联苯（2,20,3,4,40,50-hexachlorobiphenyl，PCB-138）在检测的每一份微塑料中均有发现。1998 年，高田（Takada）及其同事在日本建立了国际颗粒观察组织（Pellet Watch International），以监测从世界各地寄给他们的微塑料颗粒上吸着的污染物浓度水平。结果，在相邻的两个海滩［金乔海滩（Guincho Beach）和科斯塔诺瓦海滩（Costa Nova Beach）］上收集到的受污染的微塑料中的多氯联苯浓度分别为 45 ng/g 和 27 ng/g。基于这些发现，葡萄牙海滩上吸着在微塑料上的多氯联苯的浓度为 0.11～45 ng/g。有意思的是，对 4 个希腊海滩（爱琴、下阿哈伊亚、瓦捷拉和卢特罗皮尔戈斯）的研究[217]发现，分析的 19 个多氯联苯同系物中，PCB-138 是吸着在微塑料上最广泛的同系物。此外，爱琴、下阿哈伊亚、瓦捷拉和卢特罗皮尔戈斯上多氯联苯同系物的总浓度分别为 230 ng/g、5 ng/g、6 ng/g 和 290 ng/g。卢特罗皮尔戈斯被认为是污染最严重的地区，研究人员解释说，这是由该地区大量的工业活动造成的。类似地，对南非伊丽莎白港（Port Elizabeth）沉积物进行的研究[212]发现，PCB-138 是最多的多氯联苯同系物，占总多氯联苯浓度（0.56～2.35 ng/g）的 29%。一项研究[279]报道 PCB-138 对颗粒相具有亲和性，研究人员将其归因于 PCB-138 的显著氯化。如前所述，多氯联苯氯化程度增加提供了防止光氧化降解的保护。因此，导致了 PCB-138 在水生环境中普遍存在。事实上，研究[122]证实，就 PCB-138 和 PCB-153 而言，在食品（尤其是鱼类）检测中常发现 PCB-138。类似地，一项研究[212]证实 PCB-153 在南非伊丽莎白港沉积物中占总多氯联苯浓度的 24%。

从加利福尼亚州圣迭戈县 8 个海滩（米申海滩、米申湾、帕西菲克海滩、拉霍尔海岸、托里派恩斯、科罗纳多和因皮里尔海滩）收集 5～50 mm 塑料的研究发现，68%的碎片介于微塑料粒径范围内，这些微塑料上吸着的多氯联苯的浓度为3.8～42 ng/g。此外，在热带岛屿上也发现了吸着在微塑料上的高浓度多氯联苯。例如，从孤岛（富埃特文图拉、科科斯、巴巴多斯、夏威夷和瓦胡）回收的微塑料吸着多氯联苯的浓度为0.1～9.9 ng/g。

目前，在水生环境中，多氯联苯似乎确实存在着一致的背景水平，在世界各地也零星分散着高浓度的多氯联苯。虽然高浓度的多氯联苯常出现在重工业地区，但并非总是如此，在遥远的日本式根岛也发现了高浓度多氯联苯[112]。事实上，研究人员并不能完全解释在这些偏僻的日本群岛上多氯联苯的高浓度现象，但提出假设，也许是由先前穿过重工业区的微塑料收集那里的多氯联苯，此后沉积到岛上造成的。当然，海岸附近的工业区通常是海洋环境污染的地区。此外，在显著工业化地区观察到高水平的多氯联苯污染，例如，克莱德湾（Firth of Clyde）的污染在苏格兰最为严重[439]。因此，世界偏远地区有毒多氯联苯污染的微塑料的沉积似乎是一个重要的研究领域，亟待进一步调查。

金属和非金属污染的微塑料

在生产过程中，人们经常将疑似人类致癌物三氧化二锑作为催化剂添加到聚对苯二甲酸乙二酯中，也用作阻燃剂和抑烟剂。与水接触的聚对苯二甲酸乙二酯可能浸出少量的类金属锑。水与聚对苯二甲酸乙二酯接触时间越长，潜在浸出量越大，在高温下浸出量明显增加。因此，美国环境保护局（USEPA）将瓶装水中锑的最大污染水平定为6 ppb。有研究[449]表明，瓶装水储存在22℃下3个月后，锑含量从一开始的（0.195 ± 0.116）ppb到结束时的（0.226 ± 0.160）ppb，变化极小，远低于美国环境保护局所设的最大污染水平。然而，研究发现当瓶子储存在较高的温度下，经过更短的天数即可超过美国环境保护局设置的最大值6 ppb，如表6.2所示。

有研究[449]对聚对苯二甲酸乙二酯进行检测，发现生产水杯的1个塑料样品含有（213 ± 35）mg/kg的锑[449]。因此，该研究推断，如果所有的锑被释放到这瓶500 mL的水中，那么锑的浓度将达到376 ppb。因此，很明显，只有

表 6.2　储存温度对含锑聚对苯二甲酸乙二酯浸出锑含量超过
美国环境保护局 6 ppb 限值所需天数的影响

储存温度 /℃	超过 6 ppb 限值所需的天数 /d
60	176
65	38
70	12
75	4.7
80	2.3
85	1.3

少量的锑可能从塑料中浸出。然而，在水生环境中，聚对苯二甲酸乙二酯瓶是最常见的垃圾之一。因此，可以假设，在适宜的环境条件下，含锑的聚对苯二甲酸乙二酯塑料可能会向水生环境浸出锑，可能增加水体、沉积物和砂中锑污染的背景水平。此外，摄入含锑聚对苯二甲酸乙二酯塑料的海洋生物体内甚至可能存在锑生物累积的风险。然而，就目前而言，还没有足够的信息以形成有说服力的理论，因此，必须进行适当的研究来证明或反驳这一假设。

由于人口密集、工业活动频繁，塞纳河（River Seine）河口是欧洲受铅、汞和镉污染最严重的海域之一[401]。然而，人口密集、工业化的区域并不是仅有的受到重金属污染的区域。例如，在印度洋上的一个孤立的珊瑚环礁——圣布兰登礁，以及它附属的各种小岛上，发现了大量完整的荧光灯管[33]。荧光管中含有汞蒸气，且很容易被打碎。因此，它们的存在很可能导致这种高毒性重金属的长距离输送。

在对从英格兰西南部海岸线随机收集的 26.4 ～ 32.5 mg 搁浅微塑料中痕量金属（trace metal）的调查[192]中，发现大量的痕量金属吸着在塑料颗粒上。此外，发现铅和铬在老化颗粒中的吸附水平最高，而钴和镉的吸附水平最低。当研究人员将平均重量为 26.2 mg 的原始聚乙烯微塑料悬浮在含铅、镉、镍、钴、铜和铬的海水中时，观察到这些痕量金属相对快速和可观的吸附。有意思的是，研究人员观察到，在他们将微塑料暴露于痕量金属的过程中，溶液中大约有 5% 的铬吸附在用于培养的聚四氟乙烯瓶的表面。据此推断，聚四氟乙烯微塑料对铬的吸附具有特殊的亲和性。进一步的研究调查了原始聚乙烯微塑料和从英国普利茅斯收集的搁浅颗粒对重金属铅、镉、镍和钴的吸附。结果发现，pH 的增加和盐度的降低会增加对这些金属的吸附。然而，对铬（Ⅵ）的影响则相反，而对铜而言，pH 和盐度似乎并不影响吸附的程度。此外，还观察到，相对于原始聚乙烯微塑料，老化的搁浅颗粒对这些金属的吸附亲和性更大。

在一项历时 12 个月、对海水中 5 种商品塑料（LDPE、HDPE、PP、PET 和 PVC）与金属（Al、Cd、Co、Cr、Fe、Mn、Ni、Pb、Zn）的关系的研究[357] 中，发现 HDPE 金属累积量最少。此外，观察到在整个研究的 12 个月内，铅和钴在 3 mm LDPE 和 HDPE 微塑料中没有达到平衡，从而表明这些类型的塑料对这些金属有很高的吸附容量。同时，铬经过 9 个月的时间达到平衡。研究人员预测，在环境中，钴在聚乙烯中达到平衡需要 22 个月，而铅需要 64 个月。相反，当相同的金属在实验室中暴露于 3 mm 聚乙烯微塑料中时，在 100 h 内达到平衡。虽然这些研究证明了痕量金属在实验室环境中的快速吸附，但在水生环境中，由于其他污染物和在塑料表面形成的生物膜，这一过程预计会发生得更慢。尽管如此，有人认为生物膜实际上可以增强对痕量金属的吸附[357]。总之，以前的研究和我们自己的研究都表明，微塑料在受污染的水生环境中停留的时间越长，它们积累的污染物浓度就越高，直到达到平衡。

盐度的影响

影响微塑料对持久性有机污染物吸附能力的一个重要因素是盐度。事实上，一项研究[89]发现，盐度的增加与聚丙烯对多环芳烃（PAH）菲的吸附行为增加有关。另一项研究[17]发现，在模拟河口条件下，盐度并不影响聚氯乙烯或聚乙烯对菲的吸附容量。此外，研究人员发现盐度的增加减小了聚氯乙烯或聚乙烯对滴滴涕的吸附容量。然而，研究人员得出结论，聚乙烯和聚氯乙烯对菲和滴滴涕的吸附的重要因素是周围介质中菲和滴滴涕的浓度与塑料的停留时间，而不是环境盐度。有意思的是，一项研究[16]发现，菲与滴滴涕在 PVC 上的吸附位点存在竞争，滴滴涕优先被吸附，甚至表现出干扰菲吸附的拮抗作用。此外，随后的一项研究[17]发现聚乙烯和聚氯乙烯对滴滴涕的吸附容量大于对菲的吸附容量。然而，据报道[403]，菲在聚氯乙烯、聚丙烯和聚乙烯微塑料上浓缩后的浓度是在自然环境沉积物中发现的浓度的 10 倍。

对于在制造过程中添加到塑料中的添加剂，一项研究[395]报告称，盐度对聚对苯二甲酸乙二酯、聚乙烯、聚氯乙烯和聚苯乙烯中内在塑料添加剂的浸出的影响微乎其微。然而，水中湍流度与添加剂浸出量呈正相关。此外，双酚 A 和柠檬酸盐等添加剂被证明比邻苯二甲酸盐更容易浸出。

然而，对多氯联苯（PCB）污染物而言，盐度似乎起了作用。例如，一项研究[429]发现水介质中盐度的增加与聚乙烯微塑料对 PCBs 的吸附容量的增加有关。此外，盐度的增加导致有机沉积物对多氯联苯的吸附减少，而在淡水中，聚乙烯和有机沉积物的吸附容量相似。因此，这些发现似乎表明，在盐水介质中，多氯联苯会被优先吸附到聚乙烯微塑料上，而不是有机沉积物上，并且多氯联苯在世界上盐度较高的海洋区域的吸附要大于在低盐度的区域的吸附。此外，一项研究[112]发现聚乙烯对多氯联苯的亲和性高于聚丙烯，而且聚乙烯微塑料的密度对多氯联苯的亲和性无显著影响。此外，海洋环境中的微塑料往往会形成污垢层，据报道[112]，与没有污垢的微塑料相比，表面积聚了一层油膜或生物污垢的微塑料具有更大的吸附多氯联苯的潜力[112]。因此，可以建立一个假设。根据美国国家航空航天局位于宝瓶座 /SAC-D 航天器上的仪器所产生的海洋盐度数据，与世界其他海洋相比，大西洋和地中海的盐度非常高（见图 6.18）。与此同时，北大西洋流涡表层水中漂浮的塑料的丰度高达（20 328 ± 2 324）个 /km^2，而地中海被认为是世界上污染最严重的海洋环境之一。

由于已经证明盐度的增加导致聚乙烯微塑料对多氯联苯的吸附容量增加[429]，并且微塑料在经过工业区时可能积累多氯联苯[112]，有 6 个因素可能与此有关：

1. 北大西洋、南大西洋和地中海是盐度极高的地区。

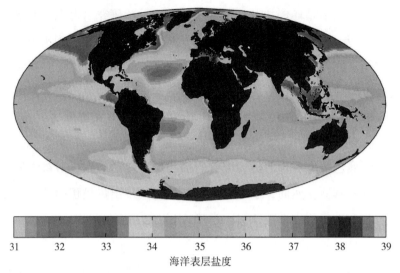

海洋表层盐度

图 6.18　北大西洋流涡和南大西洋流涡以及地中海的盐度与世界其他海洋相比非常高

2. 北大西洋和南大西洋包含明显累积塑料的流涡，地中海被认为是污染最严重的海域之一。

3. 北大西洋流涡和南大西洋流涡以及地中海位于多个高度工业化地区的海岸之间。

4. 多氯联苯是世界海洋中最普遍的污染物之一。

5. 聚乙烯是海洋环境中最常见的塑料之一。

6. 微塑料很容易在海洋环境中积累一层污垢物质。

因此，可以设想，北大西洋流涡和南大西洋流涡及地中海的高盐度，以及它们邻近工业区，可能意味着这些区域中相当数量的聚乙烯微塑料被多氯联苯污染物严重污染，特别是有污垢的微塑料。事实上，从北太平洋流涡中回收塑料碎片的研究发现，40% 的碎片被杀虫剂污染，50% 的碎片被多氯联苯污染，80% 的碎片被多环芳烃污染。另外，回收的微塑料级碎片中，70% 是聚乙烯[353]。因此，北大西洋流涡和南大西洋流涡以及地中海中多氯联苯对聚乙烯微塑料的污染是今后研究的重要领域，需要进一步的工作来验证假说，一旦证明假说是正确的，则需要评估对这些地区海洋生物的风险。事实上，如果被多氯联苯污染的聚乙烯微塑料随后由于结垢沉降到海底区（见

第 5 章），进入沉积物，那么微塑料可能会将多氯联苯污染物输送到海底区中。此外，它们可能被底栖生物摄食，从而将有毒的多氯联苯污染物引入食物网中。

　　然而，漂浮在表层水中的微塑料被有毒化学品污染的另一种潜在方式是污染物的大气沉降[353]。有意思的是，一项研究[143]调查了不同密度的聚乙烯对多环芳烃吸附容量的差异，发现低密度聚乙烯具有更快的吸附速率和更高的吸附容量。因此，进一步假设，尽管有污垢物质的积累，低密度的塑料仍能在表层水中停留较长时间，因此更有可能通过大气沉降和随后的吸附将多环芳烃沉积到其表面。事实上，有一种多环芳烃即使是在低暴露水平下对水生生物危害也较大，那就是芘[322]。重要的是，一项研究[14]在聚乙烯和聚苯乙烯微塑料中吸附了浓度达到 200～260 ng/g 的芘。因此，生物摄食受污染的微塑料，引发对水生生物的毒性效应并进入食物链的潜在危害是关乎水生环境甚至是人类自己的重要问题，需要充足的研究来加以证实。

第 7 章　受污染的微塑料对生物的影响

受污染的微塑料的摄食

　　水生生物摄食受污染的微塑料为有毒化学品迁移到生物体组织中提供了一条可行的途径，在此途径中，微塑料充当载体，将被吸着的污染物和化学添加剂输送到生物体中[42, 315]。虽然对这种现象及其发生的机制的研究还处于起步阶段，但迄今为止已有大量的证据。当然，微塑料在受污染的水体中停留时可以收集水中的化学污染物，并且可以将这些污染物浓缩到周围水中浓度的 100 万倍（见第 6 章）[191, 279, 403, 353, 460]。同时，鱼经常摄食微塑料[269, 333, 338, 359, 371]。事实上，在墨西哥湾，10% 的海水鱼和 8% 的淡水鱼摄入了微塑料[333]。

　　然而，中上层鱼类摄食受污染的微塑料与中上层鱼类的身体状况之间的明确联系仍处于未知状态，需要进一步研究[411]。事实上，研究人员指出[107] 受污染的微塑料可能不会显著影响污染物的生物累积，在实验室对生物产生不利影响的微塑料浓度高于在潮滩沉积物中的微塑料浓度，但是近似于海滩沉积物中微塑料的最大浓度。此外，基于模型分析的利用，已经表明生物体摄食受污染的微塑料带来的持久性有机污染物（POPs）生物累积的可能性很小，是因为缺乏持久性有机污染物和水生生物脂肪组织之间的梯度，并且有移除持久性有机污染物的机制[165, 229]。

　　然而，许多模型没有考虑肠道表面活性剂在解吸这些污染物中的作用，特别是在不同的温度和 pH 下。例如，在模拟生理条件下，当肠道表面活性剂存在时，几种在水生环境中常见的污染物［菲、邻苯二甲酸二（2- 乙基己基）酯、全氟辛酸和滴滴涕］从受污染的聚乙烯微塑料的解吸更快，在高温下进一步增加，这在恒温水生物种中很常见。此外，在肠道中的典型条件下，污染物从微塑料中的解吸量可能是海水中典型条件下解吸量的 30 倍[17]。因此，从摄食的微塑料中解吸的污染物可以自由地扩散到生物体的组织中。事实上，如果观察到化学污染物在生物体中的浓度增加，那么这种污染物在脂肪、脂类和油中溶解的能力更大［亲脂性（lipophilicity）］。由于许多持久性有机污染物具有亲脂性，它们往往会生物累积，并易于在整个食物网中分布，从小型浮游物种到大型呼吸空气生物（如鲸鱼）[127]。最后，大多数研究人员认为必须在世界范围内快速采取行动，因为许多水生区域的污染物水平很高，而且全球水生环境中的微塑料浓度正在增加（图 7.1）。

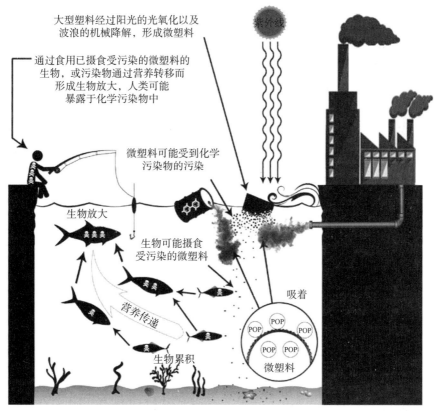

图 7.1　受污染的微塑料将污染物引入食物网的机制（POP——持久性有机污染物）

水生无脊椎动物

为了对抗塑料垃圾（见第 2 章和第 3 章），可生物降解塑料的使用正在缓慢增加。然而，即使是可生物降解的微塑料也对水生环境有害。例如，一项研究[82]发现，在自然环境下，聚乳酸微塑料［平均粒径为（235.7±14.8）μm］在沉积物中历时1个月表现出最少的降解，并且导致在沉积物表面的微藻的生物量显著减少。此外，对微藻的影响与不可生物降解的高密度聚乙烯微塑料［（102.6±10.3）μm］相当。

此外，许多塑料含有在制造过程中加入的化学添加剂（见第4章），并且由于化学添加剂不会和塑料发生化学结合，随后可以浸出[405]，虽然有研究表明[228]对底栖沙蚕（*Arenicola marina*）来说，摄食的塑料中浸出的化学添加剂可能是一个可以忽略的暴露途径。然而，一项研究[42]将沙蚕（*A. marina*）暴露于95%的砂和5%受到多环芳烃（PAH）菲污染的聚氯乙烯（PVC）微塑料的混合物，第一次证明由沙蚕摄食后，菲从聚氯乙烯微塑料中解吸并迁移到沙蚕的组织中[42]。此外，对阻燃剂PBDE-47和抗菌三氯生也观察到同样的影响，这两种添加剂都可以在生产聚氯乙烯的行业中使用。事实上，与实验中使用的沉积物中添加剂的浓度相比，沙蚕生物浓缩的污染物在体壁中的浓度高出850%，在肠道内的浓度高出3 400%。

一项研究[82]比较了聚氯乙烯（PVC）和高密度聚乙烯（HDPE）［平均粒径分别为（130.6±12.9）μm和（102.6±10.3）μm］与一种可生物降解的塑料［聚乳酸，平均粒径为（235.7±14.8）μm］对沙蚕（*A. marina*）的生物效应的差异，发现沙蚕在受到微塑料污染的沉积物中蜕皮次数减少。此外，通过测量耗氧量，发现当暴露在微塑料中时，沙蚕的代谢率更高，这表明有应激反应（stress response）。聚氯乙烯的效应最强，而聚氯乙烯微塑料对环境中沙蚕的毒性被假设为内在增塑剂和氯乙烯单体或吸附的持久性有机污染物（POPs）浸出的结果。此外，在一项关于原始微塑料与海滩回收微塑料对绿海胆（*Lytechinus variegatus*）胚胎发育影响的研究[315]中，观察到原始微塑料由于内在添加剂的浸出而表现出最大的毒性。此外，海滩回收的微塑料的毒性程度是高度可变的，这可能是由吸着污染物水平的不同造成的。

因此，有明确的证据表明，水生无脊椎动物摄食受污染的微塑料后会受到直接影响，以及在塑料本体中存在的内在添加剂的影响。特别容易受到微塑料和水中化学污染物影响的一种特殊类型的水生无脊椎动物是滤食性动物[14]，例如贻贝，因为它们摄食了小颗粒[27]。事实上，一项研究[40]表明食碎屑动物、食沉积物动物和滤食性动物有能力摄入小至 230 μm 的聚氯乙烯（PVC）小型微塑料，而另一项研究[437]发现在喂食试验中，双壳类动物能够摄食小至 10 μm 的聚苯乙烯小型微塑料。此外，据报道[40]，贻贝摄食 2 μm 球形聚苯乙烯小型微塑料导致的生物累积已经在实验室试验中被证明。此外，一项研究[300]涉及暴露约 500 只紫贻贝（*Mytilus edulis*）于小于 80 μm 的不规则形状的高密度聚乙烯（HDPE）小型微塑料中 4 天。虽然所有的贻贝在整个试验过程中都没有死亡，但研究发现，贻贝在暴露于高密度聚乙烯小型微塑料 6 h 后，其消化腺内出现粒细胞瘤，溶酶体膜失去稳定性。然而，研究人员无法确定这些影响是微塑料本身的物理特性造成的，还是塑料的化学成分造成的毒性效应。例如，毒性效应可能是由于在塑料制造过程中加入的化合物（如增塑剂、抗氧化剂或阻燃剂）的浸出而产生的[84, 175]。

　　然而，在实验室中进行的试验并不总能完全代表环境系统内在的条件和机制，因此，应当对从环境中回收的生物体进行试验确证[339, 340]。当然，有人建议[411]采取补充性的方法来监测海洋污染物，包括调查对自然栖息地中水生生物的生物影响，而不是单独监测污染物本身。例如，一些持久性有机污染物（POPs）的环境降解可导致苯酚的形成，这已被证明可以通过改变代谢系统和增加抗氧化活性来影响能动的甲藻多边舌甲藻（*Lingulodinium polyedrum*）[275]。因此，这些方法的理由是，如果水生环境中存在的微塑料和化学污染物对生物体产生影响，那么通过寻找生物体本身的特征效应，就更容易确定这些污染物的存在。最近有关于对自然栖息地中的贻贝进行微塑料和化学污染物常规监测的计划[211]，以探测任何风险，并就特定生态区内的任何环境危害状况提供事先警告。

　　然而，尽管贻贝易受水中污染物生物累积的影响，因此在暴露研究中也很有用，但有一点很重要，那就是已观察到 3 种贻贝［紫贻贝（*Mytilus edulis*）、紫贻贝（*Mytilus galloprovincialis*）、盖勒贻贝（*Mytilus trossulus*）］在生物反应和化学累积方面存在差异[37]。事实上，通常在英国海岸发现的贻贝品种是紫贻贝（*Mytilus galloprovincialis*）和紫贻贝（*Mytilus edulis*），这两种贻贝的繁殖率很高[374]。因此，重要的是正确地鉴定所使用的物种，以确保准确地报告海洋污染的环境评估结果。然而，有人提出，也许是适应当地环境的结果，物种之间的生理差异可能不那么明显[37]。最后，还需要进一步的研究来充分了解来自同一取样区域的不同贻贝品种在生物标志物反应和生物累积方面的差异。

有意思的是，许多双壳类动物（例如贻贝）在喂养和摄入小型微塑料时，表现出对物质的选择性，而不是简单地吞掉所有接近它们的小型微塑料。因此，任何不需要的物质都会以假粪（pseudofaeces）的形式被排出[25]。事实上，某种未知的分类过程发生在肠道中，有人认为纤毛机制涉及捕获、识别和将物质输送到不同的消化区域[437]。虽然有一些证据表明，选择性摄食可以减少吸收和随后的有毒金属（如镉）的生物累积[25]，且双壳类软体动物能适应存在于它们环境中的毒素[384]，但研究表明，在一定条件下，没有营养价值的物质可能被喜爱和摄食，对生长不利[394]。因此，这就提出了这样一个问题，即这种选择能力可能对受污染物污染的微塑料的摄入产生什么影响。当然，一项研究涉及暴露自由游泳的甲壳类动物、双壳类动物和底栖生物于 10 μm 聚苯乙烯小型微塑料（密度为 1.05 g/m³），小型微塑料浓度分别为 5 个 /mL、50 个 /mL 和 250 个 /mL，结论为影响小型微塑料摄食量的因素是小型微塑料的数量、动物在环境中遇到小型微塑料的比率以及动物摄食方式。

在从环境中收集的贻贝组织中发现了微塑料。例如，一项研究[53]从一些欧洲海岸线（比利时、荷兰和法国）收集紫贻贝（*Mytilus edulis*）和沙蚕（*A. marina*），发现收集的每个生物中都有微塑料，与紫贻贝大约每克 0.2 个微塑料相比，沙蚕为每克 1.2 个微塑料，是前者的 6 倍。在另一项研究中，紫贻贝（*Mytilus edulis*）和太平洋牡蛎（*Crassostrea gigas*）组织中微塑料的浓度分别约为每克 0.36 个微塑料和每克 0.47 个微塑料。

同时，在贻贝中也发现了化学污染物。事实上，一项研究[212]发现南非的紫贻贝（*Mytilus galloprovincialis*）中多氯联苯的总浓度范围为 14.48～21.37 ng/g，而另一项研究[112]发现，从日本海岸线上 24 个不同地区收集的紫贻贝（*Mytilus galloprovincialis*）中，多氯联苯（PCBs）的总浓度在 11～1 630 ng/g。此外，一项研究[14]发现，一旦受污染的微塑料被紫贻贝（*Mytilus galloprovincialis*）摄食，聚乙烯、聚丙烯和聚苯乙烯微塑料中多环芳烃（PAH）芘的解吸量会增加。研究人员观察到大量对贻贝有害的影响，如对 DNA 的影响和神经毒性症状。此外，贻贝鳃内的芘浓度是微塑料中浓度的 3 倍，从而显示出显著的生物累积。另一项研究[60]证实，多溴二苯醚（PBDEs）能够从端足类动物（*Allorchestes compressa*）摄食的微塑料中解吸，导致端足类动物组织中累积多溴二苯醚。

法国贻贝计划（French Mussel Programme）对从法国海岸收集的紫贻贝（*Mytilus edulis*）中汞的研究[92]已经超过 20 年，报道汞污染在贻贝中的最大水平发生在塞纳湾（Baie de la Seine）东部地区，那是一个海湾、英吉利海峡（English Channel）的入口，本身就是一个分开英格兰南部和法国北部的 75 000 km² 的水域。研究人员认为沿海颗粒以及地下水河口可能是汞的主要来源。虽然没有指出这些颗粒是否为塑料，但对英吉利海峡污染的综述[401]指出，由于较大的人口密度和密集的工业活动，塞纳河河口和塞纳湾是欧洲重金属污染最严重的海域。此外，还发现高浓度的重金属吸着在从海滩回收的微塑料上[192]，而且微塑料在海洋环境中有能力累积重金属（如铅），低密度聚乙烯和高密度聚乙烯对铅有很高的吸附容量[357]。

除微塑料外，纳米塑料也会对生物体产生有害影响，尽管目前还没有进行过多少研究。然而，聚苯乙烯的纳米颗粒能够分布在整个水柱中，这会影响浮游生物物种，干扰海洋生态系统中的能量流动[29]。事实上，暴露微藻于不带电和带有阴离子，直径为 0.05 μm、0.5 μm 和 6 μm 的聚苯乙烯颗粒 72 h，没有观察到对光合作用的不良影响。然而，在高浓度的不带电聚苯乙烯塑料颗粒（250 mg/mL）下，观察到微藻的生长减少 45%。此外，一项对 40 nm 阴离子羧化物和 50 nm 阳离子氨基聚苯乙烯纳米塑料与丰年虾（*Artemia franciscana*）幼虫关系的研究[29]发现，暴露于浓度为 5～100 μg/mL 的两种纳米塑料 48 h 后，纳米塑料在丰年虾幼虫消化道的中央腔大量累积，随后的排泄被限制。

塑料颗粒对生物体也有物理影响。例如，50 nm 的阳离子氨基聚苯乙烯纳米塑料能够增加丰年虾（*Artemia franciscana*）幼虫的蜕皮活动，并吸附在各种附肢的表面，从而可能阻碍移动性。因此，蜕皮行为的增加是由于生物体激活了解毒机制以移除有毒的阳离子纳米塑料。在一项浓度为 12.5～400 mg/L、粒径为 1 μm 和 100 μm 的高密度聚乙烯微塑料（密度为 0.96 g/cm³）对小型浮游甲壳动物大型溞（*Daphia magna*）持续时间为 96 h 的物理影响的研究[241]中，观察到 1 μm 微塑料导致大型溞不能移动，随着时间的推移，越来越多的微塑料被摄食。最终，在 96 h 后，EC_{50}（50% 大型溞死亡时的微塑料有效浓度）是 57.43 mg/L。对 100 μm 粒径的微塑料而言，大型溞无法摄食，因此，没有观察到不利影响。有意思的是，大型溞被发现对塑料渗滤液有急性毒性[22]。此外，研究表明，当某些塑料［如聚氯乙烯（PVC）和聚丙烯］暴露在人造阳光下时，老化塑料的渗滤液对小的浮游桡足类动物 *Nitocra spinipes*（Harpacticoida Crustacea）的毒性越来越大。此外，辐照时间长短与毒性的增加无关[22]。

因此，已知水生无脊椎动物摄入微塑料，同时微塑料被发现受到化学污染物的污染。事实上，双壳类动物的组织中经常散布着海洋污染物[239]，而紫贻贝经常暴露于多氯联苯（PCBs）污染物中，这是由于其不断过滤海水以获取食物[375]。此外，在某些情况下，在这些生物体的组织中检测到了非常高浓度的污染物。然而，到目前为止还不清楚的是，污染物是简单地由这些生物体从它们所居住的水中累积起来的，还是摄入受污染的微塑料是这些生物体累积这些污染物的原因。实际上，两种途径的结合很可能导致生物累积。然而，这里的主要问题是，在水生无脊椎动物累积污染物和摄入受污染的微塑料之间建立一种明确的联系仍处于起步阶段，目前只有有限的证据存在。但是，这种潜力是存在的，而且证据正在稳步增长。至关重要的是，水生无脊椎动物往往位于食物链的底部附近。因此，水生无脊椎动物对受污染的微塑料的摄入很可能带来整个食物网中污染物的生物累积和生物放大。最终，需要进行进一步的科学研究，以充分了解所涉及的机制，并评估这可能造成的危险（图 7.2）。

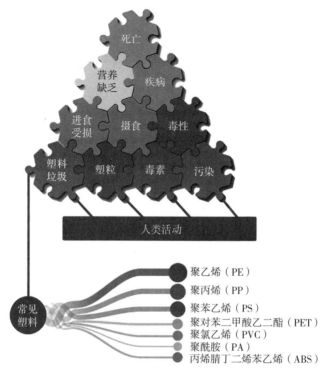

图 7.2　塑料、化学污染物与生物体的关系

人类

到目前为止，关于摄食微塑料对人体的影响的文献很少。然而，20 世纪 80 年代末的一项研究[409]用直径小于 2 mm 的 15 g 微塑料给健康的志愿者喂食。虽然没有指明塑料的具体类型，但研究人员指出，与摄食的微塑料体积相比，由此产生的粪便体积通常达到 3 倍。此外，通过胃肠道系统的转运显著增加，他们将其归因于肠上皮层中黏膜受体的机械激活。另一项在 20 世纪 90 年代末进行的研究[283]用直径 1～2 mm 的 15 g 聚乙烯微塑料给健康的志愿者喂食。与之前的研究一样，该研究也发现微塑料显著加快了物质通过人体胃肠道系统的转运时间。巧合的是，猪和狗摄食微塑料引起胃肠道系统转运时间的增加[58]也证明了影响并不局限于人类。当然，任何增加食物通过胃肠道系统转运时间的情况都会减少关键营养物质的吸收，

最终导致营养缺乏 [114]。此外，许多塑料含有有毒的化学添加剂，如邻苯二甲酸盐（见第 6 章），聚酯和聚甲基丙烯酸甲酯的单体是诱变剂和呼吸道刺激剂 [333]。

就受污染的微塑料而言，关于污染物从受污染的微塑料转移到人类的确凿证据尚不存在。然而，从迄今进行的研究中可以推断出微塑料作为将水中污染物引入人类的载体的潜力。例如，最近的一项研究 [151] 得出的结论是，人类摄食含有塑料的可食用鱼类，如鲭鱼（*Scomberomorus cavalla*）和巴西尖鼻鲨（*Rhizoprionodon lalandii*）等，从而导致了对微塑料的摄入。事实上，这些鱼类摄食的微塑料的颜色从透明到白色再到淡黄色，而从环境中回收的黄色微塑料经常被最高水平的污染物污染 [112, 217, 320]。此外，环境中的微塑料可被多环芳烃（PAHs）污染 [80]，已检测到高达 500 ng/g 的水平 [354, 363, 427]。事实上，我们的研究表明（见第 6 章），3.8 mm 的崭新球形原始聚乙烯微塑料在人工海水中暴露于 33 种不同的多环芳烃化合物 24 h，表现出对致癌化合物苯并 [*a*] 芘和二苯并 [*a,h*] 芘的高亲和性和吸着容量，而且 21℃时比 10℃时更高。

重要的是，一些多环芳烃与 DNA 相互作用，导致基因毒性和癌症。一种特别致命的污染物是苯并 [*a*] 芘 [291]。此外，美国环境保护局认为多环芳烃是令人关注的污染物 [123]。虽然一般的想法是鱼类可以代谢多环芳烃，从而避免生物累积，但这可能不是全部的情况。例如，在一项研究 [99] 中，于 2006—2008 年在印度孟买的海港线上收集了四指马鲅（*Eleutheronema tetradactylum*）、长头小沙丁鱼（*Sardinella longiceps*）、虎齿黄花鱼（*Otolithes ruber*）、月尾鲿（*Mystus seenghala*）和杜氏鳀（*Coilia dussumieri*），在所有研究的鱼类中都检测到多环芳烃。事实上，多环芳烃的总水平为 17.43～70.44 ng/g（湿重），其中致癌多环芳烃的水平为 9.49～31.23 ng/g（湿重）。研究人员估计，摄入这些鱼类的人每天摄入的致癌多环芳烃在每千克体重每天 1.77～10.70 ng 之间。另一项研究 [102] 调查了从红海（分隔非洲和阿拉伯半岛的水域）收集的各种鱼类中多环芳烃的水平。研究人员发现，鱼类的可食用肉中多环芳烃的总水平为 422.1 ng/g（干重），估计摄入这些鱼类的人每天摄入的致癌多环芳烃约为每人每天 150 ng。

　　同样，一项研究发现，从中国附近海域收集的鱼类中含有较高水平的多溴二苯醚（PBDEs）[261]。巧合的是，多溴二苯醚通常在生产过程中被添加到塑料中以增加阻燃性[440]。然而，结构上类似的甲氧基化多溴二苯醚（MeO-PBDE）和高毒性羟基化多溴二苯醚（OH-PBDE）同系物通常在许多生物体（包括人类）中被发现，可能是由于多溴二苯醚的代谢，甚至由藻类（OH-PBDEs）或细菌（MeO-PBDEs）产生[434]。因此，人类血液中的多溴二苯醚可能有多种来源，包括陆源。然而，在摄入海鲜的个体中，MeO-PBDEs 的检测水平更高[376]。事实上，滤食性生物体（如贻贝）易受污染物和微塑料的累积影响[14]。此外，全世界每天都有人摄入贻贝[206, 454]，据估计在欧洲，人类因食用贝类动物而每年摄入高达 10 000 个微塑料[54]。

　　当然，一项研究估计，人类从暴露于多氯联苯（PCBs）中的贻贝摄入 300 g 贝类肉，可能会暴露于 288 ng 的多氯联苯，因为这些生物暴露于受污染的水和沉积物中。然而，据估计，从受多氯联苯污染的微塑料中只能获得额外的 0.18 ng。这个估计是基于平均每克贻贝组织有 0.2 个微塑料（重 5 μg）且每个微塑料上多氯联苯的最大浓度为 605 ng/g[425]。摄入 0.18 ng 多氯联苯比多氯联苯的每日容许摄入量（daily tolerable intake）要低得多，后者建议值为每千克体重 20 ng[453]。然而，尽管这项计算是基于发现被吸着的多氯联苯水平高达 605 ng/g 的一项研究[320]，其他研究发现微塑料上的多氯联苯含量高达 18 700 ng/g[112]。这些高浓度突出了这样一个事实，即吸着在环境回收微塑料上的污染物水平可能表现出高度的差异[130, 315]。因此，如果使用这种更高的吸着浓度（18 700 ng/g）重新计算暴露量，那么这可能相当于人类从同样 300 g 贝类中摄食 5.61 ng 多氯联苯（30 倍以上）。

　　最近的一份报告发现，在荷兰海岸收集的紫贻贝组织中，每克（干重）有 105 个小型微塑料；在北海海岸收集的贻贝中，每克（干重）有 19 个小型微塑料[255]。事实上，在所有检测的生物中，紫贻贝中小型微塑料浓度最高，其中 1～300 μm 粒径的小型微塑料分别占 86%（荷兰海岸）和 50%（北海海岸）。如果重新估算人类可能暴露于多氯联苯的情况，假设每克贻贝组织只有 1 个 5 μm 微塑料，那么人类潜在接触的多氯联苯可以增加到

28 ng，高于每日容许摄入量且是原来数值的 150 倍以上。虽然可以合理地预测生物可能会因为摄食如此高浓度的多氯联苯而死亡，但发现从自然栖息地回收的贻贝组织中的多氯联苯浓度高达 1 630 ng/g [112]。然而，由于污染物的吸着水平受许多复杂因素和基本影响的作用（比如塑料老化程度、表面积、塑料的种类和在环境中的时间），因此很难估计人类通过微塑料暴露于水污染物的水平 [80, 112, 130, 320]。最后，由于水生环境中微塑料水平不断增加，需要继续定期评估状况 [255, 425]。

海鸟

早在 1988 年，研究人员就发现持久性有机污染物（POPs）、海鸟和微塑料之间存在关联。例如，一项研究 [366] 发现，南非海鸟（*Puffinus gravis*）体内多氯联苯（PCBs）的水平与它们摄食较小塑料的量之间存在正相关关系，推测海鸟累积的多氯联苯可能部分来自塑料摄食。类似地，后来的一项研究 [399] 调查了北太平洋海鸟短尾鹱（*Puffinus tenuirostris*）体内多溴二苯醚的浓度，发现 25% 的海鸟摄食的塑料和多溴二苯醚同系物 PCDE-209 及 PCDE-183 有关系。此外，研究人员强调，这两种特殊的多溴二苯醚同系物在海鸟通常的猎物中没有被发现，因此表明塑料为主要来源。

海龟

对蠵龟（*Caretta Caretta*）和绿海龟（*Chelonia mydas*）的研究表明，这些物种摄入塑料垃圾导致营养缺乏，因为塑料无法被消化，没有营养价值 [97, 113]。此外，在一项对巴西海岸线的 265 只幼年绿海龟（*Chelonia mydas*）的研究 [372] 中，发现摄食少量的塑料垃圾就能导致肠道堵塞和死亡。此外，研究人员还报告说，摄食的碎片中有相当一部分是一次性塑料制品——使用后就会被丢弃（如塑料吸管和杯子），以及使用时间较短的产品（如塑料袋）。此外，一项关于葡萄牙海岸蠵龟（*Caretta Caretta*）摄食塑料的调查 [167] 显示，在 95 只接受调查的海龟中，有 56 只（59%）海龟的胃肠道中含有塑料，这些海龟中76.8% 的海龟有少于 10 个塑料物品。此外，在海龟胃肠道内，所有摄食垃圾中的 56.8% 是塑料[167]。

海豹和海獭

对于高等生物来说，完全有可能因为饮食而暴露于微塑料和污染物中。事实上，已经有研究表明[129]，海豹暴露于持久性有机污染物主要是通过摄食鱼类等受污染的食物来源，而不是由它们与水生环境接触造成的。例如，在一项对澳大利亚麦夸里岛（Macquarie Island）南极软毛海豹粪便的研究中，发现有 164 个微塑料存在于粪便中，93% 的微塑料由聚乙烯组成[118]。考虑到这些海豹的主要食物是中层鱼类，例如灯笼鱼（*Electrona subaspera*），很可能是鱼类摄食微塑料，然后鱼类被海豹吃掉，而不是海豹直接食用微塑料。

在一项研究[210]中，分析了 1998—2000 年在英国法恩群岛（Farne Islands）从不同灰海豹幼崽身上采集的海豹脂样品，在海豹脂中发现了多溴二苯醚（PBDEs）、多氯联苯（PCBs）和有机氯杀虫剂（滴滴伊和滴滴涕）[210]。这些持久性有机污染物（POPs）是母亲通过子宫和出生后的母乳传递给幼崽的。然而，在成熟后，饮食习惯（如摄食鱼）成为暴露于这些污染物的主要途径。

虽然到目前为止还没有关于海獭摄食塑料的报告，但预计北太平洋的海獭种群将因水生环境的人为污染而日益受到损害。美国加利福尼亚州的种群受到污染物的影响最大，传染病发病率增加，因此被《美国濒危物种法》（*United States Endangered Species Act*）认为受到威胁[18]。

鲸鱼

据记载，许多鲸鱼物种都摄食过塑料垃圾，如虎鲸[67]、喙鲸[378]和抹香鲸[203, 402]。此外，从地中海回收的一条死亡抹香鲸被确定是死于胃破裂，其胃中含有 7.6 kg 的塑料[93]。然而，在对爱尔兰北部和西部海岸发现的褚氏长喙鲸尸体进行的研究[268]中，第一次在鲸类中直接鉴定出了微塑料。在被检查的尸体中，微塑料的平均粒径为 2.16 mm，而最多的微塑料累积（38%）在鲸鱼的主胃中。此外，回收的塑料的主要类型是人造丝，占回收的微塑料的 53%。这明显高于其他种类的塑料，第二多的聚酯占 16%。事实上，常见的塑料聚乙烯和聚丙烯分别只占 4% 和 6%。在另一头鲸鱼的副胃发现了一个 7 cm 长的聚乙烯猎枪弹药筒，然而，研究人员强调，这些鲸鱼摄食大的塑料碎片是很常见的。

然而，作为海洋中最大的滤食性动物，须鲸（如蓝鲸）预计将通过过滤活动每天暴露于大量的微塑料中[7, 134, 286]。事实上，在最近的一项研究中[27]，微塑料在荷兰沙滩上的须鲸（*Megaptera novaeangliae*）尸体中第一次被直接鉴定。鉴定出的塑料主要是粒径在 1~17 mm 的碎片、薄板和线。此外，据报道，发现的塑料的种类和丰度为聚乙烯（55.01%）、聚酰胺（37.64%）、聚丙烯（5.61%）、聚氯乙烯（0.97%）和聚对苯二甲酸乙二酯（0.77%）。

一项研究[136]分析了意大利海岸搁浅须鲸的鲸脂，80% 的鲸脂中检测到邻苯二甲酸二（2- 乙基己基）酯（DEHP）的代谢物邻苯二甲酸单（2- 乙基己基）酯（MEHP）的浓度（57.97 ng/g）明显较高。研究人员得出结论，鲸鱼长期暴露于邻苯二甲酸盐和可能的其他持久性有机污染物（POPs），是由经常摄食塑料垃圾造成的，他们还强调，这一鲸鱼种群正在急剧衰落。事实上，研究人员已经提出邻苯二甲酸盐可能被用作须鲸摄食塑料的标志。此外，对白鲸尸体的研究中，经毒理学检查，发现其体内的持久性有机污染物含量高[90, 109, 273]，且动物受到生殖层级的暴露[23]。此外，对 5 种有齿鲸的检查发现，它们的鲸脂中含有高浓度的多溴二苯醚（PBDEs）和多氯联苯（PCBs），影响这些动物体内污染物水平的主要因素被认为是当地环境、食物来源和营养级[290]。当然，生物体组织中持久性有机污染物的水平往往会在食物链中不断升高，从而显示出生物放大[127]。

尽管表现出相当大疏水性的持久性有机污染物（例如多氯联苯）在生物体的组织中逐渐增多至超过周围水中浓度的浓度（生物浓缩），模型表明如六氯环己烷（HCH）这样辛醇 - 水分配系数（K_{ow}）较低的化合物（见第 6 章）在水生物种中不易生物浓缩。然而，β-HCH 在白鲸脂肪组织中的生物放大高于 PCB 同系物 2,2′,3,4,4′,5,5′- 七氯联苯（PCB-180）的生物放大，这是由于呼吸空气生物消化吸收食物的能力较强，同时尿液对 log K_{ow} 大于 2 的持久性有机污染物的排出能力较弱。对用鳃呼吸的生物来说，当持久性有机污染物的 log K_{ow} 大于 5 时，生物浓缩才会发生[223]。因此，持久性有机污染物在呼吸空气生物体内的生物浓缩可能大大高于用鳃呼吸的生物体内。

鱼

　　鱼摄食微塑料[269, 333, 338, 359, 371]，而且鱼对微塑料的摄入会干扰生物过程，如抑制胃肠道功能并引起堵塞和进食障碍[269, 460]。此外，经常发现鱼类在不同程度上累积水中污染物。例如，一项研究[439]发现，在苏格兰阿盖尔 - 比特（Argyll and Bute）沿海地区的加罗赫角（Garroch Head），从一个废弃的处理污水底泥的城市垃圾场收集的鱼肝脏中，多氯联苯（PCBs）水平高达 1 066～3 112 ng/g。进一步的研究[445]发现，从苏格兰西海岸收集的北大西洋鱼中，多氯联苯的浓度超过 500 ng/g。2002 年对加拿大零售市场销售的鱼类产品进行的检测[348]发现，在检测的鲑鱼中，多氯联苯的总浓度平均为 12.9 ng/g（净重），其中 PCB-101、PCB-118、PCB-138 和 PCB-153 是最多的同系物。多氯联苯的人体每日容许摄入量建议为每千克体重 20 ng[453]。在一项评估科马基奥潟湖（Comacchio Lagoon）和波河（Po River）（位于亚得里亚海海岸西北部）野生鳗鱼中全氟烷基化合物水平的研究[157]中发现，全氟辛酸（PFOA）的浓度在 0.4～92.77 ng/g 范围内，全氟辛烷磺酸（PFOS）的浓度在 0.4～6.28 ng/g 范围内。血液中累积最多，而肌肉组织中累积最少。此外，研究人员还报道说，在鳗鱼的肝脏中发现了病变，而且与欧洲其他鱼类相比，全氟烷基化合物的水平处于同等水平或更低水平。一项对从中国周边海域收集的鱼类进行的研究[261]发现，鱼的组织中多溴二苯醚（PBDEs）的浓度为 0.3～700 ng/g，被认为是高浓度的。

　　就其本性而言，鱼是高度移动的生物，许多可以游很远的距离。因此，如果鱼摄食了塑料，那么它们可能无意中充当了微塑料和持久性有机污染物（POPs）长距离分布的容器。例如，已报道在深海沉积物中有较高丰度的微塑料[458]，而且一项研究发现深海鱼摄食了塑料[6]。此外，因长寿命和摄入位于食物网上游的生物的习性，相对于上层鱼类而言，深海鱼类更容易生物累积高水平的污染物，如多氯联苯（PCBs）和多溴二苯醚（PBDEs）污染物[446]。当然，在苏格兰西北部的深海鱼类中已检测到多氯联苯和多溴二苯醚[443]。

　　如果受污染的微塑料被摄食，微塑料很可能通过吸着过程受到疏水性污染物的污染，从而促使这些疏水性污染物向鱼类迁移[250]，从而引起毒理效应。例如，已证实[201]当欧洲的鲈鱼（*Dicentrarchus labrax*）被喂食在意大利米拉佐港（Milazzo Harbor）暴露于海水中 3 个月的小于 0.3 mm 的聚氯乙烯（PVC）微塑料时，经检查，发现鱼肠远端有明显的病理改变。暴露于大于 0.3 mm 的原始聚氯乙烯微塑料中也会产生类似的效果。然而，暴露于受污染的聚氯乙烯微塑料时表现出更大的损伤，很明显肠道功能可完全被聚氯乙烯微塑料破坏。此外，随着鱼暴露于聚氯乙烯微塑料的时间延长，病理改变从中度增加到重度。在另一项研究[322]中，涉及同时暴露常见的虾虎鱼（*Pomatoschistus microps*）幼鱼于多环芳烃（PAH）芘（20 µg/L 和 200 µg/L）和 1～5 µm 聚乙烯微塑料中，观察到微塑料推迟了芘引起的鱼的死亡。然而，发现微塑料和芘的混合导致鱼体内乙酰胆碱酯酶（acetylcholinesterase）和异柠檬酸脱氢酶（isocitrate dehydrogenase）活性显著降低。因此，研究人员推测，微塑料和芘的共同作用可能会增加自然环境中鱼类种群的死亡率。

　　此外，已研究了微塑料与重金属的相互作用及对鱼类的影响。例如，在一项对铬（Ⅵ）和 1～5 µm 聚乙烯小型微塑料混合物给常见的虾虎鱼（*P. microps*）早期幼鱼［从伊比利亚半岛（Iberian Peninsula）西北部的利马河（Lima）与米尼奥河（Minho River）的河口捕获］带来的影响的研究[266]中，观察到微塑料和铬（Ⅵ）之间有毒性相互作用发生。研究人员证实，在利马河收集的鱼中，铬（Ⅵ）浓度超过 3.9 mg/L，显著增加了脂质过氧化反应的水平。此外，研究人员观察到 31% 的乙酰胆碱酯酶的活性受到抑制。这些是重要的生物标志物，它们是直接影响这些鱼类在自然栖息地行为表现和生存机制的一部分。相应地，从混合物中观察到鱼的捕食行为下降了 67%。此外，研究人员发现，在混合物中，当微塑料存在时，水介质中铬（Ⅵ）的名义浓度（nominal concentration）降低，从而表明当两种物质混合时，铬（Ⅵ）吸附在微塑料上。相反，在另一个涉及金而不是铬（Ⅵ）的研究[78]中，观察到当常见的虾虎鱼（*P. microps*）幼鱼暴露于大约 5 nm 金纳米颗粒 96 h，捕食行为减少大约 39%，而当水温从 20℃增加到 25℃时，体内的金纳米颗粒的重量从 0.129 增加到 0.129 g/g 湿重，增加了 2.3 倍[①]。然而，在暴露期间，1～5 μm 聚乙烯小型微塑料的存在没有影响金纳米颗粒对生物的毒性。

表明鱼类在其自然栖息地经常摄入微塑料的证据正在迅速增加。事实上，收集自英国英吉利海峡的鱼类的胃肠道系统中含有微塑料[269]，而一项研究[151]发现在巴西东部海岸检查的每一条大西洋马鲛（*Scomberomorus cavalla*）和巴西斜锯牙鲨（*Rhizoprionodon lalandii*）的胃里有 2～6 个微塑料颗粒（粒径范围为 1～5 mm）。各物种的塑料摄食率分别为 62.5% 和 33%。此外，一项从法国河流中收集野生淡水鮈鱼（*Gobio Gobio*）的研究[371]发现，12% 的鱼中含有微塑料。在另一个涉及调查从地中海收集的长鳍金枪鱼（*Thunnus alalunga*）、蓝鳍金枪鱼（*Thunnus thynnus*）和剑旗鱼（*Xiphias gladius*）摄入微塑料证据的 1 年研究[359]中，发现 18.2% 的鱼曾摄食塑料，蓝鳍金枪鱼摄食的数量最多。此外，相对于中型塑料（5～25 mm）或大型塑料（＞25 mm）（见第 5 章），75% 的塑料在微塑料粒径范围内（＜5 mm）。

对墨西哥湾 535 条海鱼和淡水鱼的肠道检查显示，10% 的海鱼和 8% 的淡水鱼曾摄食微塑料以及其他粒径的塑料。虽然发现的塑料的最大粒径为 14.3 mm，但最常见的粒径为 1～2 mm。发现的塑料种类有聚苯乙烯、聚甲基丙烯酸甲酯、尼龙、聚酯和聚丙烯。有意思的是，研究人员没有发现任何聚乙烯微塑料。考虑到有 535 条鱼被检测，而聚乙烯通常是其他许多研究中报道的最常见的塑料类型之一，这是相当异常的。因此，其他因素也可能起作用，比如颜色和浮力。事实上，一项对常见的虾虎鱼（*P. microps*）的研究发现，作为视觉捕食者，幼鱼被粒径范围为 420～500 μm 的聚乙烯小型微塑料迷惑，误认为是它们的天然猎物（如 *Artemia nauplii*），从而大幅度削弱其捕

---

① 此处原文恐有误，应为"从 0.129 μg/g 湿重增加到 0.546 μg/g 湿重，增加了 3.2 倍"。——译者

食能力。有意思的是，研究人员推测，由于湍流的作用，在水生环境中移动的小型微塑料可能类似于天然猎物的移动，因此小型微塑料更容易被错误识别和摄入。当然，据报道[50]，从海洋环境中收集到的许多塑料物品都有被鱼咬伤的痕迹，而且据估计，有 1.3 t 塑料在夏威夷附近 15 km 范围内遭到攻击。事实上，从巴西的戈亚纳河口收集到的微塑料的颜色和形状与当地的浮游动物物种相似[258]。

颜色对微塑料摄入的影响

微塑料有多种颜色（见第 5 章）。然而，微塑料的颜色是否为它们被水生生物误认为猎物的主要因素，从而影响这些塑料被摄食的可能性，仍是一个有待讨论的问题。然而，基于许多水生物种是视觉捕食者的事实，直觉上似乎没错。事实上，一项研究[47]得出结论，北大西洋的鱼类更喜欢摄入白色的聚苯乙烯微塑料，而不是透明的微塑料，尽管两种颜色的微塑料含量相同。不过，很可能白色的微塑料比透明的微塑料更容易被觅食的鱼识别，而透明的微塑料则不那么明显[237]。然而，一项对从地中海收集的长鳍金枪鱼（*Thunnus alalunga*）、蓝鳍金枪鱼（*Thunnus thynnus*）和剑旗鱼（*X. gladius*）的研究[359]显示，白色和透明的塑料是最常被摄食的。除了这些浅色塑料，蓝鳍金枪鱼摄食蓝色和黄色的塑料，而长鳍金枪鱼只摄食蓝色塑料。相反，剑旗鱼只摄食黄色塑料。重要的是，人们常常发现黄色和黑色的微塑料受到浓度最高的污染物的污染[80, 112, 217, 320]。

然而，目前的证据似乎表明，黑色和红色的微塑料是最不可能被水生物种摄食的。例如，一项研究[92]调查了 420～500 μm 聚乙烯球形小型微塑料对来自伊比利亚半岛西北部利马河和米尼奥河的河口常见的虾虎鱼（*P. microps*）早期幼鱼的影响。这项研究是在盐水中进行的，其中有的有丰年虾（*Artemia nauplii*），有的没有丰年虾。研究发现，利马河的鱼摄食了大量的白色微塑料（密度为 1.2 g/cm^3），而很少摄食黑色微塑料（密度为 1.15 g/cm^3）和红色微塑料（密度为 0.98 g/cm^3）。研究人员推测，由于丰年虾的颜色往往是淡色的，再加上虾虎鱼的幼鱼是视觉捕食者这一事实，白色的微塑料看上去最像它们的天然猎物。此外，基于试验研究，还假设[92]鱼辨别微塑料和它们的天然猎物的能力可能会受到鱼发育过程中环境条件的影响，如猎物的可及性和污染物的水平。

从南极软毛海豹粪便中回收的微塑料中含有白色、棕色、蓝色、绿色和黄色的塑料[118]。从研究细节来看，这些粪便中似乎没有红色和黑色的微塑料。然而，研究人员报道，红色微塑料在漂浮物中很常见[118]。重要的是，软毛海豹并不直接摄入微塑料[129]。因此，在其粪便中存在微塑料很可能是摄入含有塑料的鱼的结果，因此可以推断这些鱼没有摄入红色和黑色的微塑料。从在爱尔兰北部和西部海岸发现的褚氏长喙鲸尸体中回收的微塑料被假设是来自鲸鱼摄食的鱼和乌贼[268]。

重要的是，底栖生物的猎物往往是红色的[92]，而且许多种类的海豹在海中相当深的地方捕食，如在中深海水层觅食的南部象海豹[44]和在较深的底栖生物栖息地觅食的澳大利亚软毛海豹[76]。此外，对南极软毛海豹的食物分析发现，它们的食物中94%为海洋中层的灯笼鱼[59]。因此，可以假设海豹粪便中没有红色微塑料的原因可能是低能量的红光不能穿透深水，从而使微塑料呈现黑色，而且觅食的鱼看不见。这一假设可以通过调查从深海沉积物中回收的微塑料是否含有较高丰度的红色和黑色塑料来验证。

例如，在深海中红光是衰减的，在那里光的频率倾向于在可见光谱的蓝色475 nm区域中[256]。此外，在蓝色的水生环境中缺少红光会使一个红色的物体变成观察中的鱼从上面难以察觉的黑色[237]。因此，海洋中层鱼类对红色的感知能力的缺乏，以及由此而来的将红色和黑色微塑料作为猎物的错误识别的减少，可能使红色微塑料在整个水生环境中分布或不受阻碍地沉入海底区。当然，许多深海生物利用红光的衰减，通过采用红色色素沉着来试图伪装自己以躲避视觉捕食者[423]。因此，从目前收集到的证据来看，微塑料的颜色确实在水生生物摄食微塑料的可能性中起着重要作用。

微塑料的转移和营养传递

人类摄入含有微塑料的生物对健康的影响尚不明确。然而，有人认为小型微塑料可以穿过肠壁进入人体、啮齿动物和无脊椎动物的循环系统[421]，尽管还没有确凿的证据。然而，由于纳米塑料粒径小，其可能会通过循环系统分布，最终穿过人类血 - 脑屏障和胎盘，或者沉积在它们可能累积的重要器官中。虽然目前还没有足够的证据来确定这是否发生，或者甚至形成一个有说服力的理论，但关于人类中其他纳米级颗粒的一些研究可能会对理解纳米颗粒在体内的行为方式有所帮助。例如，摄食或过度暴露于含有纳米银（粒径为 5~50 nm）的胶体溶液会导致纳米银转移到人体的多个部位，它们往往累积于肝脏、肾脏、脾脏、皮肤、眼睛和睾丸中，导致毒性效应[326]。此外，为达到靶向给药的目的，有系统地向人体注射了粒径为 70 nm、部分由聚乙二醇（polyethylene glycol，PEG）组成的纳米颗粒，已证明可在血流中循环，并在实体肿瘤中累积和渗透[86]。

在水生生物中，存在一些有限的证据。例如，一项研究[39]证明 3.0 μm 和 9.6 μm 荧光球形聚苯乙烯小型微塑料能够从紫贻贝（Mytilus edulis）的肠腔转移到循环系统。另一项研究[124]发现，500 nm 球形聚苯乙烯荧光纳米塑料被紫贻贝（Mytilus edulis）摄食。在将含有纳米塑料的肌肉组织喂给普通的螃蟹（Carcinus maenas）后，对螃蟹血淋巴的后续检测表明，纳米塑料已经转移到螃蟹的组织和血淋巴中，从而进行了营养传递。此外，纳米塑料在螃蟹组织中停留了 21 天。一项研究[379]使用 10 μm 球形聚苯乙烯荧光小型微塑料，证明了小型微塑料能够从低营养级（中型浮游动物）到更高营养级（大型浮游动物），经历营养转移。在另一项研究[36]中，将招潮蟹（Uca rapax）暴露于 180~250 μm 受污染的聚苯乙烯小型微塑料中 2 个月，观察到小型微塑料转移到招潮蟹的胃、肝胰腺和鳃中。重要的是，这项研究表明，与先前的一项证明 500 nm 纳米塑料可以转移到肝胰腺的研究[124]相同，比它大 500 倍的小型微塑料也有类似的效果。因此，两项研究都表明，纳米塑料和小型微塑料有可能阻断腺体和鳃，并干扰呼吸功能、营养吸收、酶的分泌以及能量储备的储存和维持。

微塑料作为微生物和入侵物种的载体

入侵物种可以利用微塑料作为漂浮筏，使它们能够遍历很远，穿越世界海洋，到达新的栖息地[20, 21]。然而，有一种明显的可能性是微塑料可能充当病原体进入生物体的载体。随着微塑料粒径的减小，表面积 - 体积比增大（见第 6 章）。因此，大量的小型微塑料可以为微生物附着提供相当大的表面积。事实上，通常情况下，环境中的微塑料会被有机物污损。因此，如果细菌以这类物质为食，微塑料就有可能支持致病菌的菌落。此外，还需要进一步研究微生物和微塑料之间的相互作用，以确定这些特定微生物在促进微塑料降解方面可能发挥的作用和程度（如果有的话）。因此，有人建议[211]增加对能在微塑料上定殖的微生物的种类的研究，尤其是在水生环境中。当然，在我们使用扫描电子显微镜（SEM）对微塑料进行的研究中，我们发现在从海洋环境中收集的原生微塑料和次生微塑料上生长着多种生物体，包括细菌、真菌和硅藻（见图 7.3 和图 7.4）。

此外，我们使用扫描电子显微镜（SEM）在从海洋环境中收集的 2 mm 球形聚苯乙烯微塑料上检测到图 7.5 所示的结构。尽管许多人尝试了多次，这个结构仍然无法被识别，因此它的起源仍然是个谜。

最后，微塑料可能是一种载体，通过摄食或甚至通过直接接触皮肤和黏膜，将未知病原体引入生物体。这可能与人类特别相关。例如，许多人去海滩，孩子们经常喜欢在海滩上玩耍和建造沙堡。在这些活动中，沙子被不经意地搬动，其中可能含有微塑料。如果这些微塑料被病原体污染，那么这些病原体就有可能转移到手、食物和口腔。因此，需要研究确定病原体在环境中的微塑料上的生存和适应能力。当然，老化的微塑料经常有凹坑和起伏（见第 5 章和第 6 章）。因此，这些凹痕很可能为致病性生物提供避难所，而这些生物可能从光滑的表面被冲下来。这引发了一个有意思的假设，尽管有些令人不安，微塑料变得进一步老化时，可能会更容易受病原体累积的影响。如果是这样的话，那么目前环境中存在的大量微塑料好比是漂浮的水库，容纳着越来越多的致病性生物体。需要在这里进行研究似乎是出于直觉的，人们可以假设在特定的致病性生物体之间可能存在着对塑料表面的竞争，或者某些物种对特定种类的塑料表现出偏爱。最终，为了研究在微塑料上定殖的物种类型，有必要从环境中收集样品。由于微塑料的收集方式对所获得的结果有影响，因此选择一种合适且有效的收集技术是很重要的。

原生微塑料

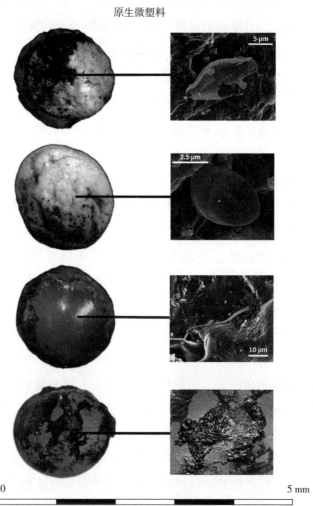

图 7.3　用扫描电子显微镜（SEM）在原生微塑料上检测到生物体和污垢

次生微塑料

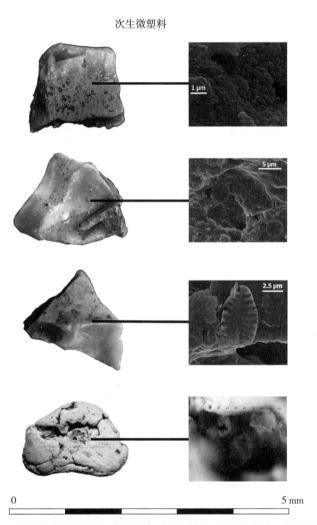

图 7.4　用扫描电子显微镜（SEM）检测到次生微塑料上的生物体和污垢

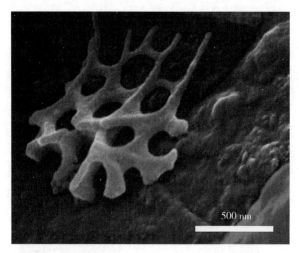

图 7.5 在从海洋环境中回收的 2 mm 球形膨胀聚苯乙烯微塑料上检测到的未知结构

第8章　微塑料收集技术

从环境中收集微塑料

对环境中微塑料的分析从样品收集开始。虽然在文献中很少考虑和描述这第一步，但选择适当的技术是至关重要的，因为将决定收集、分离、鉴定和随后报告的微塑料的类型。样品收集方法受多种因素的影响。然而，主要是待取样的基质（水、沉积物、土壤、空气或生物群）决定获得的微塑料的丰度、粒径和形状。现在对这些基质中的任何一种都没有被普遍接受的取样方法，可用的方法都有潜在的偏差[156]。然而，经过仔细设计的取样策略是国际监测计划取得可靠的和有代表性的成果的关键。重要的是，对于任何取样策略，成本效益都是一个重要的考虑因素。因此，所使用的方法应该足够简单以允许复制和再现，以及足够便宜以方便获取，同时确保精度、准确性和最小污染[110]。

就大气基质而言，迄今为止只有一项研究调查了大气微塑料样品[105]。在监测期间不同的取样频率下，该研究使用了一种相对简单的技术，在取样表面积为 0.325 m^2 的不锈钢漏斗中收集大气沉降物。然而，到目前为止，尽管假定土壤为微塑料的汇（sink），但对陆地环境的研究相对较少[107]。其中一个原因是土壤为典型的复杂有机矿物基质，因此，从土壤中提取微塑料并不像从水或沉积物中提取那样简单[352]。此外，确定适合样品收集的地点不如在水生环境中明显。例如，海岸线表现出微塑料累积趋势，就像在高潮线上看到的那样，这在陆地环境中是不存在的。然而，合成纤维已在陆地上被检测到，并作为城市污水底泥的指标[415]。最终，绝大多数的研究都涉及对水和沉积物中的微塑料的研究，而非陆地和大气环境。由于这些原因，本章将重点关注从水和沉积物基质中收集微塑料。

收集技术的标准化

在已发表的有关微塑料研究的文献中，一个主要的、反复出现的话题是在从水、固体或生物样品中收集微塑料方面缺乏标准化[107, 188, 334, 355, 428, 448]。然而，虽然微塑料的收集并未标准化，但本书提出了基于粒径和外观对微塑料进行有效分类的标准化粒径和颜色分类（SCS）系统（见第 5 章和第 10 章）。为有效监测环境中的微塑料，应通过制定标准操作程序（standard operating procedures，SOPs）和严格的质量控制措施对监测过程中的其他步骤（如从环境中收集微塑料）进行标准化。

此外，环境样品中微塑料的丰度或实验室试验中使用的浓度往往用不同的计量单位表示，在某些情况下，这是无法比较的[53, 107, 156, 334]。实际上，微塑料的丰度通常以数值或质量浓度表示[107]。然而，对于水样，这是用单位面积（如海平面样品用 km^2）上或单位体积（如水柱用 m^3）中的微塑料的重量或数量表示的。对沉积物而言，微塑料的丰度被记录为单位沉积物面积上或单位重量中的微塑料重量或数量［湿重（ww）或干重（dw）］以及体积（mL 或 L）。因此，量化微塑料丰度方式的多样化意味着研究之间的比较往往是非常困难的[53, 107]。因此，有人建议环境研究应提供足够的信息，使单位能相互转换[188]，最好同时提供数值和质量浓度[41, 116, 156]。

由于环境中的微塑料问题越来越受到媒体和政治关注，管理者和其他有关各方有必要得到需要的数据，进行大规模的时空比较。当然，不仅在样品收集方面缺乏标准化，而且在用于报道各种介质中微塑料丰度的单位方面也缺乏标准化，阻碍了对这种新污染物的监测进展。然而，这个问题正开始得到解决。例如，由欧盟海洋联合计划倡议［EU Joint Programme Initiative（JPI）Ocean］资助的多国 BASEMAN 项目，其具体目标是实现微塑料分析的方法标准化。然而，这个项目是最近才成立的，标准操作程序（SOPs）的开发还需要一段时间。此外，美国国家海洋和大气管理局（NOAA）已经开发了实验室方法，例如从沉积物中分离微塑料，以及对量化水和沉积物中微塑料的建议[276]。最终，标准化的目标是克服妨碍微塑料监测的障碍，例如需要掌握和执行几种不同的技术[334]并制定一个有凝聚力的微塑料监测策略，以利于更清楚地了解环境中正在发生什么。

取样方法

采用的取样方法必然会对收集的样品类型产生较大的影响。当然，任何被收集的微塑料的粒径下限都是由样品收集技术决定的，比如所使用的网孔大小和处理方法[107]。从环境中回收微塑料有 3 种主要的取样方法[188]，每种方法各有利弊，但取样方法总是会随着时间的推移而变化、发展和适应。最后，所采用的取样方法将在很大程度上取决于正在取样的环境和所要收集的微塑料的粒径限值。因此，在许多情况下，最好使用 1 种以上的取样方法，特别是在同时需要水和沉积物样品的情况下。取样的 3 种主要方法是选择性取样（selective sampling）、体积缩小取样（volume-reduced sampling）和大体积取样（bulk sampling）[188]。

选择性取样

在选择性取样中，肉眼可见的物品从环境中被直接提取出来，例如在水面或沉积物表面。这种收集方法适用于具有相似形态且粒径大于 1mm 的不同微塑料存在的情况，如原生微塑料颗粒和类似形状的次生微塑料。然而，这项技术的主要缺点是那些不太明显的、异质性更强的物品往往容易被忽视，特别是当它们与其他海滩碎片混合在一起时[156]。尽管如此，选择性取样仍被广泛使用，在涉及从沉积物中提取微塑料的 44 项研究中，有 24 项使用了选择性取样[188]。

体积缩小取样

在体积缩小取样中，大体积样品的体积被缩小，直到只有在进一步研究中感兴趣的特定物品剩下来为止。于是，样品的大多数被丢弃。因此，这种方法通常被用来从表层水中收集样品,因为它的优点是可以取大面积或大量的水样。然而,体积缩小取样的缺点是丢弃样品的绝大多数会因潜在的微塑料损失而导致低估样品中微塑料丰度的风险。

大体积取样

在大体积取样中,不减少整个样品的体积。尽管对可收集、储存和处理的样品数量存在实际限制,但该方法的优点是在理论上可以收集样品中的所有微塑料,而不管其粒径或可见度。此外,处理完整样品可防止在取样过程中丢失或忽略任何微塑料,这在选择性取样或体积缩小取样中可能发生。此外,通过减少样品暴露于周围环境的时间,样品处理的减少还有助于减轻任何污染。虽然这种方法已用于 1 项海水研究和 18 项沉积物研究[188],但这种方法在最近的研究中较少使用。

环境参数

在环境中收集样品时,重要的是要考虑并记录当时的气象条件,不仅在取样当天,而且包括取样前的一段时间。在取样的当天,有必要记录风向,因为这可能会影响由进行取样的人以及附近其他人造成的潜在污染。此外,还应记录与潮汐高度有关的取样时间(无论是全日的还是半日的),以及潮汐周期中的阶段[302]。这些将影响从海洋环境和河口环境对水和沉积物的取样。有意思的是,有几项研究报告说,取样前增加的降雨量对观察到的塑料碎片数量产生显著的正向影响,特别是在热带地区[133, 344]以及有淡水影响的地区。当然,据报道,进入海洋环境的碎片数量会随着降雨量的增加而增加[240],丰度明显增加的漂浮塑料垃圾于风暴事件发生后在加利福尼亚海岸表层水中被观测到[117, 297]。因此,在对微塑料进行取样时,有必要记录当时的气象条件,在海洋环境取样时尤其重要。

减轻污染

由于其无处不在的性质，固体或液体环境样品被原本不属于该样品的微塑料污染是微塑料样品检测的主要问题之一，因此一些研究人员提出了这一问题[4, 96, 107, 118, 198, 316, 319, 355, 459]。实际上，收集、分离和鉴定微塑料样品的过程常常会导致不经意地引入在样品中不可能发现的微塑料。小型微塑料（特别是微纤维）可以从环境空气中被引入，也可以通过使用取样设备或实验室设备、不恰当的样品储存甚至从研究人员自己的衣服中被引入。在许多情况下，这种污染会损害分析，导致高估样品中微塑料的丰度[263]。基于这个原因，人们提出了几种方法来帮助减少这种污染。例如，在样品收集过程中，应始终顺风取样，以防止空气污染，并在收集、运输和储存时使用非塑料工具或容器，如铝托盘。在处理样品时，应始终避免穿合成纤维的衣服，尽量穿棉质等天然纤维的衣服。一种应该明确避免的衣服是摇粒绒，因为从这种材料中大量释放塑料微纤维。

样品也应一直被盖好，以减少在环境空气中的暴露，在洁净室或无菌层流罩中处理样品可能特别有效[96, 317, 345, 428, 459]，尽管在许多情况下这可能不太实际。此外，在样品处理或加工过程中，在实验室应特别注意，所有设备和实验室表面应用酒精清洁，然后用蒸馏水冲洗后再使用[4, 267, 344, 345, 459]。受到法医学领域所采用的技术的启发，例如使用胶带检测表面的固体颗粒物质[451, 94]，人们已经提出了减轻污染和监测的方法[459]。此外，在微塑料分析过程中，空气中的固体颗粒浓度可以用湿滤纸和玻璃培养皿来监测[4, 307, 459]。在收集和处理样品进行微塑料分析时，最终应遵循严格的减轻污染方案（如图 8.1）。事实上，已经证明，如果进行了充分的清洁，背景纤维的丰度就会大大减少[459]。此外，有人建议制定的方案应标准化，并在各实验室之间进行交叉校准[188]。

第一步：准备工作

- 任何时候都应穿戴干净的白色棉质实验室工作服和丁腈手套。

- 只能穿天然纤维衣服，应避免合成纤维的衣服，即使是穿在实验室工作服下面也不可以。

- 关闭所有门窗，将实验室内的空气流动减小到最低限度。

第二步：清洁

- 确保实验室清洁、无灰尘。避免在架空固定装置下工作，因为这些装置可能累积了沉降的灰尘。

- 用 70% 乙醇清洁所有设备，然后用蒸馏水冲洗 3 次。

- 清洁后，用铝箔覆盖所有设备。

- 在开始工作前用 70% 乙醇擦拭所有工作表面 3 次。

- 使用前用解剖显微镜检查所有培养皿、滤纸和镊子。

第三步：固体颗粒表面监测

- 这一步骤是在对样品中的微塑料进行分析之前和之后进行的。

- 在确保始终佩戴手套的同时，将新的 5 cm^2 高黏性透明胶带胶黏面 3 次压在工作表面上，然后提起。存在的任何固体颗粒都应附着在胶带上的胶黏剂上。

- 然后将每一段 5 cm^2 胶带附着在一块干净的醋酸纤维素薄膜上。

- 在醋酸纤维素薄膜上，用永久性标记笔在每一段 5 cm^2 胶带旁写上使用的日期和时间。

- 然后，在显微镜下检查醋酸纤维素薄膜上的 5 cm^2 胶带，看是否存在小型微塑料，如微纤维和微碎片。

- 可采用红外光谱法对附着在 5 cm^2 胶带上的任何小型微塑料进行进一步分析和正确鉴定（positive identification），随即从可疑样品中排除。

第四步：空气中的固体颗粒监测

- 在开始工作之前，干净的湿滤纸被放置在 9 cm 的标准玻璃培养皿中，确保滤纸覆盖整个培养皿的内部区域。

- 然后，培养皿被放置在工作表面周围，在实验室工作期间，它们会一直留在那里。

- 在完成这项工作之后，用显微镜检查滤纸上小型微塑料的存在，或者在培养皿上放置一个玻璃盖子，并标明日期和时间，以便日后进行显微镜分析。

• 可采用红外光谱法对滤纸上发现的任何小型微塑料进行进一步分析和正确鉴定，随后从可疑样品中排除。

图 8.1　实验室中微塑料处理的污染预防方案

改编自 Wheeler J，Stancliffe J. Comparison of methods for monitoring solid particulate surface contamination in the workplace. Annals of Occupational Hygiene 1998；42：477-88. Woodall LC，Gwinnett C，Packer M，Thompson RC，Robinson LF，Paterson GLJ. Using a forensic science approach to minimize environmental contamination and to identify microfibres in marine sediments. Marine Pollution Bulletin 2015；95：40-6. Alomar C，Estarellas F，Deudero S.Microplastics in the Mediterranean Sea：deposition in coastal shallow sediments，spatial variation and preferential grain size. Marine Environmental Research 2016；115：1-10. Murphy F，Ewins C，Carbonnier F，Quinn B. Wastewater Treatment Works（WwTW）as a source of microplastics in the aquatic environment. Environmental Science and Technology 2016；50：5800-8. De Wael K，Gason FG，Baes CA. Selection of an adhesive tape suitable for forensic fiber sampling. Journal of Forensic Sciences 2008；53（1）：168-71.

水样

微塑料常见于大多数水体中，用于检测微塑料的水样收集策略取决于要取样的水生环境类型。根据微塑料在水环境中的分布、其理化性质（如密度、形状和化学成分的变化）以及生物污损的程度，微塑料可以漂浮在表层水上、悬浮在水柱中或出现在海洋深处（见第 5 章）。微塑料在水中的具体位置会影响是沿着水面水平取样，还是在水柱中垂直取样。与所有的环境取样方法一样，关键是要确定所要采用的取样方法的参数。因此，需要考虑取样的物理环境（如面积、深度、流量）、将要收集的样品的类型［在水面上的正浮力（positively buoyant）、在深处的负浮力（negatively buoyant）或在中间的中性浮力（neutrally buoyant）］和将要采用的取样方法（垂直或水平拖曳或从水柱中抽吸）。由于所采用的取样方法对获得的结果有很大的影响，这些问题应在样品收集的规划阶段早早地加以解决，但通常应由后勤限制来决定，例如天气和设备、船只的供应。

此外，水生环境中微塑料的浓度在不同区域之间有很大的差异，而且通常需要检测大量的水。因此，需要某种形式的样品缩小或过滤，虽然有一些收集大体积水样的案例[98]，但对微塑料进行分析的大多数水样体积已缩小。通常使用浮游生物网对海洋表层的正浮力塑料进行取样，使用浮游动物网（zooplankton net）对次表层进行取样，使用的典型网孔宽度为 300～390 μm。最后，采用的取样策略取决于研究的目的（见表 8.1）。

表 8.1　取样策略的选择取决于研究的目的

研究目的	研究目标
定性	快速收集环境中存在的微塑料类型的非数值信息
定量	收集有关环境中微塑料的分布和丰度的数值数据

淡水

静水的（相对静止的）和流水的（流动的）淡水系统都受到许多相同的物理力的影响，比如风和水流，这些力可以影响微塑料在海洋环境中的输送和累积。然而，由于淡水水体的体积一般较小，这些力的影响可能更大，从而在微塑料混合和输送方面造成更大的时空差异[110]。此外，地点特有的物理驱动力［例如平流输送（受速度影响）和扩散/弥散输送（受湍流影响）］会影响淡水环境中微塑料的分布和浓度，其本身也会受到地质和地形的影响。

这在北美洲的伊利湖很明显，在汇流点和靠近海岸的地区发现了更高浓度的微塑料[116]。可以肯定的是，沿着流动的河流，不是在靠近河岸或河床的样品中，而是在从航道中部的样品中发现了更高浓度的微塑料[297]。湖水的停留时间也会影响微塑料的丰度[138]，降雨的季节变化也会影响河流中的丰度[297, 342, 345]。事实上，降雨可以大大增加淡水环境中的微塑料量[297, 344]，这在热带地区特别相关，因为雨季会对微塑料的浓度产生正向的影响[345]（见第 5 章）。此外，像在海洋环境中一样，水强大的向上和向下运动能在淡水水体中发生，是由不同深度的温度差异（垂直混合）造成的。水的这些运动可以将微塑料分散到整个水柱中。重要的是，在淡水环境中观察到风的影响增加，导致水柱内垂直混合增加[223, 349]。淡水环境也往往接近点污染源，例如污水处理厂，一般与塑料垃圾较为集中的大型城市地区有关。

　　关于淡水系统中微塑料的研究相对较少，据报道[110]，河流和湖泊的表层水仅在 6 项研究中被取样，其中 1 项在亚洲[138]、3 项在欧洲[125, 246, 368]、2 项在北美洲[342]。从那时起，最近的工作更多地是在中国的河流开展的[342]。这些研究均使用网孔径为 300～800 μm 的网收集样品，收集技术与海洋环境中使用的类似。在淡水取样时，特别重要的是要对所研究的水体和周围地区进行特征描述，包括土地利用和可能的污染源[138, 246, 368]。此外，在淡水环境中，有机碎片的数量可能比海水中多，特别是来自植被的有机碎片。因此，取样的一个潜在问题是这些有机碎片可能影响这些地区的取样方式。

　　在一些淡水研究中使用了曼塔拖网[116]，网孔径在 333～500 μm[38,297,344,368]。此外，与敲入河床的铁棍相连的固定锥形流刺网（网孔径为 500 μm，直径为 50 cm，长度为 150 cm）被用于对奥地利多瑙河多个河段以及一天中不同时间的水体表层 0.5 m 进行的取样[246]。有一项研究[297]使用了网孔径小于 1 mm 的多种不同类型的网，包括手网、曼塔拖网、沉重的河床式取样器（streambed sampler）和矩形网（rectangular net），对美国加利福尼亚州洛杉矶河（Los Angeles River）和圣加夫列尔河（San Gabriel River）的表层、岸边、中层、底层和中次表层到底层进行取样。最近，使用筛分法对加利福尼亚州南部的城市污水处理厂处理后的出水也进行了取样[49]。

河口

　　河口是淡水河流与海洋环境的过渡带。它们既受到海洋的影响（潮汐、波浪和盐水），也受到河流的影响（流动的淡水），形成了与公海相连的半封闭的半咸水体。河口通常靠近城市地区，被暴露于污染物中，被认定为微塑料热点（microplastic hotspot）[460]（见第 5 章）。然而，对于微塑料在河口生态系统中的特性[41, 202, 346, 368, 468]或河口盐度梯度对微塑料的输送和沉积的影响，我们知之甚少。与淡水点位一样，常见的天气（如风和雨）已被证明在影响河口环境中微塑料的分布和丰度格局方面起着重要作用[110, 345]。然而，河口微塑料对气象事件的响应却很少被研究[468]。

　　事实上，目前尚不清楚是否在天气现象的影响下，会使悬浮在河口的微塑料有相对更高的丰度，就像在公海表面看到的那样[240, 297]。有意思的是，与上风向地点相比，在英国泰马河河口的下风向地点发现了更高浓度的微塑料[41]。在这种环境取样时，潮汐循环特别重要，可能会极大地影响所发现的微塑料的数量。在一项对英国泰马河河口进行取样的研究中[368]，在大潮和小潮期间，在最大流速时使用曼塔拖网以 4 kn 的速度逆潮流拖曳了 30 min。

海洋

对微塑料的绝大多数取样是在海洋环境中进行的，范围从相对较浅的沿岸带（可能受到潮汐的很大影响）到深海远洋环境。由于海洋的浩瀚和这些水域中微塑料丰度的广泛变化，体积缩小的技术被普遍采用。与淡水系统一样，来自海水的样品既可以取自表层水，也可以取自水柱内部。

表层水取样

对表层水中微塑料最常见的取样方法是采用已建立的浮游生物取样方法，利用各种设计的单丝尼龙网孔浮游生物网（monofilament nylon mesh plankton net）。偶尔也会使用其他方法，例如旋转鼓式取样器（rotating drum sampler）[314]。不同的监测机构提供了许多标准操作程序（SOPs），例如美国国家海洋和大气管理局（NOAA）在北美洲的生态系统调查项目[277]概述了使用各种浮游生物网对表层水进行取样的方法。这种方法允许采用体积缩小的办法对大体积和大表面积的水进行相对快速的取样，从而得到相对较小的、浓缩的最终样品。在微塑料取样中，对什么被看做表层水还没有明确的定义。然而，它被描述为小于 15 cm 深的水面层，这是 95% 的小塑料碎片聚集的地方[51]。不过，大多数研究中并未指明表层的深度，指明深度的研究中的深度从 50 ～ 60 μm 到 25 cm 不等[103, 314]。

在表层水中用于微塑料取样的最常见的网是浮游生物网（图 8.2），33 项研究中有 28 项使用了这种网[188]。浮游生物网通常用于表上漂浮生物（epineuston，生活在水表面膜上的空气中的生物）和表下漂浮生物（hyponeuston，生活在水面下的生物）的水平取样。当然，在平静的平坦水域，水面取样效果最好，

但在更开阔的水域中，网的深度可能会有相当大的变化，建议使用更稳定的
曼塔拖网（图 8.3）[71, 103, 116] 或双体船（图 8.4）。曼塔拖网在网的每一边都有
翼状结构，以保持在水中的稳定性和浮力，而双体船在网的每一边都有 2 个
支撑杆，以提供稳定性和浮力。

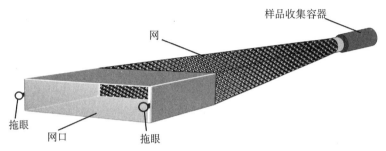

图 8.2　浮游生物网可用于表层水的取样

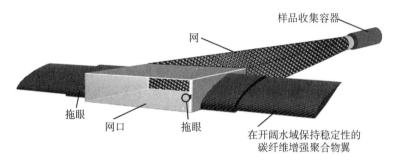

图 8.3　曼塔拖网可用于表层水的取样

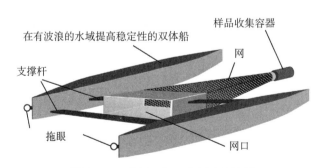

图 8.4　双体船可用于表层水的取样

网的设计、网口面积、长度和网孔径都对所获得的微塑料样品有影响。用于收集微塑料的典型网孔径范围为 53 μm～3 mm，最常见大小为 333 μm，这也是浮游生物研究中最常用的大小[71, 107, 188, 355]。网孔径的选择通常是在网孔小到足以捕获目标微塑料和大到足以防止快速堵塞之间的权衡[334]。因为细网孔堵塞很快，所以需要慢慢拖。在出版物中通常不提供网口面积，但据报道，矩形浮游生物网的网口面积在 0.03～2.0 m² 之间[188]。同样，在被调查的研究中，只有一半的研究提供了网长，通常为 350～400 cm 长。流量也会对样品产生很大的影响，为了得到更可靠的定量结果，需要在网上安装 1 个流量计，从而可以测量移动的距离和通过网的水流量。流量与网口面积可以通过式（8.1）转换为过滤水量（V）。

$$V=\pi r^2 d \qquad （8.1）$$

式中：V——网过滤的水量；

　　　r——网口半径；

　　　d——网被拖曳的距离。

重要的是，网的堵塞会引入误差，强烈建议使用两个流量计。放置第一个流量计的最佳位置是中心和网圈的中间，而第二个流量计应该放置在网外，以估计网的速度。这样，两个流量计的读数结合起来就能显示出网的过滤效率和堵塞情况[154]。虽然拖曳的速度会受到许多因素的影响，例如天气、海况和海流，但通常在 1～5 kn 之间。虽然拖曳时间可能会不同，而且可能取决于水中悬浮物（生物的和非生物的物质）将网堵塞的快慢，但拖曳网的时间应该始终被记录下来。最终，通过考虑所有这些因素，可以从取样的水中获得可靠的微塑料定量结果（图 8.5）。

有许多很好的例子[71, 103, 135]以及使用这种方法收集微塑料的综述[107]。然而，由于这一取样程序没有标准化，所使用的技术的差异会导致所收集的微塑料数量存在巨大差异[65]。由于通常认为 95% 的微塑料位于水面以下15 cm 内[51]，因此水平拖曳是对水中微塑料进行取样的最常见方法[51, 334]。尽管如此，也可以使用其他几种方法从表层水中收集样品，如曼塔拖网、手网或大体积水样的筛分[388]。

- 使用前清洁网并检查是否有任何污染。应采取措施避免微塑料污染，例如避免穿合成纤维的衣服，特别是摇粒绒衣服。

- 记录网口面积、长度和网孔径。

- 记录日期、时间、地点、气象条件、船只航向和速度。

- 将第一个流量计牢牢固定在中心和网圈的中间。

- 将第二个流量计牢牢固定在网外。

- 将网降到水中正确的深度。在可能的情况下，应使用吊臂从船的侧面收集样品，以避免弓形波对样品造成干扰。

- 在开阔的水域，可使用双体船或曼塔拖网来确保维持在正确的表面深度。

- 以恒定速度（1～5 kn）拖网一段时间，例如每个样品 20 min [71, 135]。

- 应注意确保网没有堵塞。如果发生堵塞这种情况，减少拖网时间 / 速度。

- 一旦拖曳完成，取回网并让水排出。使用软管将网收集的碎片清洗至网囊 [103]。

- 将收集的样品转移到适当的容器中储存，并在必要时保存，如用 4% 甲醛 [135]、70% 乙醇或冷冻 [138]。

- 然后清洁网并检查是否有污染，之后可以重复使用。

- 应该进行适当的重复。

- 获取用于取样的材料（例如网、绳）的小样品通常是个好主意，因为这些材料通常由塑料组成，可用于排除取样引入的污染。

- 使用来自流量计的数据、网口面积的测量值以及样品中微塑料的丰度，计算结果。

- 然后可以将结果报告为每 1 m³ 水中的微塑料数量。

图 8.5 使用浮游生物网在海洋表层水中对微塑料进行取样的方案

水柱取样

与表层水取样类似，微塑料的水柱取样使用了在海洋环境和淡水环境中为浮游动物取样而开发的技术和设备 [103]。然而，浮游动物网的网孔径通常大于浮游生物网的网孔径，并且用于收集微塑料的网孔径通常为 500 μm [188]，且深度为 1 ～ 212 m [314, 103]。重要的是可以对水柱进行水平取样和垂直取样。

水柱水平取样

在次表层对微塑料进行水平取样时，采用邦戈网（bongo net，见图 8.6）[263]。这种网通常由 1 对圆形铝制框架组成，它们连接在 1 个中心轴上，并连接 1 个流量计和 1 对尼龙浮游生物网[103]。网被降至选定的深度，通常刚好在底部上方，以设定的速度在这个深度拖曳一段时间，然后收网。例如，以 50 m/min 的速度将网降至 212 m 深，然后拖网 30 s，之后以 20 m/min 的速度收网。通常不提供网口面积，但据报道，圆形邦戈网的网口面积在 0.79～1.58 m² 之间[188]。可在多个深度拖曳，以确定不同密度的微塑料在水柱中的位置。这允许使用在表层取样中使用的已记录的相关参数进行取样量化［见式（8.1）］。

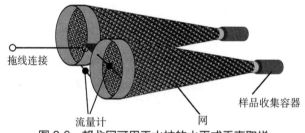

拖线连接　　流量计　　网　　样品收集容器

图 8.6　邦戈网可用于水柱的水平或垂直取样

水柱垂直取样

微塑料的垂直取样是从指定的深度将网拉向表面，以提供整个水柱的概览。这可以通过向上拉邦戈网来实现。然而，在有波浪的水域，船会倾斜和翻滚，从而短暂地拉住网，然后松开网，导致拖线松弛。为了弥补这一点，可以在拖线和邦戈网之间安装弹簧机构，以补偿船舶的运动，并确保以恒定的速度向上拉网。也可以通过在离散的深度层上的开闭来对水柱进行垂直取样。例如，可以使用改进的多网拖曳网（multi-net tucker trawl）进行这一作业，这是一种引缆操作的闭合网，允许对特定深度层进行取样而不产生污染[232]。其他的方式（如 Hensen 网、Apstein 网或 Juday 网）在网口前有 1 个缩小锥和 1 个简单的封闭系统以在离散的深度收集样品。

其他技术也可用于水柱中微塑料的取样，如直接原位过滤（direct in situ filtration）[317] 和有后续过滤的大体积取样（bulk sampling with subsequent filtration）[106, 314]。此外，连续浮游生物记录器（Continuous Plankton Recorder，CPR）可用于 10 m 深度的取样[406]。事实上，在欧盟，使用 CPR 来监测微塑料是与海洋垃圾有关的《海洋战略框架指令》(*MSFD*) 所描述的"正在开发中"的 1 项技术[174]。水泵也可以用来收集大量的水，这可能在那些被怀疑微塑料密度低的地区有优势。然而，虽然使用泵可以提供有代表性的样品，但是主要的劣势在于样品只能从单一的取样点得到[334]，取样点的定义不精确，因为泵可以从水柱的不同层抽取水。

　　还有为取样浮游生物和浮游动物而开发的其他技术可以用于微塑料的取样，但目前还没有报道。例如浮游生物捕集器［如 Schindler-Patalas 捕集器（见图 8.7）］以及各种为清除浮游动物（主要在湖泊中）而设计的集水瓶（如 Ruttner 瓶、Friedinger 瓶和 Bernatowicz 瓶）。这些装置通过将容器降低到水柱中所需的深度来工作。然后可以在用户的控制下关闭设备，以允许在选定的深度收集样品。因此，定量是精确的，因为取样水体积已知。然而，由于容器的体积小，它们可能需要大量的重复来提供更精确的丰度估计。

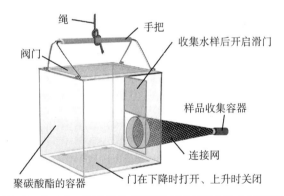

图 8.7　Schindler-Patalas 浮游生物捕集器可用于对水柱中的微塑料进行取样

　　Clarke-Bumpus 浮游生物取样器也可以在离散深度或多重深度取样，并且具有 ASTM 国际标准实践指南（ASTM E1199-87）的优势。对整个水柱中的微塑料进行取样的一种简单方法是将 1 根管子垂直降到所需的深度，并用塞子收集水样（见图 8.8）。虽然这种方法是精确的，因为它收集了准确的水量，但它只在相对较浅的深度有效，而且这种窄小的取样装置可能需要多次使用才能获得具有代表性的样品。

- 切下一段硬管（如内径为 40 mm 的白色聚氯乙烯管），长度为 230 cm。
- 使用永久性标记笔，从一端起 30 cm 处沿管子圆周画一条线。
- 获得 2 个大小合适的橡胶塞子，可以有效地密封管子的两端。
- 使用前用清水冲洗 230 cm 长的管子，并检查有无任何污染。应采取措施避免微塑料污染，例如避免穿合成纤维衣服，特别是摇粒绒衣服。
- 在取样点，记录日期、时间、地点和气象条件。
- 非常缓慢地将管子垂直放入水中，直到管子有 30 cm 保持在水面以上（使用之前画的线来判断）。
- 用 1 个橡胶塞子密封管子顶部。
- 非常缓慢地把管子从水里拉出来，在完全把管子从水里拉出来之前，用另 1 个橡胶塞子把管子的底部密封起来，以避免水样损失。
- 小心倒置管子 3 次，确保内容物完全混合。
- 决定是需要大体积样品或体积缩小样品。
- 对于大体积样品：垂直放置管子，将管子的底端置于合适的收集容器之上，并移去底部橡胶塞子。接下来，从管子的顶端移去橡胶塞子，让内容物流入收集容器以便稍后分析。在容器上标明日期、时间、深度和地点。
- 体积缩小样品：垂直放置管子，将管子的底端置于选定网孔径（如 333 μm）的清洁、无污染的网之上，并移去底部橡胶塞子。接下来，从管子的顶端移去橡胶塞子，让内容物流过网。将网上的内容物转移到合适的容器中，以便稍后分析，并标上日期、时间、深度和地点。
- 用干净的水彻底冲洗所有设备，为下一次取样做准备。
- 在取样完毕后储存管子时，应将橡胶塞子取出，以便风干。
- 对于样品的分析，首先使用以下公式计算出取样的水量：

$$V = \pi r^2 h$$

式中：V——取样水量；

r——管子内径的一半（内半径）；

h——管子装满水的部分的长度（本例为 200 cm）。

- 接下来，分析收集的每个样品中是否存在微塑料。
- 然后可以将结果报告为每 1 m³ 水中的微塑料数量。

图 8.8　构建并使用设备对水柱表层 2 m 微塑料进行取样的方案

沉积物取样

　　沉积物被认为是环境污染物的理想介质，并且往往会遭受长期污染[55]，包括微塑料的污染。就全球对沉积物和砂中微塑料的取样而言，欧洲的绝大多数研究都报道了沉积物，而亚洲的研究主要报道了砂，北美洲的研究报道中两者相当[334]。然而，与取水样一样，沉积物中的微塑料的取样往往缺乏具体的方案[355]。此外，所选择的收集沉积物的技术将对所收集的微塑料类型和结果的表达方式有重大影响。因此，技术需要与研究的目的（定量或定性）相关联，而且最终进行的取样将取决于需要回答的问题。出于这个原因，需要制定明确的目标，考虑到任何可能的限制，并确保取样计划是切实可行的、可重复的和可复制的。例如，更大规模的研究（特别是涉及位于高污染地区的志愿者或个人的研究）可能只对获得大区域微塑料污染程度的大概了解感兴趣，而不是获得高度精确的结果。另一方面，较小规模的研究可能会选择进行小区域的详细调查，从而产生减少的样品体积，但提供与所有类型的微塑料丰度相关的准确信息（见第 5 章）。然而，在这两种情景下，确保采用合适的方法以防止回收的样品被不属于原始样品的微塑料（如来自衣服的微纤维）污染是很重要的。

　　重要的是，随着微塑料粒径减小，从环境中收集它们变得越来越困难。出于这个原因，一些研究[53]选择仅收集并报告微塑料（1～5 mm），从而排除了小型微塑料（1 μm～1 mm）（微塑料粒径分类的更多信息见第 5 章）。这种选择性取样的方法（特别是排除小型微塑料）通常用于对沿海沉积物进行视觉鉴定和手工分类时[107]。虽然这种方法对较大的塑料取样有用，但是排除小型微塑料可能会导致极大地低估所报告的微塑料浓度。这一点尤为重要，因为小型微塑料被认为占海洋环境中所有微塑料的 35%～90%[116, 346, 388]。

　　所报告的微塑料的粒径下限在很大程度上依赖于所使用的取样和分离方法。例如，对于小而形状不规则的微塑料，如微碎片（见第 5 章），其与其他碎片混合在一起，大体积取样是获得具有代表性的样品的首选方法[32, 188]。然而，大体积取样往往会收集大量不需要的物质。因此，出于实用性的考虑，减少样品的质量通常是有益的。这可以通过将其在海滩上干筛或在水中湿筛来实现，从而在不保留多余物质的情况下便于收集特定粒径范围内的微塑料。微塑料在动态变化的沉积物环境（沿海或亚沿岸）中的分布通常是不均匀的；因此，为了获得具有代表性的样品，需要注意取样地点、样品粒径和要重复收集的次数[41, 156, 414]。与水生环境一样，微塑料在沉积物中的分布随时间和地点的变化而变化，因为微塑料会由于主要沉积物的沉积状况被掩埋或暴露[156, 414]。然而，沉积物或砂中的颗粒粒径似乎与那些沉积物或砂中不同粒径的微塑料的丰度没有任何关系[41, 345]。尽管如此，应尽可能记录被取样的基质（沉积物、砂、粉砂）的特性，因为其可能影响微塑料沉积和保留的程度，以及所使用的收集方法。

就报告结果而言，一个特别的困难是收集沉积物样品所用的取样技术的变化导致所报告的量化单位的差异[53, 334]，因此妨碍了结果的比较。例如，在 1 个指定地区随机对多个 1 m^2 的地块进行取样的研究将报告每 1 m^2 的微塑料数量。相反，从指定区域随机地点特定深度的沉积物中获取大体积样品的研究将报告每 1 m^3 的微塑料数量[53]。由于取样深度的范围可以从沉积物表面至 50 cm 深，且通常未被报告，两种方法之间的转换存在问题。此外，沉积物样品也可以重量单位（g 或 kg）的形式报告湿重和干重，以及以体积（mL 或 L）的形式，从而使比较更加复杂[53, 188]，并突出了样品收集方案缺乏标准化的现状。

潮间带和河口

由于潮间带和河口具有极强的动态性，在这些地区的沉积物或砂中进行微塑料取样时需要解决的关键问题之一是取样地点。例如，由潮汐输送到沿海地区的微塑料，由于潮汐运动、漂流（drift current）和风的作用，可以到达海岸线的不同部分，从而影响其分布格局[302]。事实上，海滩间微塑料丰度的变化可能与海滩的方向和风况有直接关系[209]。最初，微塑料沉积在潮间带，通常沿着高潮线[406]的滨线沉积（见图 8.9）。

微塑料在海滩剖面（包括深度）上的沉积是不均匀的，通常在靠近后滨的较深处发现微塑料[414]。这表明潮间带活跃地将微塑料从海洋转移到后滨，大多数微塑料在那里累积[302]。微塑料沿海滩的动态运动将对其在沿海滩不同地点的分布和丰度产生重大影响。因此，从潮间带表层沉积物中采集的样品代表了微塑料对海滩系统的负荷，而从后滨采集的样品代表了微塑料累积的现存量[302]。因此，在设计取样策略时需要考虑到这一点。此外，所研究的地区的地理位置似乎是影响微塑料分布的主要因素[334]。因此，需要考虑到微塑料污染的潜在来源，例如污水处理厂、港口和工业区，以获得具有代表性的样品。

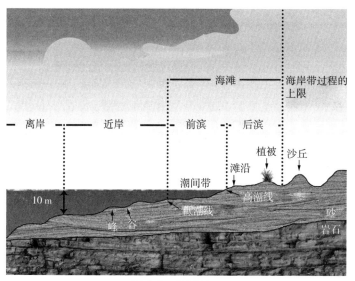

图 8.9　海滩剖面

在迄今已报道的研究中，取样的特定潮汐带似乎有相当大的差异。例如，对 44 个取样研究的综述[188]报告，地点范围从亚沿岸带到潮上带（飞溅带），而有些研究调查了多个沿岸带[406]。此外，一些研究结合了来自几个不同区域的样品[74, 413]，而其他研究没有提到取样的具体区域。尽管如此，大多数研究都对最近沉积在潮上带的水平高潮线上的漂浮物进行了取样，在那里通常会发现大型塑料垃圾[263, 302, 344]。然而，在不同的研究中，这种漂移线（drift line）通常是不同的[38, 96, 188, 189, 274]。尽管一些研究表明，与横截面线相反，潮上带上的微塑料丰度有所增加[185]，但其他研究发现潮上带和潮下带之间的微塑料丰度没有显著差异[96, 302]。最终，为获得具有代表性的样品所需的最合适的漂移线仍然是个尚未完全解决的问题（图 8.10）。

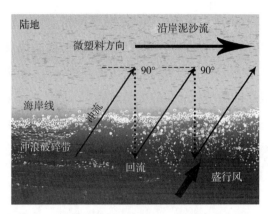

图 8.10　微塑料可能被以一定角度接近海岸线的波浪沿海岸线输送［沿岸泥沙流（longshore drift）］。微塑料将以与波浪（冲流）相同的角度被输送到海滩上，然后再以直角被带回（回流）

　　通过测试水边到海滩后滨的几条漂移线，对这一路径的情况进行了岸线垂直方向的研究。此方法具有更好地了解微塑料沉积格局的优点。然而，这种格局通常在很大程度上取决于海岸的物理因素方面，如其坡度和潮间带宽度。此外，为了获得如此大量的样品以及对其进行处理，需要做出相当大的努力，这意味着大多数研究集中于最近的漂移线。

　　通常在到达海岸时，很难将最近的潮汐漂移线与以前的潮汐事件留下的其他漂移线区分开来。出于这个原因，知道取样时处于潮汐周期的哪个点（大潮或小潮）和潮汐阶段（落潮或涨潮）是特别有用的，因为这些参数会影响潮汐高度，并且对找到最近的高潮线的能力有较大的影响。这对避免重叠的滨线带来的影响非常重要[274, 302]。此外，也应考虑到最近的气象条件，因为大风[367]、大雨和最近的洪水将影响漂移线的位置和微塑料沉积的速度。因此，需要注意这些差异的来源，并部分解释为什么迄今为止报告的这些环境中微塑料丰度的数据之间有很大的差异[302]。

　　重要的是，由于这种环境的异质性，需要仔细考虑重复的次数和取样的频率。大多数研究报告了抽样事件[96, 185, 189]，这些事件与获取特定时期微塑料污染水平的快照有关。然而，如果对更长时期的时空趋势感兴趣，则需要重复抽样。虽然有一些研究[1, 302, 424]已调查了同一地点的微塑料随时间的分布情况，并发现了较大的时间变化，但还没有必要的长期总体数据。

　　大多数研究往往会沿样带（transect）取样，例如沿最近的漂移线水平取样，或从水边到海滩后滨垂直地取样[188, 414]，尽管有些情况下进行了随机取样（random sampling）[342]。使用样带的优势在于可以通过从相同的环境中收集大量的重复样来解释空间变化。这使得标准化空间综合取样设计下的比较更容易、结论更恰当[263]。建议从每个点位至少取 5 个相隔 5 m 的重复样[174]。但是，为了使重复样具有可比性，需要从相似的地点取样。因此，它们都应该从颗粒粒径和地形相似的地点获得。此外，每个选定的取样地点应该没有特定于该地点的特征，例如石头、大量海藻或淡水影响。出于这个原因，一种有效的取样方法是选择性随机取样（selective random sampling）。这包括沿着漂移线随机选择取样地点［可能使用随机数生成器（random number generator）］，但只选择具有相似特征的取样地点，以便更好地比较。虽然这不是真正的随机取样，但它在克服未知变量方面是有效的，这些未知变量会影响结果的再现性，而且只有在对该地区进行实际取样时才会变得明显。例如，沙丘和堤岸墙的位置或在海滩上行走的人可能导致不同区域的混合。

　　为了能够复制取样方法，并且报告的结果可应用于适当的环境中，重要的是要确保提供关于所使用的取样方法的充分细节。此外，所选择的方法将决定用于表示结果的量化单位。在一份对沉积物研究的综述[188]中，44 项研究中有 31 项报告了用于沉积物取样的工具和具体方法。通过使用镊子、金属勺子或手工获得选择性沉积物样品。然而，沿着高潮线采用的取样技术从使用勺子或抹刀沿着滨线进行线性取样，用 25 cm^2 或 4 m^2 框架［样方（quadrat）］随机取样[147, 205, 344]，到使用取芯器（corer）在不同深度层取样的垂直分层取样方案[51, 61, 431]。虽然一般都取浅表样品，但超过一半的研究没有报告样品深度。然而，在这些研究中，样品深度从地表到深达 32 cm，其中大多数深度达 5 cm[188]。虽然据报告[414]，只在沙滩上的潮间带表层沉积物中发现了微塑料颗粒，但样品深度仍然是一个相当大的差异来源，需要进行规范化。

　　虽然收集沉积物样品进行微塑料分析没有标准化的方法，但欧盟委员会联合研究中心（European Commission Joint Research Centre）开发了《海洋战略框架指令海洋垃圾技术分组》[174]。建议在滨线对微塑料和小型微塑料样品进行取样时，取样点相隔 5 m [263]。重要的是，在设计取样方案时，目的是使方案尽可能简单，以便比较结果，并使多个地点的大规模取样尽可能快和经济有效。最后，应围绕研究的具体取样目标和局限性制定取样方案。图 8.11 提供了潮间带和河口沉积物或砂的取样方案。

• 首先，通过分析地图或图像，对取样地点进行初步表征。

• 收集有关潮汐周期、月相及高潮时间的信息，以及有关天气（例如风和降雨）的信息。

• 一旦到现场，确定相关的预先选定的取样地点，例如沿最近的高潮漂移线的水平样带。

• 记下使用的潮汐线，因为在某些时候，最高的潮汐线并不总是合适的。

• 遵守相关的污染预防方案，例如总在下风向收集样品和避免穿合成纤维衣服。

• 沿着这个样带随机选择至少 5 个特定的地点，间隔至少 5 m，用边长 20 cm 的样方标记出来。（如果有必要，可以将 1 段直径为 20 mm 的白色聚氯乙烯管切成 4 根长度为 20 cm 的管子以简单地构成 1 个样方。然后使用 4 个 20 mm 90° 管子连接器将它们连接在一起。）

• 确保每个选定的地点没有特定于该地点的特征，例如石头或大量海藻（选择性随机取样）。

• 拍摄研究区域和取样的每个具体地点的照片。

• 记录 GPS 对地点的读数，并记录取样时的气象条件。

• 对微塑料（1～5 mm）的取样，取体积缩小的样品，收集样方范围内的所有沉积物到 5 cm 深度，然后用网孔径为 1 mm 的筛子对物质进行现场筛分。收集筛子里留下的物质。再用网孔径为 5 mm 的筛子对留在第一个筛子中的已收集物质进行二次筛分。将通过第二个筛子的物质收集在 1 个适当标记的铝容器中。负责任地丢弃任何没有通过第二个筛子的物质。

• 对小型微塑料（1 μm～1 mm）的取样，取大体积样品，用金属勺收集样方范围内 5 cm 深的沉积物，然后将其储存在 1 个适当标记的铝容器中。

• 在可能的情况下，收集额外的沉积物样品进行颗粒粒径分析。

• 如果需要的话，根据大型塑料垃圾或其他碎片的数量将地点分为简单的 1～10 级。

• 在实验室中，分析收集的每个样品中是否存在微塑料。

图 8.11　潮间带和河口沉积物或砂中微塑料取样的方案

根据图 8.11 中的方案，可以通过收集体积缩小的样品对沉积物或砂中的微塑料（1～5 mm）进行取样。收集选定规格的样方范围内 5 cm 深的所有物质，然后将物质通过网孔径为 1 mm 的筛子。再用网孔径为 5 mm 的筛子对留在第一个筛子中的物质进行二次筛分，将通过筛子的所有物质收集至 1 个适当标记的铝容器中。负责任地丢弃任何没有通过筛子的物质。就沉积物或砂中的小型微塑料（1 μm～1 mm）的取样而言，要收集大体积样品。用金属勺收集样方范围内 5 cm 深的所有物质，然后将物质储存在 1 个适当标记的铝容器中。或者使用金属勺在伸臂可及的弧形区域内各地点 5 cm 深度取多勺，然后将各勺物质混合至 1 个适当标记的铝容器中，直到收集到大约 250 g 的沉积物，完成对沉积物或砂的取样。将以上这些方法收集到的物质带到实验室进行微塑料的分离和鉴定。

潮下带

对水下的沉积物进行微塑料取样比潮间带取样需要更多的努力和费用，这可能是在这种环境中进行的研究较少的主要原因。一般来说，取样深度越深，要负担的费用就越多。在沿海亚沿岸带，利用 Ekman 抓斗（grab）和 Van Veen 抓斗[38, 61, 406]、海底拖网和取芯器[426]从船上收集样品以进行微塑料分析。最终，所用的方法将受到所需的沉积物样品类型的影响。例如，抓斗往往会干扰沉积物，因此最适合沉积物表面或大体积取样。相比之下，取芯器产生更小的样品，但允许对沉积物表面和深层进行取样，以研究微塑料随时间的沉积[263]。最近在地中海，通过使用水肺潜水员以类似于潮间带的方法沿样带收集浅表沉积物样品[140]或者在砂中随机使用岩芯管[4]来获得样品。

当从深度超过 1 km 的深海取样时，需要更专门的设备，这大大增加了所需的资源和取样成本。虽然一些研究在深海对大型塑料污染进行取样时使用一些技术，如深海拖网[347, 390]、潜水器（submersible）[438]、遥控潜水器（remotely operated vehicles，ROVs）[149]或这些的组合[128, 332, 457]，但由于在相当深的海底取如此小的样品较为困难，很少有研究调查深海沉积物中的微塑料。尽管如此，一项研究[128]主要使用了箱式取芯器（box corer，见图 8.12）

以及阿加西拖网（Agassiz trawl）和底表橇网摄像系统（camera epibenthic sledge，见图 8.13）来收集 4 869～5 766 m 深度的样品，用于分析大型塑料和小型塑料。

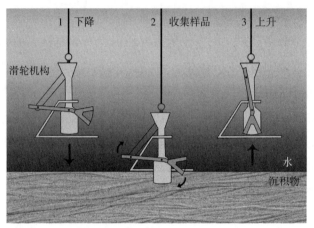

图 8.12　箱式取芯器是用来收集深海沉积物的取样工具

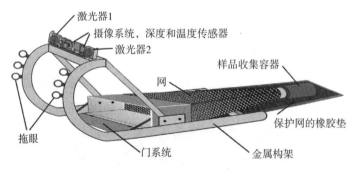

图 8.13　沿着海底拖曳底表橇网摄像系统

底表橇网摄像系统是 1 种可在深至 4 km 的海底拖曳的橇网。该装置由不锈钢框架组成，前面有两扇门，顶部装有摄像系统。钢架被设计为可以承受海底岩石或其他固体物品的冲击。门可以由船上的操作人员控制，从而橇网收集到的任何东西都是从海底获得的，而不是在下降和上升过程中从水柱获得的。当在海底被拖曳时，橇网产生的弓形波会将海底的物品拉到网中。摄像系统允许对拖网轨迹进行可视化，从而能够计算拖曳时间并识别拖曳时的基质。此外，摄像系统使识别橇网没有收集的任何大型动物和塑料垃圾成为可能。而且，双激光器安装在橇网上，以确定任意目标物品的粒径，橇网上装有传感器，可以提供关于水温和深度的精确信息。其他用于深海取样的设备有大型堆芯捕集器（sediment megacorer）和箱式取芯器 [344]，已经与 ROVs 或插管取芯器一同在 1 000～3 500 m 深度取样。然而，在一项使用深海取芯器的研究中 [426]，强调深海取芯器取样的相对较小的表面积（25 cm^2）意味着在这些深度很难收集具有代表性的样品。在从深海中回收沉积物样品后，通常通过干燥或冷冻样品，然后在黑暗中储存，直到准备将样品中的微塑料分离出来。

第9章 微塑料分离技术

从样品中分离微塑料

在从环境中收集水、沉积物或生物样品时，该样品中包含的微塑料需要与存在的所有其他有机物和无机物分离。这确保了微塑料可以通过计数或称重来量化和鉴定。在许多情况下，在现场对样品进行某种形式的分离或样品缩小，例如通过网或筛过滤。在其他情况下，大体积样品将被带回实验室以分离微塑料，特别是为沉积物样品的情况下。然而，由于微塑料研究领域的迅速出现和发展，用于从有机物和无机物中去除微塑料的提取技术普遍缺乏标准化和一致性，特别是在沉积物方面[53, 448]。然而，实验室中用于从有机物和无机物中分离微塑料的几种常见技术包括目视分选（visual sorting）、过滤、筛分、密度分离、淘洗（elutriation）、浮选（flotation）和化学消解（chemical digestion）[107, 156, 188]。虽然在文献中报道的这些技术往往缺乏统一性，但监管机构［例如美国国家海洋和大气管理局（NOAA）］正在制定指南和方案，以期实现从环境样品中分离微塑料的方法的标准化[156, 208, 276]。但是，在所使用的大多数方法中，尚未对设备成本、提取效率、取样时间和健康与安全程序进行详细的交叉校准[147]。

目视检测和分离

目视检测和分离是分析微塑料的必要步骤，无论样品是水、沉积物或生物样品。因此，无论样品来自何处，每次研究都必须进行目视检测和分离，以去除碎片，包括天然存在的有机碎片，如海藻、木材、贝壳碎片和人为污染物（如金属、油漆和残油）。这些不需要的污染物几乎总是存在于大体积样品中，并且通常在体积缩小的样品中被发现，即使在使用实验室的分离技术之后也是如此。因此，目视检测和分离仍然是微塑料研究的必要步骤。

可以通过肉眼直接检查微塑料（1～5 mm）以进行目视检测[208, 389]，或者使用双目显微镜（binocular microscope）[135, 355]或高倍荧光显微镜（high magnification fluorescence microscope）[389]对小型微塑料（1 μm～1 mm）进行目视检测。基于其物理特性（例如它们的粒径、形状、质地、颜色和缺乏生物结构）检测可疑的微塑料。然后使用镊子将怀疑是微塑料的这些光学检测物品与其余物质分离。然后使用标准化粒径和颜色分类（SCS）系统（见第 10 章）对这些微塑料进行目视筛分和分类，并且可以使用光谱技术［例如拉曼光谱（Raman spectroscopy）］进行进一步的鉴定，以确认塑料的类型。

虽然在微塑料研究中使用目视检测和分离由于其主观性质和偏差的可能性而存在争议，但没有比使用人类操作员更好的从其他碎片中检测和分离塑料的方法。当然，样品中的微塑料由于其表面上的有机物累积或由于它们的透明性而被忽略的风险是存在的，并且这可能导致低估样品中微塑料的丰度。然而，通过仔细和有条不紊的检查，倾向于初步选择可疑物品为微塑料，可以显著减少这种情况。使用这种方法的原因在于，虽然低估微塑料丰度很难避免，但随后使用光谱技术可以消除高估，以确定所选的物品确实是由塑料组成的（见第 10 章）。样品中微塑料的目视检测、分离、分选和鉴定是一种成熟的方法，代表了微塑料研究的基石。

水样

从环境中收集的用于微塑料分析的大多数水样在取样时经过了某种形式的体积缩小。这通常通过网过滤或筛分进行（见第 8 章）。在其他情况下，可能已经收集了大体积水样。然而，一旦样品到达实验室，通过使用各种网孔或孔径的筛分和过滤的标准实验室技术，从体积缩小的水样和大体积水样中去除微塑料[188]。

过滤

过滤是一种有效的物理或机械方法，使用仅流体（滤液）可以通过的介质从流体（在这种情况下为液体）中分离固体。保留的固体粒径取决于所用过滤介质的孔径。在大多数情况下，将微塑料与水分离的过程通常使用漏斗、过滤介质（纸）和真空系统（vacuum system）[188, 406] 进行物理处理，其中微塑料被保留在滤纸上。虽然所用滤纸的孔径可能因研究而异，但其孔径通常为 1~2 μm，重要的是，应使用定性过滤器，如 VWR Grade310 [188]（图 9.1）。

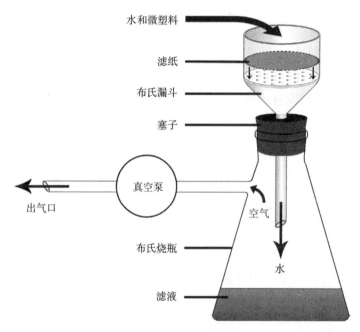

图 9.1 真空过滤系统

然而，虽然过滤可能是一个相对简单的过程，但由于水样被颗粒物或碎屑污染，常常会出现复杂的情况。颗粒物或碎屑会迅速堵塞滤纸，显著降低微塑料与水分离的过滤有效性，并经常导致完全阻塞。通常有两种方式可以防止这种情况发生：

1. 减少要过滤的液体量。

2. 添加过滤前预处理步骤。

过滤前预处理步骤的典型示例包括：

• 将液体静置一段时间以使较重的固体部分分离，留下较纯的液体部分。

• 使用具有更大孔径的筛网或过滤器进行筛分或预过滤。

• 采用密度分离技术（见"密度分离"）。

• 向液体中添加化学物质，如硫酸亚铁（$FeSO_4$），以促进固体部分的絮凝（flocculation）或凝结（coagulation）。

重要的是，应该谨慎使用所有这些预处理步骤，因为它们会导致液体部分中的微塑料损失。因此，这些损失的微塑料未被观察到，从而导致低估样品中微塑料的丰度。

筛分

筛分水样的过程常常应用于微塑料研究中。筛子捕获微塑料并使水从样品中分离。这一方法已被充分记录并且已经在许多研究中用于将微塑料从水[98, 188]以及三级处理的城市污水中分离出来[49, 307]。筛网的孔径取决于希望收集的微塑料的粒径。虽然大多数研究中使用的筛网孔径范围为 38 μm～4.75 mm[188]，但重要的是要注意筛网孔径不得超过 5 mm，否则收集的塑料粒径将超出微塑料的粒径范围（见第 5 章）。

从水和沉积物样品中筛分微塑料的最常用方法是多层筛分（multi-tier sieving）。这涉及使样品通过一系列孔径减小的筛子以分离不同粒径的物质（见图 9.2）。这种方法也成功地从三级处理的城市污水中回收微塑料，其筛网孔径从 400 μm 减小到 20 μm。然而，由于筛子迅速堵塞，该技术对于较脏的原液是不成功的[49]。筛分后，通过从筛子中冲洗微塑料并将它们浓缩成较小的体积来收集微塑料。或者，可以使用镊子将它们从筛子中取出。然而，用镊子从筛子上去除微塑料更主观，因此可能容易造成更大的误差。

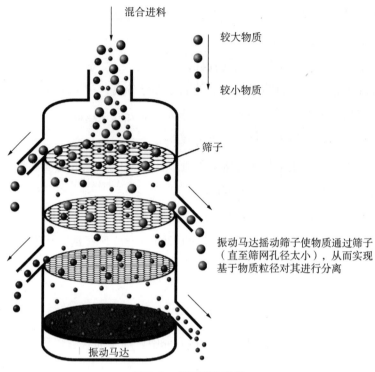

图 9.2　多层筛分装置

沉积物样品

从沉积物中提取微塑料的分离方法的类型受到沉积物和目标微塑料的物理特性（例如粒径、形状和密度）的影响。适用于微塑料研究的沉积物颗粒粒径列于表 9.1 中。

表 9.1　在微塑料研究中目标沉积物颗粒粒径

聚集体	颗粒直径
细砾石（fine gravel）	8~4 mm
极细砾石（very fine gravel）	4~2 mm
极粗砂（very coarse sand）	2~1 mm
粗砂（coarse sand）	1 mm~500 μm

聚集体	颗粒直径
中砂（medium sand）	500～250 µm
细砂（fine sand）	250～125 µm
极细砂（very fine sand）	125～62.5 µm
粉土	62.5～3.9 µm
黏土	3.9～1 µm
胶体（colloid）	< 1 µm

由于它们的物理特性，很难将小的微塑料从含有粉土、黏土或胶体的沉积物中分离。事实上，微塑料和沉积物越细，分离它们就越困难。此外，微塑料的形状也可以极大地影响从沉积物中将它们分离的能力，其中纤维状的比球形的更难分离。然而，筛分或过滤（如前所述）较细的沉积物以得到较大的微塑料是通常使用的合适技术[4, 188]，并且可以使用多种方法来帮助更小的微塑料从较小粒径的沉积物中分离，如密度分离。

密度分离

密度分离是利用塑料具有一系列不同密度的事实的过程。因此，当将具有不同密度的物质（例如沉积物和微塑料）的混合物置于中等密度的液体（水或盐溶液）中时，密度低于液体密度的物质将漂浮，而密度大于液体密度的物质会下沉（见图 9.3）。然后可以通过倾析位于沉积物层上方的液体［上清液（supernatant）］来收集漂浮的微塑料。

在文献中，密度分离已经成为从沉积物或砂中分离微塑料最可靠和最常用的方法，因为可以调节液体（通常是氯化钠或其他盐溶液）的密度以允许某些塑料漂浮在表面上。这有利于更快地分离和收集目标物质。因此，从沉积物中提取微塑料的研究中有 65% 使用密度分离[188]，这些研究最常使用饱和氯化钠（NaCl）溶液[61, 156, 406]，其密度为 1.202 g/cm³。因此，任何密度比此小的颗粒都漂浮在液体中，从而将其与较稠密、沉降到底部的沉积物（通常密度为 2.65 g/cm³）分离。然后将漂浮在饱和 NaCl 溶液表面上的塑料碎片分离，

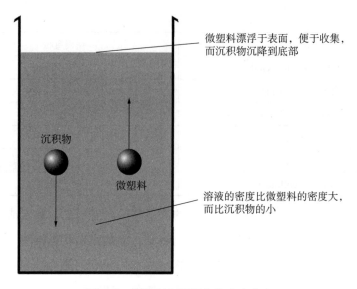

微塑料漂浮于表面，便于收集，而沉积物沉降到底部

溶液的密度比微塑料的密度大，而比沉积物的小

沉积物

微塑料

图 9.3　微塑料和沉积物的密度分离

以便随后通过过滤进行鉴定，通常通过真空泵[188]。然而，关于如何运用这一提取方法存在大量变化，每种方法表现出不同的提取效率。图 9.4 提供了一种高效的方案，该方案描述了对沉积物的大体积样品进行的程序，该样品已被带回实验室以分离微塑料。顺便提一下，关于在遵循这一方案时如何避免污染的程序，见第 8 章中描述的微塑料污染预防方案。重要的是，应避免样品与大气的不必要接触，并且作为一般规则，方案中的步骤越多，污染发生的可能性越大。

　　虽然许多研究遵循类似于图 9.4 中描述的方案，但是使用的盐溶液、样品混合时间（从 30 s 到 2 h）、静置时间（从 2 min 到 6 h）和重复次数有所不同[188]。尽管如此，这种密度分离方法仍特别有优势，因为 NaCl 的采购成本低廉、广泛可得且环境友好。然而，该方法的一个劣势是饱和 NaCl 溶液的密度为 $1.202\ g/cm^3$，仅允许密度低于该值的物品漂浮。然而，图 9.4 中的方案适用于许多微塑料，例如聚乙烯、泡沫聚苯乙烯和一些聚丙烯共混物，它们通常是在水生环境中发现的最常见的塑料类型，且适用于图 9.4 中的方案。例如，如果需要可提取特定低密度塑料的低密度溶液（见表 9.2），可以用乙醇和蒸馏水的混合物代替饱和 NaCl 溶液。通过改变乙醇与水的比例，可以产生不同密度的溶液，这些溶液的密度小于水的密度。类似地，在回收高密度微塑料的情况下，也可以用密度更大的溶液代替饱和 NaCl 溶液。

- 清洁实验室所有表面并遵循微塑料污染预防方案。

- 用金属刮刀将大体积沉积物样品充分混合 2 min，注意避免污染。

- 可选：在 60℃左右烘干沉积物。干燥后，筛分沉积物以分离合适粒径的目标微塑料。但是，在此步骤中应该谨慎行事。虽然许多研究确实在密度分离过程之前干燥并筛分沉积物样品，但这可能会去除微塑料并导致样品不太具有代表性。

- 准备浓缩的氯化钠（NaCl）溶液（密度为 1.2 g/cm^3）。

- 使用适当的天平称量均质沉积物的子样品。

注：虽然沉积物子样品的重量是可选的，但在理想情况下，NaCl 溶液与沉积物的比例是 3 份 NaCl 溶液（210 mL）与 1 份沉积物（70 g）。

- 将 70 g 沉积物倒入 400 mL 玻璃烧杯中。

- 将 210 mL 饱和 NaCl 溶液加入含有沉积物的 400 mL 烧杯中。

注：可以使用密度更大的溶液代替 NaCl 溶液，例如氯化锌（$ZnCl_2$）溶液。

- 使用顶置式搅拌器（overhead stirrer）以 300 r/min 将溶液 / 沉积物混合物悬浮在 400 mL 烧瓶中 3 min。

- 使用去离子水冲洗搅拌桨，以去除任何附着的物质。

- 让溶液 / 沉积物混合物静置 10 min。

- 使用支架固定 1 L 三颈圆底烧瓶。

- 在中间颈部安装 1 个塞子，并将 1 个真空泵连接到左颈部。在右颈部，连接一段管子，其另一端连接玻璃管，如巴斯德吸管（Pasteur pipette，见图 9.5）。

- 打开真空泵，使用连接到橡胶管的玻璃管收集漂浮在 400 mL 烧杯中溶液 / 沉积物混合物顶部的所有物质。

- 所有漂浮物质被收集在圆底烧瓶中后，将布氏漏斗（Buchner funnel）连接到 500 mL 布氏烧瓶（Buchner flask）上作为过滤装置（见图 9.6），确保密封。

- 打开真空泵，在布氏漏斗中放 1 张滤纸。将少量 NaCl 溶液倒入布氏漏斗中以润湿滤纸并冲洗系统。

- 将圆底烧瓶中收集的物质慢慢倒入布氏漏斗中，以收集任何固体物质。用去离子水小心冲洗烧瓶并将冲洗液倒入布氏漏斗中，以确保收集圆底烧瓶中的所有物质。
- 向过滤系统中加入去离子水，以冲洗掉滤纸收集的物质上的盐。
- 小心地从布氏漏斗中去除滤纸，确保滤纸上没有物质损失，并将滤纸放在表面皿上。将表面皿放入烘箱中，在 60～70℃下干燥 10 min。
- 滤纸干燥后，小心地从滤纸上去除物质并称重。
- 建议整个过程重复 3 次，以确保从沉积物中收集所有微塑料。

图 9.4　使用饱和氯化钠（NaCl）溶液的密度分离方案

改编自 Thompson RC，Olsen Y，Mitchell RP，Davis A，Rowland SJ，John AWG，McGonigle D，Russell AE. Lost at sea：where is all the plastic? Science 2004；304：838. Claessens M，Cauwenberghe LV，Vandegehuchte MB，Janssen CR. New techniques for the detection of microplastics in sediments and feld collected organisms. Marine Pollution Bulletin 2013；70：227-33.

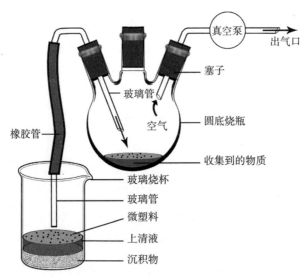

图 9.5　三颈圆底烧瓶的实验装置

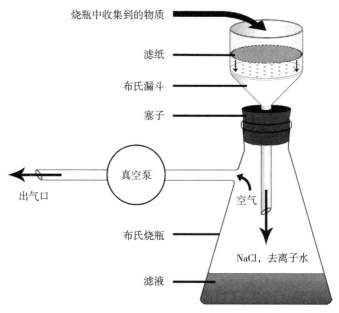

图 9.6　实验过滤装置

重要的是，绝大多数塑料很少仅由纯聚合物组成，并且通常与玻璃纤维或其他材料混合以增塑和冲击改性（参见第 1 章、第 2 章和第 4 章）。因此，这些添加剂会改变塑料的密度，通常会增加塑料的密度。表 9.2 列出了常见塑料的最小密度值和最大密度值。

表 9.2　常见塑料的密度范围

塑料	缩写	密度 /（g/cm^3）
聚苯乙烯（膨胀泡沫）	EPS	0.01～0.05
聚苯乙烯（挤压泡沫）	XPS	0.03～0.05
聚氯丁二烯（氯丁橡胶）（泡沫）	CR	0.11～0.56
聚丙烯（冲击改性）	PP	0.88～0.91
聚丙烯（均聚物）	PP	0.90～0.91
聚丙烯（共聚物）	PP	0.90～0.91
低密度聚乙烯	LDPE	0.92～0.94

塑料	缩写	密度 / (g/cm³)
线型低密度聚乙烯	LLDPE	0.92～0.95
高密度聚乙烯	HDPE	0.94～0.97
聚丙烯（10%～20% 玻璃纤维）	PP	0.97～1.05
聚苯乙烯（晶体）	PS	1.04～1.05
聚苯乙烯（耐高热）	PS	1.04～1.05
丙烯腈丁二烯苯乙烯（高抗冲）	ABS	1.00～1.10
丙烯腈丁二烯苯乙烯（耐高热）	ABS	1.00～1.15
尼龙 6,6（冲击改性）	PA	1.05～1.10
聚丙烯（10%～40% 矿物填充）	PP	0.97～1.25
聚丙烯（10%～40% 滑石）	PP	0.97～1.25
丙烯腈丁二烯苯乙烯	ABS	1.03～1.21
尼龙 6	PA	1.12～1.14
尼龙 6,6	PA	1.13～1.15
聚甲基丙烯酸甲酯（冲击改性）	PMA	1.10～1.20
聚丙烯（30%～40% 玻璃纤维）	PP	1.10～1.23
聚碳酸酯（耐高热）	PC	1.15～1.20
丙烯腈丁二烯苯乙烯（阻燃剂）	ABS	1.15～1.20
聚甲基丙烯酸甲酯	PMA	1.17～1.20
聚甲基丙烯酸甲酯（耐高热）	PMA	1.15～1.25
聚氯丁二烯（氯丁橡胶）（固体）	CR	1.20～1.24
聚氯乙烯（增塑和填充）	PVC	1.15～1.35
尼龙 6,6（冲击改性和15%～30% 玻璃纤维）	PA	1.25～1.35
聚对苯二甲酸乙二酯	PET	1.30～1.40

续表

塑料	缩写	密度 /（g/cm³）
尼龙 6,6（30% 矿物填充）	PA	1.35～1.38
尼龙 6,6（30% 玻璃纤维）	PA	1.37～1.38
聚氯乙烯（刚性）	PVC	1.35～1.50
聚碳酸酯（20%～40% 玻璃纤维）	PC	1.35～1.52
聚对苯二甲酸乙二酯（30% 玻璃纤维和冲击改性）	PET	1.40～1.50
聚苯乙烯（30% 玻璃纤维）	PS	1.40～1.50
聚碳酸酯（20%～40% 玻璃纤维和阻燃剂）	PC	1.40～1.50
聚氯乙烯（20% 玻璃纤维）	PVC	1.45～1.50
聚氯乙烯（增塑）	PVC	1.30～1.70
聚对苯二甲酸乙二酯（30% 玻璃纤维）	PET	1.50～1.60
聚四氟乙烯	PTFE	2.10～2.20
聚四氟乙烯（25% 玻璃纤维）	PTFE	2.20～2.30

对于致密微塑料的分离，密度为 1.202 g/cm³ 的饱和 NaCl 溶液是不合适的。实际上，聚氯乙烯和聚对苯二甲酸乙二酯等致密的微塑料占欧洲塑料需求量的 17% 以上 [337]。如果使用饱和 NaCl 溶液，那么这些较重的塑料会随沉积物下沉，导致沉积物样品中存在的微塑料数量被低估。这是特别重要的，因为海水的密度为 1.025 g/cm³。因此，致密的微塑料通常是最先沉积到海底并进入海洋沉积物中的。《海洋战略框架指令海洋垃圾技术分组》建议使用饱和 NaCl 溶液对沉积物中的微塑料进行密度分离 [208]。但是，如果期望在沉积物样品中确认微塑料数量时包含致密微塑料，建议使用替代方法确保考虑到样品中存在的任何致密微塑料。

实现这一目标的一种方式是使用重质液体来配制高密度溶液。向重质液体中加入蒸馏水可以产生所需密度的溶液。氯化锌 [198, 257]、聚钨酸钠 [74, 344] 和

碘化钠 [62, 96, 319] 的溶液都已成功得到使用。此外，美国国家海洋和大气管理局（NOAA）的 1 份出版物建议使用 5.4 mol/L 偏钨酸锂（密度为 1.6 g/cm³）进行沉积物密度分离 [276]。重要的是，推荐密度大于 1.4 g/cm³ 的溶液以确保所有塑料与沉积物的有效分离 [53, 198]。虽然高密度溶液可以更有效地提取塑料，但如果密度太大，那么其他碎片甚至沉积物本身都会浮在表面上，出现无效分离。对于颗粒粒径较小的沉积物尤其明显，必须通过实验室反复试验以找到平衡点（表 9.3）。

表 9.3   成功用于配制分离微塑料和沉积物的高密度溶液的重质液体

盐溶液	化学成分	密度 /（g/cm³）
聚钨酸钠	$Na_6（H_2W_{12}O_{40}）$	1.4
氯化锌	$ZnCl_2$	1.5～1.7
5.4 mol/L 偏钨酸锂	$Li_6（H_2W_{12}O_{40}）$	1.6
碘化钠	NaI	1.8

虽然重质液体有助于从沉积物中获得更好的微塑料回收率，但是使用不同的盐溶液不仅导致报告的微塑料提取效率变化，也使得比较研究之间的结果存在困难 [334]。此外，虽然多项开发提取方法的研究报告使用各种盐溶液从沉积物中回收微塑料的百分比都很高，但所用的微塑料粒径一般大于 1 mm、呈球形并存在于相对粗糙的沉积物中。因此，这些可能不能反映直接从环境中采集的样品。

在许多情况下，提取过程必须重复 3 次以实现高效率。例如，使用氯化钠（NaCl）溶液，聚乙烯微塑料的提取效率从第一次提取的 61% 增加到第二次提取的 83% 和第三次提取的 93% [406]。随后对这一方法的微小改进使提取效率提高了 4 个百分点，回收率高达 97% [61]。然而，使用其他盐溶液得到的回收率甚至更高。例如，用碘化钠溶液，回收率达到 68%～99% [319] 和 98%～100% [62]，而用氯化锌溶液，回收率达到 96%～100% [199]。然而，在从环境获得的沉积物样品中回收纤维已经被证明要困难得多。事实上，据报道，回收率在 0～98% 这一相当宽的范围内 [319]。同样，据报道，沉积物中 40～309 μm 的小型微塑料的回收率不足，约为 40% [198]，从而提出了更大的挑战。

　　然而，一种基于密度分离的新技术已被开发出来，被称为慕尼黑塑料沉积物分离器（Munich Plastic Sediment Separator，MPSS）[198]。据报道，利用氯化锌溶液，MPSS 可以可靠地将小型微塑料与沉积物分离，并将回收率从 40% 提高到 95.5%。对粒径大于 1 mm 的微塑料的回收率甚至高达 100%。与需要 3 次提取的传统方法相比，MPSS 的另一个优势是其只需要 1 个提取步骤，从而减少了提取时间。然而，劣势是 MPSS 是一种高度专业化的设备，目前还没有广泛使用。

　　最后，在进行密度分离时需要考虑的一个重要方面是，虽然重质液体有助于从沉积物样品中更好地回收微塑料，但它们通常非常昂贵，有些甚至被认为对环境有毒。因此，出于实用性的原因，这经常妨碍它们在大规模研究中的使用。由于这些成本影响，一些研究人员已经开发了通过在密度分离之前引入减少步骤［例如淘洗或泡沫浮选（froth flotation）］以减少样品体积的方法[62, 319]。

淘洗

　　淘洗是通过沿与沉降方向相反的方向流动的气流或液流，根据颗粒的粒径、形状和密度以分离颗粒的过程（见图 9.7）。就微塑料而言，这一技术首先用于[62]引导向上流动的水通过柱以将微塑料与沉积物分离，从而诱导沉积物的流态化。最后，这一技术用于预处理步骤以在用碘化钠（NaI）溶液进行密度分离之前减少样品体积，并且证明有很好的回收率，PVC 颗粒的回收率为 100%，纤维的回收率为 98%。

　　淘洗也是空气诱导溢流（Air-Induced Overflow，AIO）技术的基础，这一技术涉及在氯化钠（NaCl）溶液中沉积物的流态化[319]。在 AIO 技术中，空气产生的湍流气泡诱发了随机过程，促使特定的较轻颗粒比较重的颗粒更频繁和快速地移动到溶液的顶层。这使得沉积物质量在用碘化钠溶液进行密度分离之前减少多达 80%。基于淘洗的 AIO 技术和用碘化钠的密度分离的组合回收了 91%～99% 的小于 1 mm 的聚丙烯、聚氯乙烯、聚对苯二甲酸乙二酯、聚苯乙烯和聚氨酯微塑料[319]。其他淘洗装置已成功实现 50% 的回收率，表明可能仍然需要对这些技术进行一些优化。

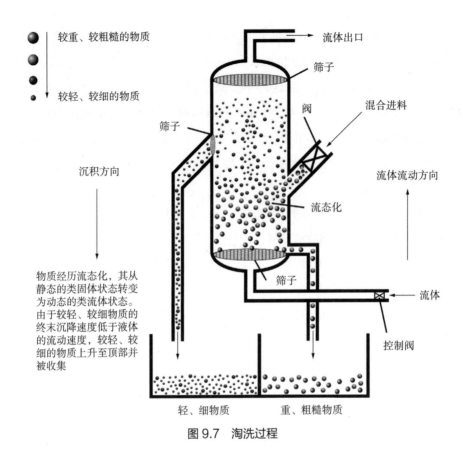

较重、较粗糙的物质

较轻、较细的物质

沉积方向

物质经历流态化，其从静态的类固体状态转变为动态的类流体状态。由于较轻、较细物质的终末沉降速度低于液体的流动速度，较轻、较细的物质上升至顶部并被收集

流体出口

筛子

阀

混合进料

筛子

流态化

流体流动方向

筛子

流体

控制阀

轻、细物质

重、粗糙物质

图9.7　淘洗过程

泡沫浮选

泡沫浮选是根据物质是拒水性的（疏水性的）或对水具有亲和性（亲水性的）而选择性地分离物质的过程[5, 137]。重要的是，文献中也使用了"浮选"这个词来描述较轻的微塑料漂浮在盐溶液表面的密度分离过程。然而，这个过程仅基于密度，不应与泡沫浮选过程相混淆。因此，泡沫浮选的过程不仅仅取决于物质的密度，还取决于其疏水性。例如，泡沫浮选是采矿业中常用的技术。在这一技术中，由于气泡基于颗粒疏水性选择性地黏附到颗粒表面的能力不同，所以目标颗粒与液相实现物理分离。附着有气泡的疏水性颗粒被带到表面，从而形成可以被去除的泡沫，而亲水性颗粒保持在液相中[272]（图9.8）。

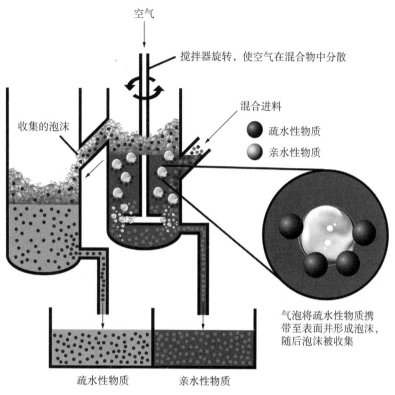

空气

搅拌器旋转，使空气在混合物中分散

混合进料

● 疏水性物质

○ 亲水性物质

收集的泡沫

气泡将疏水性物质携带至表面并形成泡沫，随后泡沫被收集

疏水性物质　　亲水性物质

图 9.8　泡沫浮选过程

　　由于塑料通常是疏水性物质，因此泡沫浮选已成功用于塑料的分离[5, 137]。例如，通过添加润湿剂（wetting agent），可使在特定液相中漂浮的两种塑料彼此分离，润湿剂选择性地吸附到一种塑料上而不是另一种塑料上。因此，润湿剂通过选择性地吸附到特定塑料的表面上而起到浮选抑制剂（flotation depressant）的作用，从而使其具有亲水性。然而，吸附到其他塑料远没有那么明显。因此，疏水性塑料将继续漂浮，而亲水性塑料则由于浮选抑制而下沉到底部。然后可以从混合物的表面回收漂浮的塑料。然而，在泡沫浮选过程中需要考虑许多因素，例如微塑料的表面自由能（surface free energy）和浮选槽中液体的表面张力（surface tension），以及临界表面张力（critical surface tension），其定义为液体完全润湿固体微塑料的表面张力。最终，疏水性微塑料的选择性分离要求微塑料仅部分被浮选槽中的液体润湿，从而使气泡黏附

到固相的表面，并使微塑料到达液相的表面以被收集，而沉积物颗粒完全润湿并下沉。然而，这一技术很少用于从沉积物中分离微塑料[198, 436]。也许其原因在于，尽管已报道的回收率高达93%[436]，但发现这一技术受到塑料中存在的润湿剂或添加剂的负面影响。

生物样品

许多海洋和淡水生物吸收和摄食微塑料已被广泛报道（见第7章）。实际上，已知无脊椎动物（尤其是双壳类和甲壳类动物）、鱼类、海洋哺乳动物和鸟类经常摄食这些物质，因此，人们普遍关注肠道内容物的分析。然而，就生物体组织中微塑料的存在而言，往往只发现非常小的小型微塑料，因为它们更可能从胃肠道转移[156]。因此，已经开发了各种技术用于从生物中分离微塑料，并且根据生物体的大小和目标微塑料，以及要回收的塑料的类型选择适当的方法。

目视检测和从生物中分离

目视检测和分离是从生物中检测和分离微塑料的最常用技术，因为这一过程相对简单并且除双目显微镜以外不需要任何专业设备。实际上，这种方法特别适用于从鱼胃肠道中分离微塑料[15, 30, 69, 87, 269, 361]。这一过程通常涉及使用剪刀划开胃肠道并在用双目显微镜观察时用镊子去除任何检测到的微塑料[269]。或者，通过蒸馏水从组织冲洗微塑料并使其悬浮在培养皿中用于观察[361]。例如，在对淡水鱼的一项研究[331]中，用蒸馏去离子水冲洗蓝鳃（*Lepomis macrochirus*）和长寿太阳鱼（*Lepomis megalotis*）的胃内容物，使其通过4个过滤器（1 000 μm、243 μm、118 μm 和 53 μm），以便对摄食的各塑料按粒径大小分组。

这一方法也广泛用于研究鸟类的胃肠道中的微塑料。例如，作为在北海进行的监测计划的一部分，在暴风鹱（*Fulmarus glacialis*）海鸟的尸体中经常发现塑料和微塑料[427]。然而，这种技术的缺点在于，当采用这种潜在的主观方法时存在偏差的可能性，因为目视检测非常小的物品（例如小型微塑料）有困难，这些物品可能是透明的或被物质污染并因此被观察者忽略。

化学和酶消解

虽然目视检测和分离是去除碎片和天然存在的有机碎片的必需步骤，但在许多情况下完全依赖目视检测和分离从生物中去除微塑料可能是不切实际的。当处理从环境中回收的大量物质或非常小的生物体（例如浮游动物）时尤其如此。出于这个原因，并且为了克服偏差的可能性，已经开发了允许塑料与有机物更快分离的技术，即通过消解有机物以留下塑料进行量化。这通常通过使用酸、碱和酶来实现。最后，这种方法特别适用于整个身体或内脏团可被消解的小型生物，以及鱼胃，并确保收集所有存在的塑料。尽管如此，在使用这种方法时必须小心，因为尽管试剂可以成功地消解生物组织，但它也可能对微塑料本身产生化学影响，特别是对诸如纤维的小物品[355]。因此，需要通过实验室反复试验找到微妙的平衡。

得到最广泛研究的方法之一是基于使用酸来湿法消解生物组织的原理的。实际上，最成功的是酸破坏方法，并由国际海洋勘探理事会（ICES）推荐，作为监测鱼胃和贝类中塑料的初步方案的一部分。酸破坏方法（也称为酸混合方法）使用 65% 硝酸（HNO_3）和 68% 高氯酸（$HClO_4$）的比例为 4∶1 的混合物（HNO_3 与 $HClO_4$ 体积比为 4∶1），完全消解组织并去除其他有机物，只留下二氧化硅和塑料[428]。这一方法的另一个优势是它还可以去除人造丝纤维，人造丝纤维是由再生纤维素组成的常见纤维，不被认为是微塑料，并且已知会使结果产生偏差。然而，这一技术仍在开发中，并且可能需要不同的酸浓度，因为已经有一些报道称对尼龙纤维产生不利影响[428]，已知尼龙纤维对酸和碱敏感（见第 4 章）。

已经开发的其他方法涉及使用硝酸、过氧化氢和氢氧化钠，并且已经证明了有效的组织消化率（特别是在贻贝中），聚苯乙烯微珠的回收率高达 94%～98%，但是尼龙纤维结果变化很大，回收率为 0～98%[62]。此外，根据提取的微塑料的粒径和类型，回收率也有相当大的变化[334]。一项关于自然栖息地生物体中微塑料存在的综述 [428] 报道，使用目视检测和分离以及利用氢氧化钾（KOH）、过氧化氢（H_2O_2）和各种酸破坏方法的组织解离方法，对甲壳类动物、鱼类、软体动物（主要是紫贻贝）和多毛类动物（沙蚕）进行了评估。在多个研究 [132, 278, 448] 中用 H_2O_2 处理，但是在其他研究中证明这会导致不完全的组织解离和样品中特定粒径的微塑料的显著损失 [319]。因此，为了避免微塑料本身的解离，已经推荐使用酶（例如蛋白酶、脂肪酶、纤维素酶和几丁质酶）[107] 用于组织解离，作为酸和碱的替代物。事实上，一项调查浮游动物对微塑料摄食的研究中 [66]，蛋白酶 K 被用于样品预处理步骤，以去除大量生物质（97% 重量），这些物质成功地从水样中被过滤而不会破坏任何存在的微塑料 [66]。虽然这一技术尚未得到更广泛的应用，但结果看起来很有希望。

最后，需要继续研究以开发更有效的方法来从不同介质中分离微塑料。此外，尽管开发改进的提取技术很重要，但还应该重点开发标准化的分离方案，以便在时间、空间和物种水平上比较结果。一旦成功地将微塑料与样品介质分离，最后一步是对存在的塑料的类型进行排序、分类和鉴定，以报告样品中微塑料的丰度和类型。

第 10 章　微塑料鉴定技术

微塑料的鉴定

在样品收集和分离之后，评估环境中微塑料的最后一步是对怀疑由塑料组成的那些物品的正确鉴定。然而，可疑微塑料的精确化学组成可能非常多样。由于许多塑料在制造过程中与填料和添加剂混合，或作为共聚物存在，从环境样品中回收的不同类型的微塑料的范围可能相当广泛。这使得每种特定塑料具有其自身特有的理化性质（见第 4 章），给准确鉴定带来挑战[156]。微塑料的粒径和形状进一步引起复杂化，这会影响鉴定的方法。尤其是对小型微塑料（1 μm ~ 1 mm），因为考验了仪器的检出限，而且在处理如此小粒径的物品时遇到实际困难。然而，有多种技术可用于微塑料鉴定，从简单的目视鉴定到基于聚合物化学组成的分析技术。这通常在专业仪器上进行，例如傅里叶变换红外光谱（Fourier transform infrared spectroscopy，FTIR）、拉曼光谱和热解 - 气相色谱 - 质谱（Pyrolysis-gas chromatography-mass spectrometry，Pyr-GC-MS），所有这些都已在文献中进行了综述[334]。顺便说一下，有人呼吁在标准化的微塑料监测方案中加入光谱技术，以确保对从环境样品中回收的微塑料的准确鉴定[448]。

样品纯化

任何暴露于海洋或淡水环境的表面都会受到某种形式的污损，尤其是生物污损，就是一层微生物（细菌、藻类、真菌或浮游生物）累积在表面上。可以通过元素分析中的氮检测来确定生物污损的存在，并且已经用原始聚丙烯微塑料和聚乙烯微塑料进行了成功验证[303]。然而，表面外观的变化会极大地影响物品的鉴定方式，并可能导致低估样品中的微塑料。最明显的例子是目视鉴定，因为物品的外观（颜色、质地和形状）可以随污损的程度而改变，从而导致错误鉴定。此外，经常用于鉴定微塑料的若干基于表面的技术（例如 FTIR 或拉曼光谱）也可能受到负面影响。

为此，已提出各种方法来纯化可疑的微塑料物品并清洁任何生物污损的表面。这通常在微塑料分离步骤之后进行。提出的方法包括淡水冲洗[282]、超声波清洁[73] 和用各种化学品处理，包括盐酸、氢氧化钠和过氧化氢[198, 257, 319]。然而，出于与使用化学品从生物中分离微塑料时要小心同样的原因，在试图去除生物质时必须小心谨慎，因为化学品可能会改变微塑料的特性，导致错误鉴定，甚至完全溶解样品。例如，发现用过氧化氢（30%）处理是从微塑料中去除生物有机物质的有效方法。然而，发现过氧化氢能够改变聚合物的特性，使得难以鉴定或在某些情况下甚至溶解聚合物，特别是对纤维而言[61, 319]。因此，有人建议，只有在样品中含有大量的有机物质并阻碍了微塑料的目视选择的情况下才应进行这一纯化步骤[319]。然而，在美国国家海洋和大气管理局（NOAA）最近制定的一项关注从沉积物中分离微塑料的方案中，在 Fe（Ⅱ）催化剂存在时经湿式过氧化氢氧化法（wet peroxide oxidation，WPO）处理固体以消解可溶性有机物[276]。如果决定进行样品纯化步骤，则必须考虑该步骤对选择代表性微塑料的影响。这对纤维而言尤其重要，纤维由于其较大的表面积而可能会发生更大的变化。在许多情况下，如果要进行基于表面的鉴定技术，只需用手术刀简单地刮擦塑料表面即可。然而，对于较小的物品，这不太可能实用。因此，一种有意思的可能性是使用酶去除生物质，如从样品分离生物质时所发生的那样[66]。然而，迄今为止，在清洁用于微塑料鉴定的样品方面尚未得到充分研究。

目视鉴定

鉴定微塑料的最简单方法是目视鉴定。尽管这一技术更耗时，但它通常是最合适的，特别是对获得有限资源的大体积样品而言，可能无法使用昂贵的分析仪器。为了使目视检查有助于对微塑料的正确鉴定，已经提出以下严格的标准[316]来鉴定微塑料，其对于粒径范围为 0.5～5 mm 的微塑料最有效[188]。

选择标准以鉴定微塑料

• 所讨论的颗粒或纤维没有可观察到的有机结构或细胞结构。

• 对于纤维，直径应沿长度一致，没有在三维空间中逐渐变细或弯曲的迹象。如果纤维不是直的，则怀疑是生物来源。

• 对于红色纤维，需要使用高倍显微镜检查、荧光显微镜和叶绿体染色进行额外的检查，以排除藻芽（algal sprout）。

• 颗粒应清晰且不变色。

• 对于透明、不透明或白色颗粒，应进行进一步的高倍显微镜检查以及荧光显微镜检查，以排除生物来源的可能性。

注：对透明纤维和白色纤维没有任何标准是由于它们与生物体的触角和植物纤维的典型混淆[316]。因此，避免了将这些有机结构错误鉴定为微塑料而高估。然而，排除这些类型纤维的缺点是可能导致低估环境样品中的微塑料量。因此，如果需要包括这样的纤维，则需要使用高倍显微镜检查、荧光显微镜和染色技术进行高度详细的检查以确认这些物品是微塑料。在某些情况下，甚至可能需要利用扫描电子显微镜（SEM）确信鉴定是准确的。

这些选择标准有助于排除生物质并有助于识别微塑料。实际上，作为重要的微塑料鉴定手段，目视方法已经在多个最近的出版物中被使用，该方法基于物品的形状和颜色，以及对微塑料纤维的破损（分裂、分解、磨损）的研究[32, 173, 331]。在鉴定大量物品可能不切实际的情况下，应根据目视检查随机选择具有代表性的塑料子组，以便使用光谱学进行鉴定[344, 345]。

重要的是，在目视鉴定过程中始终存在主观性和潜在偏见的因素，这是由每个检查者的个人解释引起的。此外，如果微塑料是老化的（见第 4 章和第 5 章），那么形态可能会发生变化，从而使鉴定更加困难。在显微镜和光谱（FTIR）鉴定之间的比较中，当使用立体显微镜（stereomicroscope）观察表面微层和沙滩样品时，碎片状的微塑料被显著低估，而天然来源的纤维被显著高估[389]。在另一项比较中，与 FTIR 相比，对于目视分类为微塑料的物品高估了 70%[188]。目视鉴定的有效性取决于被仔细检查的物品的粒径，并且鉴定随着物品的粒径减小而变得相当困难，误差率在 20%[116]～70%[188] 之间。因此，目视鉴定非常小的物品为微塑料的准确性与较大的物品的准确性相比，可靠性较低[107, 188, 389]。因此，对于粒径小于 1 mm 的颗粒，建议使用光谱构象[188]，而其他人建议该值小于 500 μm[263] 或小于 100 μm[120]。然而，诸如高倍荧光显微镜[389]或扫描电子显微镜的技术可用于确认细胞结构的缺失并改进目视鉴定。最后，目视鉴定是一种重要的技术，并且适当的鉴定方法的选择取决于待分析样品的数量和目标微塑料的粒径。一旦可疑物品被目视鉴定为微塑料，则可以使用标准化粒径和颜色分类（SCS）系统对它们进行分类。

用于分类微塑料的标准化粒径和颜色分类（SCS）系统

标准化粒径和颜色分类（SCS）系统（见图 10.1）根据塑料的粒径和外观有效地对其进行分类。SCS 系统能够对任何塑料进行分类。

粒径和颜色分类（SCS）系统程序

除提供有效的分类系统外，SCS 系统还生成用于处理微塑料丰度数据的唯一代码。在下面的五步中，将使用一个例子来说明 SCS 系统是如何工作的。因此，我们将假设已经从环境中收集了 1 个样品，并且检测到的塑料已经从样品中分离出来。下一步是使用 SCS 系统对这些塑料进行排序和分类。

示例：

在这个例子中，我们将解释如何分类粒径为 0.8 mm、类型为微碎片的小型微塑料，其颜色为浅蓝色并由聚乙烯构成。

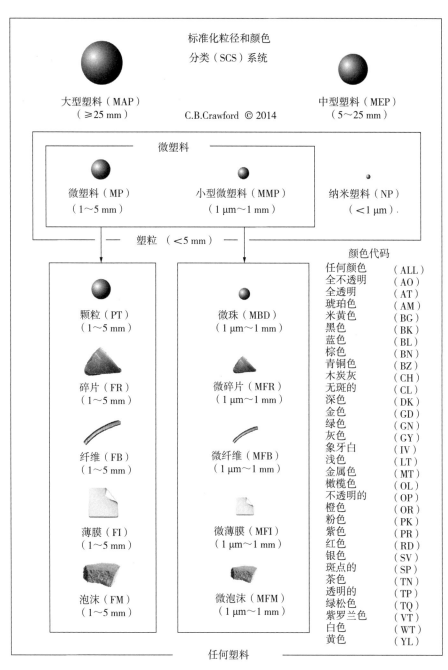

图 10.1　标准化粒径和颜色分类（SCS）系统

步骤 1：类别

首先，应根据塑料粒径进行分类。先沿着它们的最长尺寸测量粒径，然后参考表 10.1 分配适当的类别缩写。例如，MP 为微塑料，MMP 为小型微塑料。

对于大型塑料和中型塑料，使用适当的类别缩写（MAP 或 MEP）和粒径分配每个塑料，然后转到步骤 3。

对于纳米塑料，使用缩写代码（NP）和颜色缩写代码（ALL），然后转到步骤 4。

表 10.1　基于粒径的塑料分类

类别	缩写	粒径	粒径定义
大型塑料	MAP	≥ 25 mm	沿其最长的尺寸粒径大于或等于 25 mm 的塑料
中型塑料	MEP	5～25 mm	沿其最长的尺寸粒径为 5～25 mm 的塑料
塑粒	PLT	< 5 mm	沿其最长的尺寸粒径小于 5 mm 的塑料
微塑料	MP	1～5 mm	沿其最长的尺寸粒径为 1～5 mm 的塑料
小型微塑料	MMP	1 μm～1 mm	沿其最长的尺寸粒径为 1 μm～1 mm 的塑料
纳米塑料	NP	< 1 μm	沿其最长的尺寸粒径小于 1 μm 的塑料

示例：

在示例中使用的塑料沿其最长尺寸粒径为 0.8 mm。参考表 10.1，我们可以看到这一测量将该塑料分类为小型微塑料。因此，我们编写 SCS 代码的第一部分如下：MMP/0.8。

注：如果塑料的粒径类别是通过筛分方法确定的，而没有对每个进行精确测量，那么只需使用类别缩写而不用明确粒径。因此，在该种情况下，本例中 SCS 的第一部分如下：MMP/。

步骤 2：类型

对于粒径小于 5 mm 的塑料，根据其外观进行进一步分类。应根据微塑料和小型微塑料的粒径、形状和基本成分将其分为适当的类型，参见表 10.2。

然后为每个塑料分配适当的类型缩写，并将其添加到 SCS 代码的末尾。

如果不需要进一步的形态分类，并且只是希望报告粒径不超过 5 mm 的所有类型塑料的丰度，那么使用塑粒（PLT）的类别缩写。

如果需要根据颜色进一步分类，转到步骤 3。如果不是，使用颜色缩写（ALL），然后转到步骤 4。

表 10.2　基于形态学的微塑料分类

缩写	类型	粒径	定义
PT	颗粒	1～5 mm	直径为 1～5 mm 的塑料小球
MBD	微珠	1 μm～1 mm	直径为 1 μm～1 mm 的塑料小球
FR	碎片	1～5 mm	沿其最长的尺寸粒径为 1～5 mm 的形状不规则的塑料
MFR	微碎片	1 μm～1 mm	沿其最长的尺寸粒径为 1 μm～1 mm 的形状不规则的塑料
FB	纤维	1～5 mm	沿其最长的尺寸粒径为 1～5 mm 的丝状或线状塑料
MFB	微纤维	1 μm～1 mm	沿其最长的尺寸粒径为 1 μm～1 mm 的丝状或线状塑料
FI	薄膜	1～5 mm	沿其最长的尺寸粒径为 1～5 mm 的薄片状或膜状塑料
MFI	微薄膜	1 μm～1 mm	沿其最长的尺寸粒径为 1 μm～1 mm 的薄片状或膜状塑料
FM	泡沫	1～5 mm	沿其最长的尺寸粒径为 1～5 mm 的海绵状、泡沫状或类似泡沫状塑料
MFM	微泡沫	1 μm～1 mm	沿其最长的尺寸粒径为 1 μm～1 mm 的海绵状、泡沫状或类似泡沫状塑料

示例：

在示例中使用的塑料是小型微塑料且具有碎片状外观，因此我们将其归类为微碎片。因此，参考表 10.2，我们将微碎片的缩写添加到 SCS 代码的末尾，如下所示：MMP/0.8/MFR。

步骤 3：颜色

下一步要求参考表 10.3 给出所有塑料的单独的颜色代码。也可以使用颜色代码的组合，并使用连字符组合。例如，DK-BL 表示深蓝色，MT-GN 表示金属绿色。

表 10.3　基于颜色的分类

颜色	缩写	颜色	缩写
任何颜色	ALL	浅色	LT
全不透明	AO	金属色	MT
全透明	AT	橄榄色（olive）	OL
琥珀色（amber）	AM	不透明的	OP
米黄色（beige）	BG	橙色	OR
黑色	BK	粉色	PK
蓝色	BL	紫色	PR
棕色	BN	红色	RD
青铜色	BZ	银色	SV
木炭灰（charcoal）	CH	斑点的（speckled）	SP
无斑的	CL	茶色（tan）	TN
深色	DK	透明的	TP
金色	GD	绿松色（turquoise）	TQ
绿色	GN	紫罗兰色（violet）	VT
灰色	GY	白色	WT
象牙白	IV	黄色	YL

示例：

微碎片的颜色是浅蓝色。因此，参考表 10.3，我们将"浅色"和"蓝色"的颜色缩写与连字符组合如下：LT-BL。

然后我们将此颜色信息添加到 SCS 代码的末尾，如下所示：MMP/0.8/MFR/LT-BL。

步骤 4：聚合物

然后通过目视检查、光谱方法或其他分析技术分析所有塑料以确定聚合物的类型。一旦确定，将表 10.4 中的相应聚合物缩写分配给每个塑料。

表 10.4　聚合物缩写代码

聚合物	缩写
丙烯腈丁二烯苯乙烯	ABS
丙烯腈苯乙烯丙烯酸酯	ASA
丁二烯橡胶	BR
醋酸纤维素	CA
醋酸丁酸纤维素	CAB
醋酸丙酸纤维素	CAP
纤维素	CE
羧甲基纤维素	CMC
硝酸纤维素	CN
丙酸纤维素	CP
聚氯丁二烯（氯丁橡胶）	CR
氯磺化聚乙烯	CSM
乙烯 - 三氟氯乙烯共聚物	ECTFE
二元乙丙橡胶	EPR
膨胀聚苯乙烯	EPS
乙烯乙酸乙烯酯	EVA
乙烯乙烯醇	EVOH
氟化乙烯丙烯	FEP
高密度聚乙烯	HDPE
羟乙基甲基丙烯酸酯	HEMA
高抗冲聚苯乙烯	HIPS
低密度聚乙烯	LDPE
线型低密度聚乙烯	LLDPE
丙烯酸甲酯丁二烯苯乙烯	MBS
中密度聚乙烯	MDPE
三聚氰胺甲醛	MF
丁腈橡胶	NBR
天然橡胶	NR

聚合物	缩写
聚酰胺（尼龙）	PA
尼龙 4,6	PA 46
尼龙 6	PA 6
尼龙 6,10	PA 610
尼龙 6,6	PA 66
尼龙 6,6/6,10 共聚物	PA 66/610
尼龙 11	PA 11
龙龙 12	PA 12
芳香族聚酰胺	PAA
聚酰胺酰亚胺	PAI
聚丙烯腈	PAN
聚丁烯（polybutylene）	PB
聚对苯二甲酸丁二酯	PBT
聚碳酸酯	PC
聚己内酯（polycaprolatone）	PCL
聚乙烯	PE
聚醚嵌段酰胺（polyether block amide）	PEBA
聚醚醚酮（polyetheretherketone）	PEEK
聚酯弹性体（polyester elastomer）	PEEL
聚酯酰亚胺（polyester imide）	PEI
聚醚酮（polyetherketone）	PEK
聚醚砜（polyether sulfone）	PES
聚对苯二甲酸乙二酯	PET
聚对苯二甲酸乙二酯改性	PETG
苯酚甲醛（phenol formaldehyde）	PF
全氟烷氧基链烷（perfluoroalkoxy alkane）	PFA
聚羟基丁酸酯	PHB
聚（3-羟基丁酸酯-co-3-羟基戊酸酯）[poly（3-hydroxybutyrate-co-3-hydroxyvalerate）]	PHBV

续表

聚合物	缩写
聚羟基戊酸酯	PHV
聚酰亚胺	PI
聚异氰脲酸酯（polyisocyanurate）	PIR
聚乳酸	PLA
聚甲基丙烯酸甲酯	PMA
聚甲基戊烯（polymethylpentene）	PMP
聚甲醛	POM
聚丙烯	PP
聚对亚苯醚［poly（p-phenylene ether）］	PPE
聚对亚苯氧［poly（p-phenylene oxide）］	PPO
聚苯硫醚	PPS
聚亚苯基硫醚砜（polyphenylene sulphide sulfone）	PPSS
聚苯砜（polyphenylene sulfone）	PPSU
聚对苯二甲酸亚丙基酯	PPT
聚苯乙烯	PS
聚砜	PSU
聚四氟乙烯	PTFE
聚对苯二甲酸丙二醇酯（polytrimethylene terephthalate）	PTT
聚氨酯	PUR
聚乙酸乙烯酯（polyvinyl acetate）	PVA
聚乙烯醇缩丁醛（polyvinyl butytral）	PVB
聚氯乙烯	PVC
氯化聚氯乙烯（chlorinated polyvinyl chloride）	PVCC
聚偏氯乙烯（polyvinylidene chloride）	PVDC
聚偏二氟乙烯	PVDF
聚氟乙烯（polyvinyl fluoride）	PVF
聚乙烯醇	PVOH
苯乙烯丙烯腈（styrene acrylonitrile）	SAN

聚合物	缩写
丁苯橡胶（styrene butadiene rubber）	SBR
苯乙烯丁二烯苯乙烯（styrene-butadiene-styrene）	SBS
苯乙烯乙烯丁二烯苯乙烯（styrene-ethylene-butadiene-styrene）	SEBS
苯乙烯异戊二烯苯乙烯（styrene-isoprene-styrene）	SIS
苯乙烯马来酸酐（styrene maleic anhydride）	SMA
热塑性聚氨酯（thermoplastic polyurethane）	TPUR
脲醛（urea formaldehyde）	UF
超高分子量聚乙烯	UHMWPE
交联聚乙烯	XLPE
挤塑聚苯乙烯	XPS

示例：

已经鉴定出微碎片是聚乙烯，其缩写为 PE。因此，我们将表 10.4 中相关的聚合物缩写添加到 SCS 代码的末尾，如下所示：MMP/0.8/MFR/LT-BL/PE。

步骤 5：数量

最后一步是报告每个类别的塑料的数量。因此，在每个独一无二的已分类塑料的代码之后写数字 1。但是如果有同一类别的多个塑料，那么代码只写 1 次，在代码末尾写相同类别的塑料的数量，因此对于相同类别的 8 个塑料，数字 8 将写在 SCS 代码的末尾。

每个塑料现在应该有 1 个 SCS 代码，用于鉴定类别、精确粒径（可选）、类型、颜色、聚合物类型和塑料数量。

对中型塑料和大型塑料而言，代码中表示了类别、精确粒径（可选）、颜色和聚合物类型。对纳米塑料而言，代码中表示了类别和聚合物类型。然后，这些 SCS 代码可用于报告环境中塑料的类型和丰度。

已生成的所有 SCS 代码也可以表格格式输入，如表 10.5 中的示例所示。在表的右侧添加了 2 个额外的列，以提供编写代码以及对这些代码的解释的示例。

表 10.5　SCS 数据代码及其解释的示例

示例	类别	可选：粒径 /mm	类型	颜色	聚合物	数量	编写代码示例	代码解释
1	MAP	38	—	BK	ABS	1	MAP/38/BK/ABS/1	1 个粒径为 38 mm 的大型塑料，颜色为黑色，由丙烯腈丁二烯苯乙烯组成
2	MEP	16	—	LT-GY	PVC	2	MEP/16/LT-GY/PVC/2	2 个粒径为 16 mm 的中型塑料，颜色为浅灰色，由聚氯乙烯组成
3	MP	1.4	PT	AM	PP	1	MP/1.4/PT/AM/PP/1	1 个粒径为 1.4 mm 的微塑料，类型为颗粒，颜色为琥珀色，由聚丙烯组成
4	MP	1.9	FI	BL	PE	1	MP/1.9/FI/BL/PE/1	1 个粒径为 1.9 mm 的微塑料，类型为薄膜，颜色为蓝色，由聚乙烯组成
5	MP	2.0	FR	TP	PC	1	MP/2.0/FR/TP/PC/1	1 个粒径为 2.0 mm 的微塑料，类型为碎片，颜色透明，由聚碳酸酯组成
6	MP	1.2	FM	WT	EPS	1	MP/1.2/FM/WT/EPS/1	1 个粒径为 1.2 mm 的微塑料，类型为泡沫，颜色为白色，由膨胀聚苯乙烯组成
7	MMP	0.6	MBD	DK-GN	HDPE	1	MMP/0.6/MBD/DK-GN/HDPE/1	1 个粒径为 0.6 mm 的小型微塑料，类型为微珠，颜色为深绿色，由高密度聚乙烯组成
8	MMP	0.8	MFB	LT-BL	PE	8	MMP/0.8/MFB/LT-BL/PE/8	8 个粒径为 0.8 mm 的小型微塑料，类型为微纤维，颜色为浅蓝色，由聚乙烯组成
9	MMP	—	MFR	GD	PET	2	MMP/MFR/GD/PET/2	2 个小型微塑料，类型为微碎片，颜色为金色，由聚对苯二甲酸乙二酯组成
10	NP	—	—	ALL	PS	20	NP/ALL/PS/20	20 个由聚苯乙烯组成的纳米塑料

示例：

如果有相同类别的 8 个塑料，那么我们只需要写 1 次 SCS 代码，在代码末尾放上 "8"。因此，代码如下所示：MMP/0.8/MFR/LT-BL/PE/8。

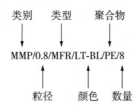

图 10.2 标准化粒径和颜色分类（SCS）系统编码方法

在 SCS 系统中，报告塑料的精确粒径是可选的。因此，当没有报告精确粒径时，仍然可以从 SCS 代码得出塑料的粒径范围。例如，在表 10.5 的示例 9 中，可以看出报告的 SCS 代码是 MMP/MFR/GD/PET/2。从图 10.2 可以看出，代码的第一部分对应于塑料类别。在这种情况下，报告为 MMP。通过观察表 10.1，可以看出 MMP 是小型微塑料，并且粒径范围是 1 μm～1 mm。因此，可以推断该塑料的粒径必须在 1 μm～1 mm。因此，本书开发的标准化粒径和颜色分类系统使得塑料的详细信息可以方便地表达为简单而独特的代码。这便于进入数据库进行后续分析和比较，重要的是，能够对文献中关于环境中塑料的类型和丰度的可比数据进行详细的标准化报告。

扫描电子显微镜（SEM）

扫描电子显微镜（SEM）通过在样品表面处形成高强度电子束并以 "Z" 形扫描［光栅扫描（raster scanning）］样品来产生较小表面的图像。由于用电子对样品成像，因此在非常高的放大率（例如 2 000 000 倍）下可实现低于 0.5 nm 分辨率的细节水平。这远远高于标准光学显微镜实际上只有大约 1 000 倍的放大倍数。电子的产生通过两种方式实现，即通过热的灯丝源（filament source）或场致发射（field emission）。在灯丝方法中，高电流通过钨丝将灯丝加热至约 5 000℃，从而为电子提供足够的能量以克服通常将它们限制在钨内的势垒。然后电子从钨发射［热离子发射（thermionic emission）］并且以能量的麦克斯韦 - 玻尔兹曼分布（Maxwell-Boltzmann distribution）为特征。然而，为了确保电子有效地到达样品并且不被空气吸收或散射，将在真空中加热灯丝。场致发射方法利用电子通过势垒的量子隧穿（quantum tunnelling），并利用钨晶体产生具有非常窄的能量范围的电子，这有利于获得高分辨率。

然后电子束［入射光束（incident beam）］被电磁透镜紧紧聚焦在样品上。接着扫描线圈以光栅图样在样品表面上移动光束，导致样品中的电子像有弹性似地散射入射电子［背散射电子（backscattered electron）］。随后，这些电子被检测器收集并转换成信号。具有高原子序数的元素往往会产生更多数量的背散射电子。因此，当检查 SEM 图像时，图像中最亮的区域包含具有高原子序数的元素。然而，大多数电子在样品内是非弹性散射并且可以破坏分子键，导致从样品发射电子［次级电子（secondary electron）］。这往往发生在样品表面的浅处，并且次级电子的收集有利于充分解决样品表面相关细节问题。当电子束撞击样品表面时也产生 X 射线，并且可以用 X 射线微量分析仪通过能量色散 X 射线（energy dispersive X-ray，EDX）分析过程，将其转换成与其发射强度相关的电压，从而提供关于样品元素组成的详细定量信息（图 10.3）。

由于电子显微镜具有较高的景深（depth of field），因此样品可以通过黑白方式显示，并且具有大量的三维细节和高倾斜度（例如 45°），从而提供外观上、形态上和组成上的信息。然而，对于要可视化的样品，它们的表面必须能够导电，并且电接地以避免静电荷（electrostatic charge）的积聚。因此，样品需要通过高真空蒸发或低真空溅射镀膜涂覆导电薄膜，通常使用金、金 /钯、锇、铱、铂、铬、钨或石墨的非常薄的层。然而，涂覆具有高原子序数的金属（例如金）导致更大的发射电子丰度和更高的信噪比（signal to noise ratio）。因此，扫描电子显微镜是一种昂贵的技术，需要训练有素的操作员。此外，仪器很大，必须位于没有明显电磁干扰和振动干扰的区域。

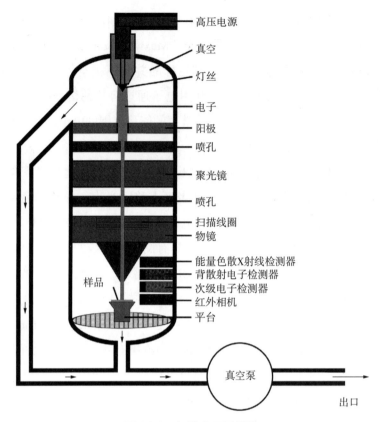

高压电源

真空

灯丝

电子

阳极

喷孔

聚光镜

喷孔

扫描线圈

物镜

能量色散X射线检测器

背散射电子检测器

次级电子检测器

红外相机

平台

样品

真空泵

出口

图 10.3　扫描电子显微镜

　　扫描电子显微镜可用于分析从环境样品中回收的微塑料的物理特性，以及确定它们的物理粒径和任何表面特征的特定尺寸[116, 426]。因此，扫描电子显微镜（SEM）可以基于表面形态来区分塑料物品和非塑料物品。与红外光谱技术不同，SEM 通常不用于鉴定塑料的类型。然而，如果 SEM 配备能量色散 X 射线微量分析仪，则可以进行能量色散 X 射线（EDX）分析，可以检查和确定微塑料的无机化学成分，以及鉴定微塑料可能含有的任何无机塑料添加剂。因此，SEM 技术已成功用于从其他物质（如煤炭）中区分小型微塑料（1 μm～1 mm），包括多色微珠（图 10.4 和图 10.5）。

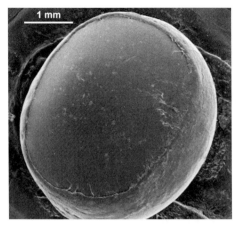 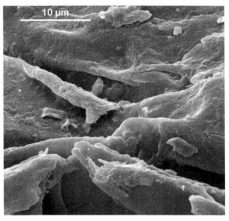

图 10.4　4 mm 的崭新聚乙烯微塑料
颗粒的 SEM 图像

图 10.5　从海洋环境中回收的老化
聚苯乙烯微塑料表面的 SEM 图像

热解 - 气相色谱 - 质谱（Pyr-GC-MS）

　　热解 - 气相色谱 - 质谱（Pyr-GC-MS）是一种在惰性气氛或真空中通过热介导裂解（heat mediated cleavage）来热分解样品中大的高分子量分子，以产生一组小的低分子量部分的技术。随后可通过质谱法（MS）测定这些部分的组成，并提供关于样品中大的高分子量分子结构成分的特征信息，从而允许鉴定样品成分（见图 10.6）。

　　利用热分解样品的破坏性技术妨碍了对微塑料的进一步分析。因此，在某些情况下，这可能是一个限制因素。然而，Pyr-GC-MS 的巨大优势在于这一技术利用样品的直接引入，并且预处理最少。因此，与传统的 GC-MS 不同，这一方法不需要制备高度精炼的有机溶液，可以直接分析样品。例如，首先要用有机溶剂萃取疑似含有微塑料的沉积物样品，以去除任何可能妨碍分析的低分子量未结合化合物。然后将样品置于样品室中并在无氧环境中加热（通常为 200～600℃）。重要的是，只需要非常少量的样品，如果样品含有大量的碳原子，则需要少于 1 mg，从而便于痕量分析。之后生成色谱图，随后将其与电子参考数据库进行比较，以鉴定样品中存在的微塑料类型[319]。因此，由于直接引入样品和随后的色谱分离，这一技术能够提供其他分析技术无法提供的有价值和独特的信息。因此，这一技术可用于鉴定环境样品中的微塑料，以及同时鉴定存在的任何塑料添加剂[142]。然而，由于样品必须手动放置在仪器中并单独分析，因此大量微塑料的分析以及可以有效处理的物品粒径范围受到限制[263]。

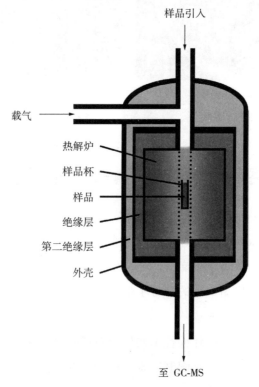

图 10.6　热解 - 气相色谱 - 质谱（Pyr-GC-MS）

核磁共振（NMR）光谱

核磁共振（NMR）光谱基于有关原子核周围化学环境的信息可以通过该原子核同时暴露于磁场和电磁辐射时行为的信息而获得（见图 10.7）。

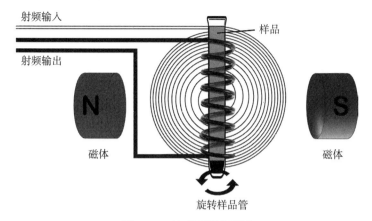

图 10.7　核磁共振光谱法

　　这一技术基于亚原子粒子（例如质子和中子）的角动量的内禀形式，称为自旋（spin），可以认为是在它们的轴上旋转。在原子中，有一个由质子和中子组成的小密集区域，称为核，被电子包围。这些质子和中子又由胶子（gluon）和夸克（quark）组成。质子由具有 -e/3 电荷的单夸克和具有 +2e/3 电荷的两个夸克组成，因此总电荷为正。然而，中子由具有 +2e/3 电荷的单夸克和具有 -e/3 电荷的两个夸克组成，因此总电荷为零（见图 10.8）。

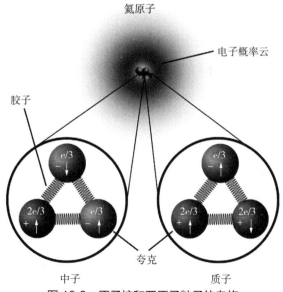

图 10.8　原子核和亚原子粒子的自旋

图 10.8 中向上和向下的箭头表示 z 轴上自旋的分量，向上箭头表示值 $+1/2$，向下箭头表示值 $-1/2$。因此，质子和中子自旋等于 $1/2$。如果核中的质子和中子的数量都是偶数，则这些亚原子粒子的自旋将相互抵消，并且核的整体自旋被认为是零。然而，如果核中的质子和中子的数量都是奇数，那么核被认为具有整数自旋（integer spin），例如 1 或 2。此外，如果核中质子的数量是奇数并且中子数量是偶数，或相反，那么核被认为具有半整数自旋（half-integer spin），例如 $1/2$ 或 $5/2$（见表 10.6）。

表 10.6　核自旋量子数

质子数	中子数	核自旋	示例
偶数	偶数	0	^{12}C、^{16}O
奇数	奇数	1、2 等	^{2}H
奇数	偶数	1/2、5/2 等	^{13}C
偶数	奇数	1/2、5/2 等	^{15}N

由于核正在自旋并具有电荷，因此它将产生一个被称为核磁矩（nuclear magnetic moment）的小磁场，并与自旋成正比。因此，具有零自旋的核（例如 ^{12}C 和 ^{16}O）没有核磁矩，而 ^{1}H 具有最大的核磁矩。当施加外部磁场时，核将围绕磁场进行旋进运动。然而，有两种可能的自旋能态存在，即 $-1/2$ 和 $+1/2$。在 $+1/2$ 自旋能态下，原子核与外部施加的磁场对齐。因此，磁矩不与外部施加的磁场相反，并且核被认为处于稳定的低能状态。相反，$-1/2$ 自旋能态与外部施加的磁场相反，并被认为处于不太稳定的高能状态（见图 10.9）。

$-1/2$ 自旋态和 $+1/2$ 自旋态之间的能量差非常小，并且取决于磁场的强度。因此，在图 10.9 中可以观察到，在没有磁场的情况下，核的磁偶极子（magnetic dipole）处于无规取向，因此没有净磁化（net magnetisation）。然而，磁场的施加导致产生两个不同的能级，其中两个状态之间的小的能量差随着磁场强度的增加而增加。由于能量差小，热碰撞产生足够的能量，使相当多的核翻转为更高的能量状态。事实上，在绝对零度的温度下，几乎所有的核都倾向于低能自旋态。然而，随着温度升高，热碰撞呈现出与低能自旋态的倾向相反的态势，并通过均衡两种状态来抵消差异。低能自旋态和高能自旋态的核数可以用玻尔兹曼分布来描述。因此，根据表示温度与相关能量之间关系

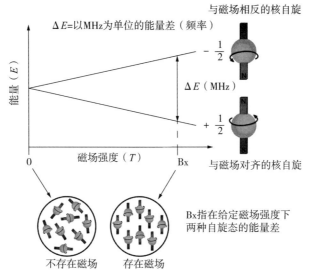

图 10.9　增加磁场强度对核磁矩的影响

的玻尔兹曼方程，可以推断出在室温下，低能态的核比高能态的核稍多。由于这个原因，同与外部施加的磁场相反的核相比，与外部施加的磁场对齐的核总是有少量过剩。

自旋态之间的小的能量差通常表示为频率（MHz），范围在 20～1 000 MHz。当 +1/2 低能自旋态的核暴露于与能量差（20～1 000 MHz）相同的特定频率的电磁辐射时，它将吸收该电磁能并被激发到 −1/2 的更高能量自旋态，从而与磁场相反。然后，核以特定的共振频率与电磁辐射共振。因此，磁场强度直接影响激发核翻转为更高能态所需的电磁能，更强的磁场需要更多的电磁能。

传统上，NMR 技术是通过以恒定的磁场强度改变电磁辐射的频率来进行的，反之亦然，并且通过不同的核来测量这一电磁辐射的吸收。然而，通过使用被称为脉冲傅里叶变换核共振光谱（pulsed Fourier transform nuclear resonance spectroscopy）的技术，可以获得改善的灵敏度和分辨率。在这一技术中，在样品处发射宽带射频脉冲，同时激发样品中的所有核，导致所有核同时共振。在脉冲停止后，被激发的核弛豫并将叠加的所有激发频率同时发射出来。仪器记录这一信号随时间演变的方式，并对数据进行傅里叶变换数学运算以产生高分辨率 NMR 光谱。然后这一光谱提供关于核周围化学环境的信息。

这一技术在确定塑料中聚合物链的化学结构方面非常有用，可以获得有关共聚物中单体顺序和半结晶塑料中结晶度的详尽信息，以及有关支化和等规度的信息。例如，可以检查聚丙烯的立体化学以确定存在的立构形式（见第 4 章）。此外，还可以以高灵敏度检测塑料中的化学变化，例如氧化态。用于塑料的 NMR 光谱的典型核列于表 10.7 中。

表 10.7   利用核磁共振（NMR）光谱分析塑料时常用的原子核

元素	核	原子质量	化学位移 / ppm	核自旋	自然丰度 /%	旋磁比（γ）/（MHz/T）	1.5 T 时的共振频率 / MHz	灵敏度（磁场中核数相等）
氢	^{1}H	1.007 825	15	1/2	99.988 5	42.58	63.87	1.0
氘	^{2}H	2.014 102	15	1	0.011 5	6.53	9.79	0.009 65
碳	^{13}C	13.003 355	220	1/2	1.07	10.71	16.07	0.015 9
氮	^{14}N	14.003 074	900	1	99.632	3.09	4.64	0.001 01
氮	^{15}N	15.000 109	900	1/2	0.368	4.34	6.51	0.001 04
氧	^{17}O	16.999 132	800	5/2	0.038	5.81	8.71	0.029 1
氟	^{19}F	18.998 403	800	1/2	100	40.05	60.08	0.83
磷	^{31}P	30.973 762	700	1/2	100	17.23	25.85	0.066 3

重要的是，特定核磁共振活性原子核的自然丰度以及其旋磁比（γ）直接影响这一技术对核的敏感性。旋磁比是核磁矩和自旋角动量之比。因此，旋磁比是具有核磁矩的每个核所特有的比例常数，并且与 NMR 中的信号强度直接成正比。由于这个原因，大量具有高旋磁比的核（例如 ^{1}H 和 ^{19}F）对 NMR 测量响应最快，并且被认为是 NMR 光谱学研究中最重要的一些核。

傅里叶变换红外（FTIR）光谱

傅里叶变换红外（FTIR）光谱是为正确鉴定环境样品中微塑料的塑料类型时最受欢迎和广泛使用的技术[178, 188, 263, 406]。虽然这一技术受欢迎的部分原因是其直观性和可靠性，但主要原因是 FTIR 通过产生包含不同波段的高度特异性红外（IR）光谱，可以非常准确地鉴定存在的塑料的类型[188]，从而能够区分塑料和自然物。这一技术基于大多数分子会吸收电磁谱红外区域的光（见图 10.10）。

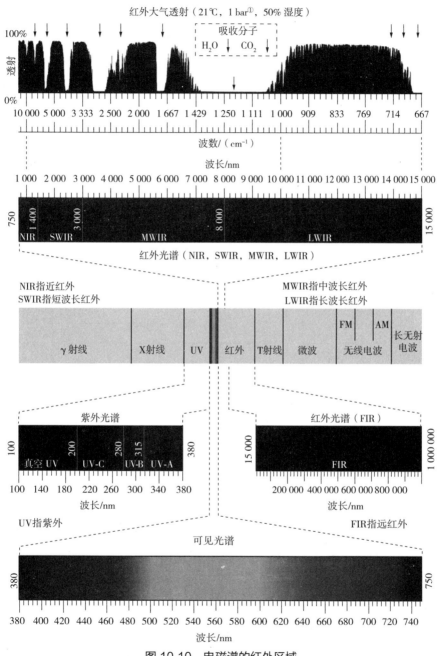

图 10.10　电磁谱的红外区域

_____

① 1bar=10^5 Pa。——译者

红外光的波长为 750 nm～1 mm，比可见光的波长长，并且红外光恰好在可见光谱的红光区之外。如果用红外光束照射样品，则可以通过测量样品中分子吸收特定波长的红外光的程度来进行元素（如碳、氢、氮和氧）分析。构成红外光的光子可能被样品吸收（即吸收），或者可能不与样品相互作用而直接通过（即透射）。吸收光子的样品分子会获得能量，分子键将通过弯曲和拉伸更有力地扭曲（见图 10.11）。因此，红外光谱法是一种用特定波长的红外光照射样品，然后检查透射光以推断分子在每个波长处吸收的能量，从而提供关于样品中分子的信息的技术。

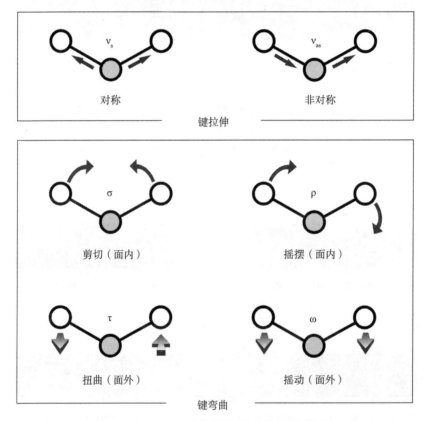

图 10.11　分子受到红外辐射时会弯曲和拉伸

因此，通过测量不同频率的红外辐射的吸收量，可以产生能够描述样品分子结构的吸收光谱（absorption spectrum）。红外光谱包含一系列吸收峰，其对应于样品分子中原子键之间的不同振动频率。由于不同类型的塑料具有独特的原子组合，因此没有两种塑料会产生相同的红外光谱。由于这个原因，FTIR 光谱对每种类型的塑料而言都是独特的，并且可以用于鉴定组成微塑料的塑料类型。由于 FTIR 在很宽的空间频率范围内（通常为 4 000～600 cm^{-1}）以高分辨率收集光谱数据，因此该技术特别适用于识别分子中特定原子的不同基团（官能团）(图 10.12)。

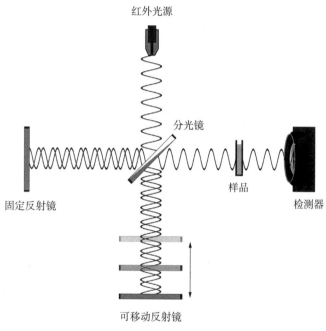

图 10.12　傅里叶变换红外（FTIR）光谱

然而，就样品的制备而言，红外光谱可能是有问题的。例如，透射技术的使用要求样品足够透明，使得红外波长可以进入并透过样品。对于大多数聚合物而言，这根本不可能实现。因此，需要适当处理样品以允许红外辐射的透射。这可以通过三种方式实现：

1. 将聚合物悬浮在能够透射红外光的压缩溴化钾（KBr）盘中。

2. 聚合物在矿物油（石蜡糊）中分散。

3. 聚合物在溶剂中溶解。

KBr 方法被认为难以操作，因为获得适当透明的盘需要满足一组非常特定的条件。因为这个原因，使用反射技术可以最好地分析相对较大的塑料，例如衰减全反射（attenuated total reflection，ATR）（见图 10.13）。

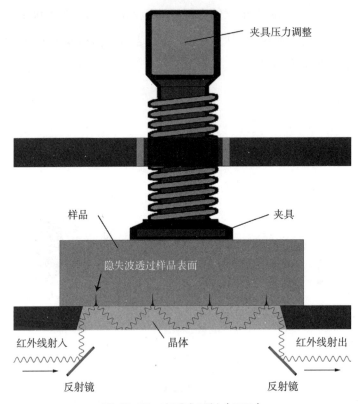

夹具压力调整

样品

夹具

隐失波透过样品表面

红外线射入

晶体

红外线射出

反射镜

反射镜

图 10.13　衰减全反射（ATR）

作为仅分析塑料样品表面的技术，ATR 仅要求样品足够接近一个小的晶体。这一晶体通常由锗（Ge）、金刚石或硒化锌（ZnSe）组成。一旦与晶体接触，隐失波（evanescent wave）透过晶体并进入距样品表面 0.5～5 μm 处。因此，ATR 的主要要求是样品与这一晶体充分接触，以允许红外辐射穿透到样品中。这可以通过使用夹具将样品压在晶体上来实现。

然而，ATR 不是一种完全无瑕的技术，的确有一些困难。例如，被分析的物质的折射率必须低于晶体的折射率，否则红外光将会在样品中损失。此外，样品与晶体接触的程度直接影响谱带的强度。这是因为较短的波长不能深入到样品中。因此，对强度的影响在 2 800～4 000 cm⁻¹ 最大。重要的是，来自 C—H、O—H 和 N—H 振动的信号会在这一区域中表示，因此，如果压力施加不足，这些信号可能不会被注意到。此外，施加足够的压力很重要，可防止空气滞留在样品和晶体之间，从而确保隐失波穿过样品而不是任何滞留的空气。出于这个原因，仪器软件通常在用户界面上显示压力计，提供关于所施加的压力大小的反馈。然后可以调节夹具直到指示的压力在推荐范围内以产生足够的光谱。然而，对小于 500 μm 的微塑料的处理和加压可能是困难的，因此所得到的光谱对于这种粒径的微塑料并不总是可靠的 [448]。

　　因此，对于小于 500 μm 的微塑料，可以使用 FTIR 显微镜并以多种模式使用，例如透射、反射或 ATR。这样可以从样品中收集光谱，以及样品的映射，甚至是同时可视化 [355]。顺便提一下，ATR-FTIR 显微镜在反射模式下比 FTIR 显微镜更有优势，因为它能够鉴定与 C—H 键剪切对应的指纹区（1 450～600 cm⁻¹）中 750～700 cm⁻¹ 的吸收带 [178]。然而，在制备用于 ATR-FTIR 显微镜分析的样品过程中，由于物理夹取样品较为困难，通常会丢失非常小的微纤维 [448]。顺便提一下，光谱的指纹区是光谱中 1 450～600 cm⁻¹ 的区域，由于这一区域中峰的复杂性和独特性质，难以将所有吸收带分配给分子键，因此可以用指纹进行类比。因此，通过 ATR-FTIR 鉴定这一区域中的 C—H 键的剪切对区分不同类型的微塑料特别有用，例如聚乙烯和聚氯乙烯。然而，在反射模式下，FTIR 显微镜能够进行分子映射分析（molecular mapping analysis），这对于不需要目视鉴定来检测沉积物中微塑料的情况非常有用。然而，由于折射误差，这对于不规则形状的微塑料的鉴定特别困难 [178]。因此，FTIR 显微镜必须用 ATR 模式来鉴定不规则形状的微塑料，例如微碎片（图 10.14）。

　　最近，配备焦平面阵列（focal plane array，FPA）探测器的 FTIR 显微镜已被用于鉴定微塑料 [263]。FPA 探测器允许在短时间内（通常在几分钟内）以高横向分辨率测量大样品区域。FPA 检测器通常由 128×128 像素阵列组成，每个像素能够产生单独的光谱。因此，可以同时快速获取整个样品区域中超过 16 000 个单独的光谱。因此，FTIR 显微镜也被认为是一种成像技术，提供有关样品区域中分子组成的信息。然而，FTIR 成像是在透射模式下进行的，并且由于适合的滤光器的属性，FTIR 显微镜通常仅能在有限的空间频率范围（3 800～1 250 cm^{-1}）内成像微塑料，从而极大地限制了聚合物鉴定。然而，最近一种新型硅光器基板突破了这一限制，它对 4 000～600 cm^{-1} 范围内的中红外空间频率具有足够的透明度，从而可以成功分析微塑料样品[216]。重要的是，当报告使用这一技术时，应提及透射模式扫描的数量和分辨率。

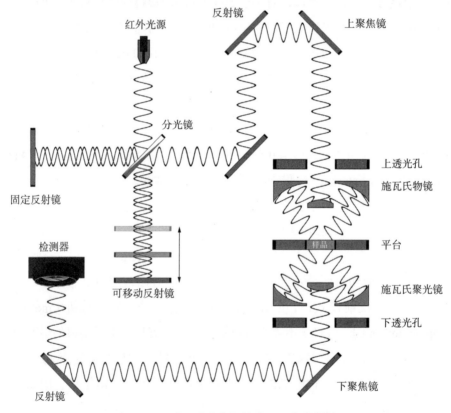

图 10.14　傅里叶变换红外（FTIR）显微镜

　　一旦获得 IR 光谱，就可以将其与参考光谱的电子数据库进行比较，以鉴定塑料的类型。然而，对于同一类型的塑料，不同光谱之间通常也会存在微小差异，这一般是由于塑料中包含杂质或扫描可能未充分脱水的样品。因此，样品需要足够干燥，否则在光谱中 3 300 cm^{-1} 附近将显现非常大的 O—H 拉伸信号，这可能会掩盖其他峰。此外，二氧化碳（CO_2）吸收信号有时可能存在于 2 200～2 400 cm^{-1} 附近，这是由于大气中的 CO_2 [140]。因此，重要的是进行不包含样品的背景扫描，仪器可以减去大气中 H_2O 和 CO_2 的任何信号。老化的塑料样品会产生额外的干扰，这会导致光谱信号质量下降，并使通过电子数据库的鉴定变得复杂 [389]。

由于红外光谱可能存在不一致性，建议只有当与参考光谱的相似性大于 70% 时，才能接受与电子数据库进行比较的光谱，一些研究人员甚至建议 90% 的相似性 [366]。然而，如果获得的光谱和参考光谱之间的相似性为 60%～70%，则需要进一步人工解释光谱。应自动拒绝相似性小于 60% 的任何光谱 [140, 147]。尽管如此，强烈建议应人工检查每个光谱，以获得与塑料的已知官能团相对应的特征峰的明显证据，因为通常由于降解、生物污损、实验室污染及天然有机物或无机物的表面吸附，使用电子数据库比较光谱时会出现错配 [140]。因此，对于微塑料研究领域的实验室来说，查阅常见塑料的参考光谱清单以进行人工解释和比较是一个很好的做法。因此，本部分末尾包含常见塑料的参考 FTIR 光谱。

虽然每种类型塑料的红外光谱不同，但在红外光谱中可以看到一些特征吸收带，它们对应于特定类型官能团的分子弯曲和拉伸。因此，将这些观察到的吸收带分配给特定的官能团有助于鉴定疑似塑料的类型。例如，就聚乙烯而言，在光谱中 2 800 cm^{-1} 附近存在 1 个强烈的双峰信号，代表 1 个 C—H 拉伸。然而，就聚对苯二甲酸乙二酯而言，在同一区域只能看到 1 个非常微弱的信号，但是在 1 750 cm^{-1} 附近可看见 1 个强烈的信号，与羰基拉伸（C=O）相对应。此外，聚丙烯在 1 460 cm^{-1} 和 1 500 cm^{-1} 附近显示了 2 个中等强度的信号。然而，聚乙烯只在 1 500 cm^{-1} 附近显示 1 个中等强度的信号，从而可将聚乙烯和聚丙烯区分开来。图 10.15 显示了不同键的红外吸收特征带，图 10.16 显示了 FTIR 分析方案。最后，光谱仪器昂贵，而且程序费时，需要训练有素的操作员 [355]。然而，这一技术是塑料鉴定的一种适用方法，是鉴定从环境样品分离的微塑料时最受欢迎的选择。

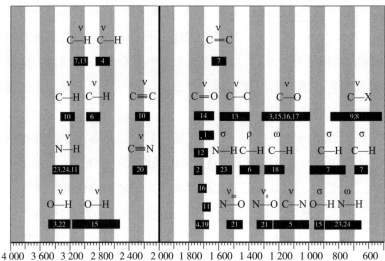

图 10.15　红外吸收特征带

1）酸　　　　　9）氯化烷　　　17）醚
2）酰氯　　　　10）炔烃　　　　18）卤代烷
3）醇　　　　　11）酰胺　　　　19）酮
4）醛　　　　　12）酸酐　　　　20）腈
5）脂肪胺　　　13）芳烃　　　　21）硝基
6）烷烃　　　　14）羰基　　　　22）苯酚
7）烯烃　　　　15）羧酸　　　　23）伯胺
8）溴化烷　　　16）酯　　　　　24）仲胺

- 在对样品进行 ATR-FTIR 光谱分析前，重要的是进行没有样品存在的背景扫描以校正，使仪器减去来自大气中水和二氧化碳（CO_2）的任何背景干扰信号。
- 然后在仪器菜单中设置扫描的参数，包括每个样品的扫描次数，如 128 次 [140]，通常不少于 20 次扫描。扫描的波数范围通常设置为 4 000～600 cm⁻¹，其中包括指纹区（1 450～600 cm⁻¹），因为这一区域的信号是分析样品所特有的。
- 然后获得背景光谱。
- 在此之后，将待分析的样品放置在 ATR 晶体窗口上，并通过施加足够的压力用架空夹具固定。应该注意不要施加太大的压力，因为较小的微塑料可能会从夹具下被挤出来并丢失，甚至被压碎和破坏。与此同时，压力不足可能导致样品与 ATR 晶体接触不足，从而妨碍隐失波传播进入样品中。因此，在加压过程中，应监测用户界面屏幕上的压力计，以施加合适的压力。

- 在扫描前对样品进行最后一次目视检查，确保其充分接触并正确放置在 ATR 晶体上，以使其充分暴露在红外光下。
- 然后启动扫描按钮，仪器将产生样品的 ATR-FTIR 光谱。然后将这一光谱与选定的电子数据库进行比较，并生成一个用百分率表示的相似性。也可以人工解释这一光谱，并与参考光谱查阅清单进行比较，人工检查所有光谱是一种很好的做法，在数据库匹配只有 60%～70% 的相似性时尤其重要。应自动拒绝相似性小于 60% 的任何光谱。
- 在存储方面，产生的光谱可以存储在仪器连接的计算机上或打印出来，保存供人工解释和比较。

图 10.16　使用 ATR-FTIR 分析微塑料的通用方案

塑料的傅里叶变换红外（FTIR）光谱参考光谱

聚对苯二甲酸乙二酯（图 10.17）

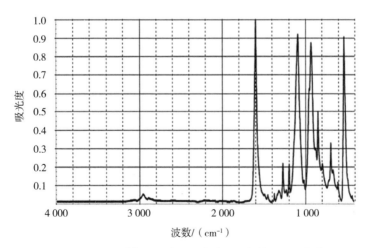

图 10.17　聚对苯二甲酸乙二酯（PET）的 FTIR 光谱

聚乙烯（图 10.18）

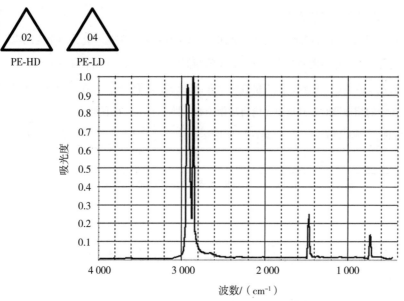

图 10.18　聚乙烯（PE）的 FTIR 光谱

聚氯乙烯（图 10.19）

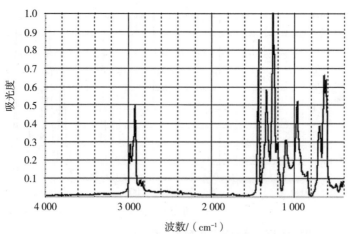

图 10.19　聚氯乙烯（PVC）的 FTIR 光谱

聚丙烯（图 10.20）

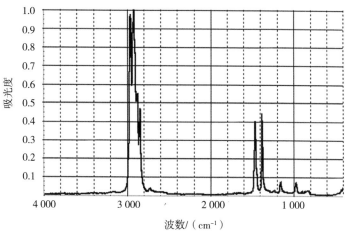

图 10.20　聚丙烯（PP）的 FTIR 光谱

聚苯乙烯（图 10.21）

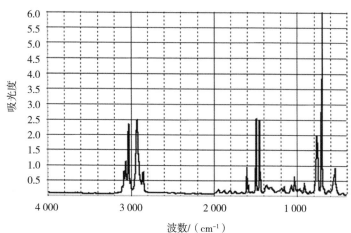

图 10.21　聚苯乙烯（PS）的 FTIR 光谱

聚甲基丙烯酸甲酯（图 10.22）

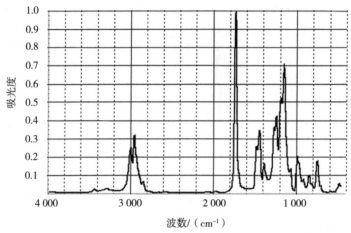

图 10.22　聚甲基丙烯酸甲酯的 FTIR 光谱

聚四氟乙烯（图 10.23）

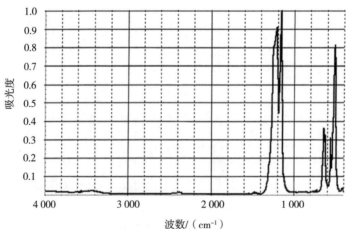

图 10.23　聚四氟乙烯（PTFE）的 FTIR 光谱

聚酰胺（尼龙）（图10.24）

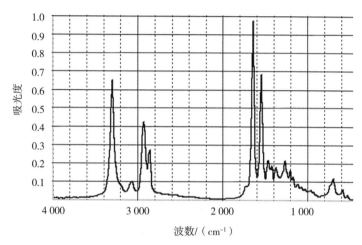

图 10.24　聚酰胺（尼龙）的 FTIR 光谱

近红外（NIR）和短波红外（SWIR）光谱

　　在电磁谱的近红外（NIR）和短波红外（SWIR）区域（750～3 000 nm）照射塑料也可以区分它们（见图 10.10）。暴露于近红外光时，塑料的组成分子会吸收这一电磁辐射以产生分子泛音和结合振动。因此，可以通过在这些类型的物质中通常观察到的特征 C—H 带、N—H 带和 C—O 带的差异来鉴定塑料。这一技术的优势在于 NIR 光谱可以比 FTIR 光谱更深地进入塑料中，但这一技术不是特别敏感。然而，它可用于检查无需进行样品制备的大体积塑料样品，以快速鉴定塑料的类型（见图 10.25）。

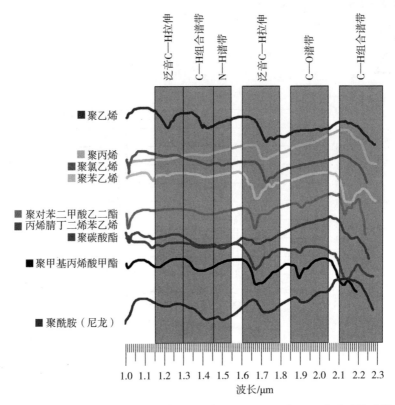

图 10.25　不同常见塑料的近红外（NIR）和短波红外（SWIR）光谱的比较

拉曼光谱

　　使用拉曼光谱对塑料进行的分析由 R. 赛纳（R. Signer）和 J. 韦勒（J. Weiler）在 1932 年首次发表[385]，当时他们获得了聚苯乙烯的拉曼光谱。从那以后，已经发表了大量关于使用拉曼光谱分析塑料的文献，特别是在激光拉曼光谱到来之后。因此，可以通过将单色激光束（入射光束）打到疑似样品上进行微塑料的鉴定，这导致一些光被吸收、反射或散射（见图 10.26）。

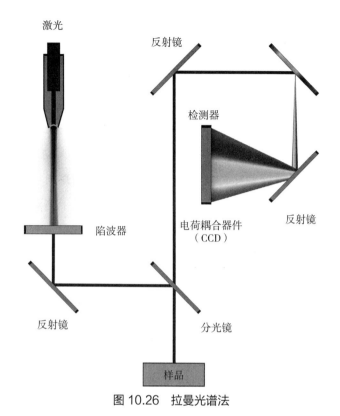

图 10.26　拉曼光谱法

在拉曼光谱中关注的是散射光，其是光子与塑料分子相互作用的结果。有两种形式的散射光，即瑞利散射（Rayleigh scattering，弹性）和较弱的拉曼散射（Raman scattering，非弹性）。绝大多数散射光以瑞利散射的形式存在，并且其频率与入射光的频率相同，就平均而言，每 3 000 万个光子中只有 1 个光子将非弹性散射。因此，非弹性散射光子数量较少意味着它可以容易地被样品不需要的荧光掩盖。非弹性散射光子的数量与分子键键长成比例。因为这个原因，拉曼光谱相对于傅里叶变换红外光谱的一个极大优势是水对这一技术的影响往往可以忽略不计，因为水分子的键长非常短，只能散射非常少的光子。关于入射光束的频率，拉曼非弹性散射光可以朝向电磁谱的蓝端增大频率 [反斯托克斯频移（anti-stokes shift）] 或朝向电磁谱的红端减小频率 [斯托克斯频移（stokes shift）]。频率的这种变化等于分子键的振动频率。

　　虽然可以用光的经典波解释来解释拉曼散射，但光的量子粒子解释可以通过检查分子的电子状态和它们之间的跃迁来提供进一步的解释（见图10.27）。大多数散射光被弹性散射，其中入射光束中的1个光子被吸收并且可将样品中的1个分子激发至虚能态（virtual energy state）。然后分子立即弛豫回到振动基态并发射与入射光束中的光子具有相同能量的光子（瑞利弹性散射）。然而，分子偶尔将弛豫到比振动基态更高的振动能级，此时发射的光子将具有比入射光束中的光子更少的能量（斯托克斯频移拉曼散射）。或者，分子已经处于更高的振动能级，并且发射的光子将具有比入射光束中的光子更多的能量（反斯托克斯频移拉曼散射）。然而，反斯托克斯散射比斯托克斯散射更不容易发生，因为大多数分子在室温下往往会处于振动基态。

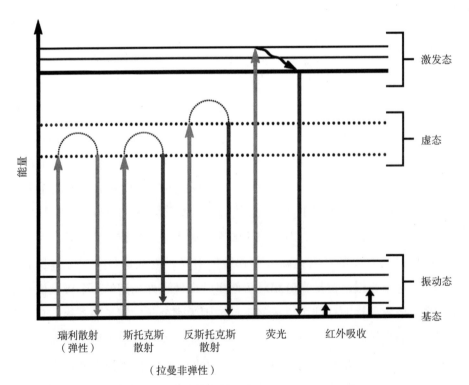

图10.27　雅布隆斯基图（Jablonski diagram）

入射光子的能量变化是与它们相互作用的不同类型的键的特征，并提供关于样品分子结构的精确信息。因此，通过垂直于入射光束的探测器收集拉曼散射光，产生拉曼光谱，其在与这些不同振动和键相关的波长处具有特征峰[387]。然后，对光谱进行解释，并与拉曼参考光谱进行比较以鉴定样品中的塑料类型。重要的是，由于拉曼光谱是一种表面技术，在获得光谱之前，需要对严重污损的微塑料进行预先表面清理。

然而，拉曼光谱非常适合对塑料的分析，因为这一方法对非极性分子种类有固有的敏感性。因此，通常组成塑料化合物主链的碳碳键和双键（即 C—C 和 C＝C）很容易通过这一技术被检测到。事实上，拉曼光谱被认为是对傅里叶变换红外（FTIR）光谱的补充，因为拉曼光谱对非极性对称键具有更好的敏感性，而 FTIR 可以更好地鉴定极性基团[252]。因此，拉曼光谱可在以下方面观察到非常微小的变化：

1. 聚合物分子一致性程度。

2. 相对于非晶区的结晶区程度。

3. 聚合物的立构有规性。

由于这些原因，拉曼光谱被认为是聚合物形态分析的最佳选择，能提供有关聚合物取向效应和晶体结构的有价值信息[308]。然而，拉曼光谱往往是聚合物鉴定中 FTIR 之后的第二选择。这主要是由于样品荧光问题。大多数塑料很少是纯聚合物，并且由于在制造过程中加入了各种添加剂和着色剂，因此通常具有不纯的成分（见第 4 章）。偶尔，这些杂质会吸收来自激发光源的光，从而在这一过程中产生热量。这将湮没拉曼光谱信号并诱导样品的热降解。事实上，一项研究[252]发现，在制造过程中加入塑料中的添加剂（如填充剂和着色剂）可通过引入外来波段的覆盖以及影响吸收和荧光来显著改变拉曼光谱。此外，塑料暴露于紫外线辐射之后获得的拉曼光谱可以导致特征波段的信号强度较低。因此，这将导致对微塑料的错误鉴定，且难以获得较满意的光谱。然而，利用掺钕钇铝石榴石（Nd：YAG）激发器以及紫外（UV）色散激发和近红外（NIR）可见光的 1 064 nm 傅里叶变换（FT）激发的出现，已使这些困难在很大程度上得到克服。

与 FTIR 光谱相似，拉曼光谱是一种不会影响样品的非破坏性技术。因此，在微塑料鉴定之后还可以进行进一步分析，例如通过气相色谱 - 质谱（GC-MS）提取吸附的任何持久性有机污染物（POPs）以进行鉴定和定量分析。然而，与红外光谱中使用的透射和反射方法不同，拉曼光谱是一种散射技术。这比红外光谱更具优势，因为可以分析更厚和更强吸收的微塑料。此外，与 FTIR 相比，拉曼光谱可以分析非常小粒径的微塑料，并且能使用更宽范围的红外波长来分析样品[252]。

拉曼光谱也可以与显微镜相结合（拉曼显微光谱），以鉴定小至 1 μm 的微塑料[64]。因此，拉曼光谱的巨大优势是能够提供小至 1 μm 的样品的结构和化学特征，而其他光谱技术无法实现。此外，当与拉曼成像技术结合时，可以以 1 μm 的最小空间分辨率分析整个视场[263]，以获取整个样品的空间化学图像，提供关于异质材料中目标组分的分布信息。然而，获得这种高分辨率空间化学图像所花费的时间可能是高通量分析（high-throughput analysis）的限制因素。尽管如此，这一技术可能用于分析沉积物样品中微塑料的分布。最后，拉曼光谱是一种简单、有效和可靠的技术，需要最少的样品制备，已成功用于鉴定从环境样品中分离的微塑料[64, 69, 199, 216, 252, 309, 424, 426]。

塑料的拉曼光谱参考光谱

聚对苯二甲酸乙二酯（图10.28）

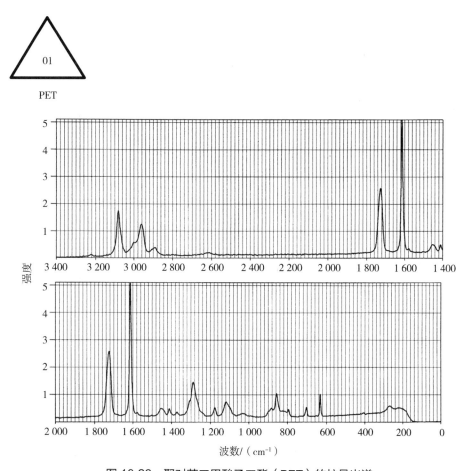

图 10.28　聚对苯二甲酸乙二酯（PET）的拉曼光谱

聚乙烯（图10.29和图10.30）

PE-LD

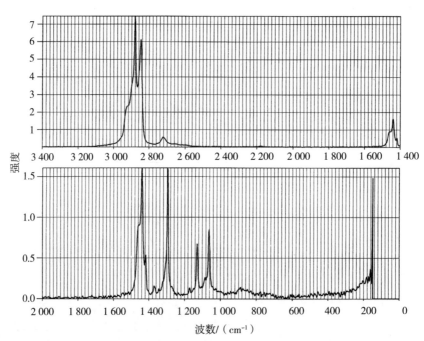

图10.29　低密度聚乙烯（PE）的拉曼光谱

PE-HD

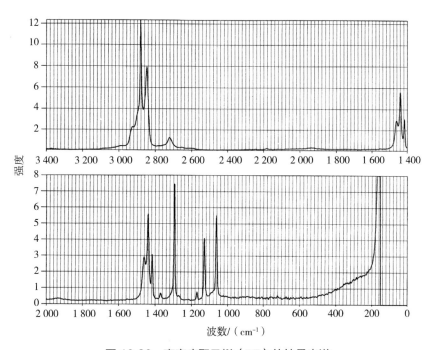

图 10.30　高密度聚乙烯（PE）的拉曼光谱

聚氯乙烯（图10.31）

PVC

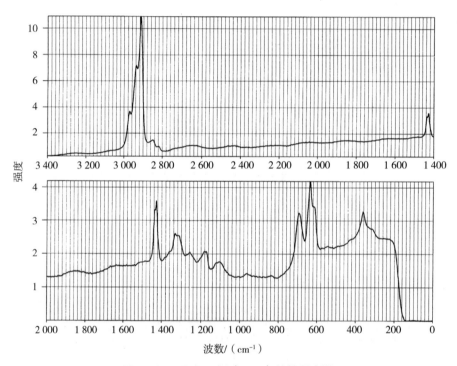

图 10.31　聚氯乙烯（PVC）的拉曼光谱

聚丙烯（图10.32和图10.33）

PP

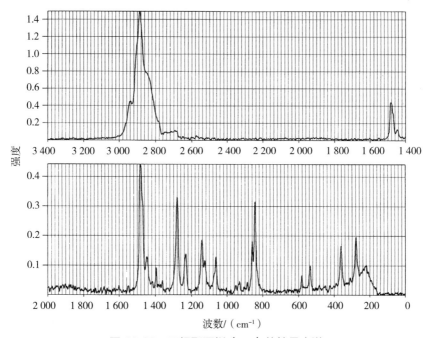

图 10.32　无规聚丙烯（PP）的拉曼光谱

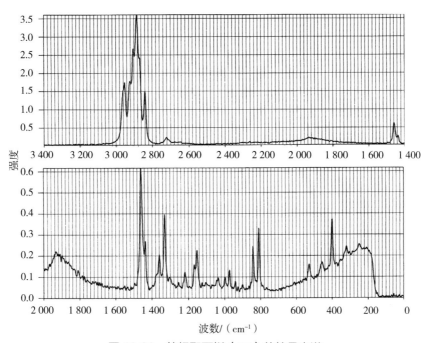

图 10.33　等规聚丙烯（PP）的拉曼光谱

聚苯乙烯（图10.34）

PS

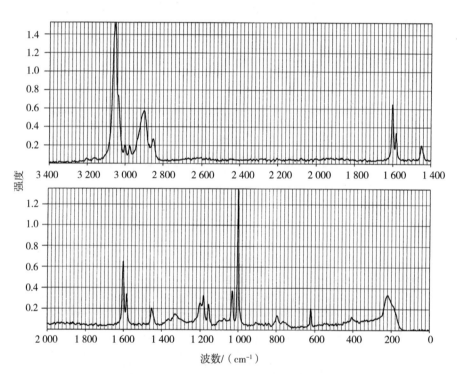

图 10.34　聚苯乙烯（PS）的拉曼光谱

聚四氟乙烯（图 10.35）

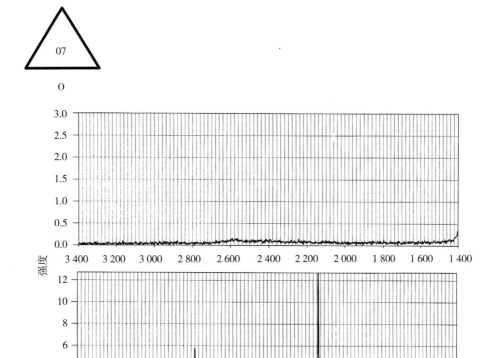

图 10.35　聚四氟乙烯（PTFE）的拉曼光谱

聚酰胺（尼龙）（图10.36和图10.37）

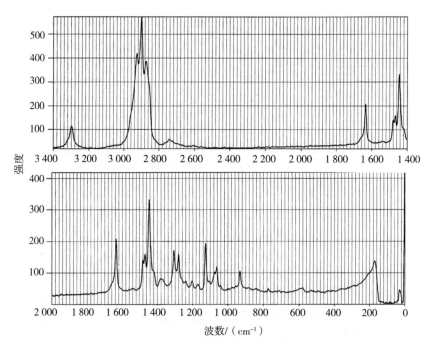

图 10.36 尼龙 6 的拉曼光谱

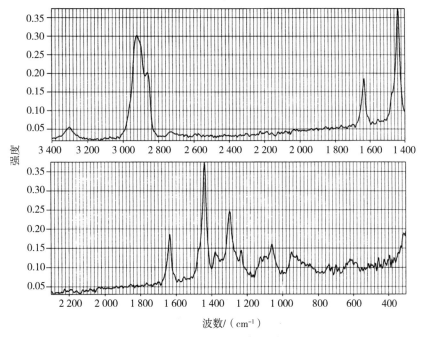

图 10.37　尼龙 6,6 的拉曼光谱

未来分析

在鉴定小的塑料时需要克服两个主要困难。第一个是在鉴定分离自环境中水或沉积物样品的微塑料时所需的时间和资源，而第二个是鉴定粒径在 20 nm～10 μm 之间的塑粒的挑战[156]。因此，在鉴定非常小的塑粒时，需要开发高效分析技术以有效地从环境样品中提取这些小物品。目前，还没有验证为可行的方法。然而，很可能在适当的时候，拉曼显微光谱成像技术将得到越来越多的利用，特别是在速度足够快的情况下，作为高通量方法的一部分，能够以高空间分辨率绘制异质样品的整个区域。此外，通过便携式拉曼显微光谱仪对水流进行连续光谱分析可以有助于快速检测水中的微塑料，且无需样品过滤步骤。事实上，这一技术的使用可以实现对海洋和淡水水生环境中微塑料的水平剖面和垂直剖面的实时、直接现场分析。最后，虽然微塑

料研究是一个新兴的领域，但它是一个快速发展的科学研究领域，在理解环境中微塑料的复杂相互作用方面处于重要地位。因此，通过对这一领域的持续研究，在回收、分析、鉴定、监测和研究微塑料污染物方面将取得重大和先进的突破。

参考文献

[1] Abu-Hilal AH, Al-Najjar TH. Plastic pellets on the beaches of the northern Gulf of Aqaba, Red Sea. Aquatic Ecosystem Health & Management 2009; 12: 461-70.

[2] Ahmed AS, Webster L, Pollard P, Davies IM, Russell M, Walsham P, Packer G, Moffat CF. The distribution and composition of hydrocarbons in sediments from the Fladen Ground, North Sea, an area of oil production. Journal of Environmental Monitoring 2006; 8: 307-16.

[3] Aliani S, Griffa A, Molcard A. Floating debris in the Ligurian Sea, north-western Mediterranean. Marine Pollution Bulletin 2003; 46: 1142-9.

[4] Alomar C, Estarellas F, Deudero S. Microplastics in the Mediterranean Sea: deposition in coastal shallow sediments, spatial variation and preferential grain size. Marine Environmental Research 2016; 115: 1-10.

[5] Alter H. The recovery of plastics from waste with reference to froth flotation. Resource Conservation and Recycling 2005; 43: 119-32.

[6] Anastasopoulou A, Mytilineou C, Smith CJ, Papadopoulou KN. Plastic debris ingested by deep-water fish of the Ionian Sea (Eastern Mediterranean). Deep Sea Research Part I: Oceanographic Research Papers 2013; 74: 11-3.

[7] Andrady AL. Microplastics in the marine environment. Marine Pollution Bulletin 2011; 62: 1596-605.

[8] Andrady AL. Plastics and the environment. New Jersey: John Wiley & Sons, Inc.; 2003.

[9] Andrady AL. Plastics and environmental sustainability. New Jersey: John Wiley & Sons, Inc.; 2015.

[10] Anthony SD, Meizhong L, Christopher EB, Robin LB, David LF. Involvement of linear plasmids in aerobic biodegradation of vinyl chloride. Applied and Environmental Microbiology 2004; 70: 6092-7.

[11] Apul OG, Karanfil T. Adsorption of synthetic organic contaminants by carbon nanotubes: a critical review. Water Research 2015; 68: 34-55.

[12] Arthur C, Baker J, Bamford H. In: Proceedings of the international research workshop on the occurrence, effects and fate of microplastic marine debris. NOAA Technical

Memorandum NOS-OR&R-30; 2009. p. 49.

[13] Ascer L, Custódio M, Turra A. Morphological changes in polyethylene abrasives of Brazilian cosmetics caused by mechanical stress. In: Fate and impact of microplastics in marine ecosystems. Micro International Workshop 2014. Plouzané, France. 2014.

[14] Avio CG, Gorbi S, Milan M, Benedetti M, Fattorini D, d'Errico G, Pauletto M, Bargelloni L, Regoli F. Pollutants bioavailability and toxicological risk from microplastics to marine mussels. Environmental Pollution 2015; 198: 211-22.

[15] Avio CG, Gorbi S, Regoli F. Experimental development of a new protocol for extraction and characterization of microplastics in fish tissues: first observations in commercial species from Adriatic Sea. Marine Environmental Research 2015; 111: 18-26.

[16] Bakir A, Rowland SJ, Thompson RC. Competitive sorption of persistent organic pollutants onto microplastics in the marine environment. Marine Pollution Bulletin 2012; 64: 2782-9.

[17] Bakir A, Rowland SJ, Thompson RC. Transport of persistent organic pollutants by microplastics in estuarine conditions. Estuarine, Coastal and Shelf Science 2014; 140: 14-21.

[18] Ballachey BE, Bodkin JL. Challenges to sea otter recovery and conservation. In: Larson SE, Bodkin JL, VanBlaricom GR, editors. Sea otter conservation. 2014 Dec 23. p. 63-88.

[19] Barbes L, Rădulescu C, Stihi C. ATR-FTIR spectrometry characterisation of polymeric materials. Romanian Reports in Physics 2014; 66: 765-77.

[20] Barnes DK. Biodiversity: invasions by marine life on plastic debris. Nature 2002; 416 (6883): 808-9.

[21] Barnes DKA, Milner P. Drifting plastic and its consequences for sessile organism dispersal in the Atlantic Ocean. Marine Biology 2005; 146 (4): 815-25.

[22] Bejgarn S, MacLeod M, Bogdal C, Breitholtz M. Toxicity of leachate from weathering plastics: an exploratory screening study with *Nitocra spinipes*. Chemosphere 2015; 132: 114-9.

[23] Béland P, Deguise S, Girard C, Lagace A, Martineau D, Michaud R, Muir DCG, Norstrom RJ, Pelletier E, Ray S, Shugart LR. Toxic compounds and health and reproductive effects in St. Lawrence beluga whales. Journal of Great Lakes Research 1993; 19: 766-75.

[24] Bendell LI. Favored use of anti-predator netting (APN) applied for the farming of clams

leads to little benefits to industry while increasing nearshore impacts and plastics pollution. Marine Pollution Bulletin 2015; 91（1）: 22-8.

［25］Bendell-Young LI, Arifin Z. Application of a kinetic model to demonstrate how selective feeding could alter the amount of cadmium accumulated by the blue mussel（*Mytilus trossulus*）. Journal of Experimental Marine Biology and Ecology 2004; 298: 21-33.

［26］Bergmann M, Klages M. Increase of litter at the Arctic deep-sea observatory HAUSGARTEN. Marine Pollution Bulletin 2012; 64（12）: 2734-41.

［27］Besseling E, Foekema EM, Van Franeker JA, Leopold MF, Kühn S, Rebolledo EB, Heße E, Mielke L, IJzer J, Kamminga P, Koelmans AA. Microplastic in a macro filter feeder: humpback whale *Megaptera novaeangliae*. Marine Pollution Bulletin 2015; 95（1）: 248-52.

［28］Besseling E, Wegner A, Foekema EM, Martine JH, Koelmans AA. Effects of microplastic on fitness and PCB bioaccumulation by the lugworm *Arenicola marina*（L.）. Environmental Science and Technology 2013; 47: 593-600.

［29］Bergami E, Bocci E, Vannuccini ML, Monopoli M, Salvati A, Dawson KA, Corsi I. Nano-sized polystyrene affects feeding, behavior and physiology of brine shrimp Artemia franciscana larvae. Ecotoxicology and Environmental Safety 2016 Jan 31; 123: 18-25.

［30］Boerger CM, Lattin GL, Moore SL, Moore CJ. Plastic ingestion by planktivorous fishes in the North Pacific Central Gyre. Marine Pollution Bulletin 2010; 60: 2275-8.

［31］Bornehag CG, Sundell J, Weschler CJ, Sigsgaard T, Lundgren B, Hasselgren M, Hägerhed-Engman L. The association between asthma and allergic symptoms in children and phthalates in house dust: a nested case-control study. Environmental Health Perspectives 2004: 1393-7.

［32］Boucher C, Morin M, Bendell LI. The influence of cosmetic microbeads on the sorptive behaviour of cadmium and lead within intertidal sediments: a laboratory study. Regional Studies in Marine Science 2016; 3: 1-7.

［33］Bouwman H, Evans SW, Cole N, Yive NSCK. The flip-or-flop boutique: Marine debris on the shores of St Brandon's rock, an isolated tropical atoll in the Indian Ocean. Marine Environmental Research 2016; 114: 58-64.

［34］Breivik K, Alcock R, Li Y, Bailey RE, Fiedler H, Pacyna JM. Primary sources of selected POPs: regional and global scale emission inventories. Environmental Pollution 2004; 128: 3-16.

［35］Breivik K, Sweetman A, Pacyna JM, Jones KC. Towards a global historical emission inventory for selected PCB congeners — a mass balance approach: 2. Emissions. The Science of the Total Environment 2002; 290: 199-224.

[36] Brennecke D, Ferreira EC, Costa TM, Appel D, da Gama BA, Lenz M. Ingested microplastics (> 100 μm) are translocated to organs of the tropical fiddler crab *Uca rapax*. Marine Pollution Bulletin 2015; 96 (1): 491-5.

[37] Brooks SJ, Farmen E, Heier LS, Blanco-Rayón E, Izagirre U. Differences in copper bioaccumulation and biological responses in three *Mytilus* species. Aquatic Toxicology 2015; 160: 1-12.

[38] Browne MA, Dissanayake A, Galloway TS, Lowe DM, Thompson RC. Accumulations of microplastic on shorelines worldwide: sources and sinks. Environmental Science and Technology 2011; 45: 9175-9.

[39] Browne MA, Dissanayake A, Galloway TS, Lowe DM, Thompson RC. Ingested microscopic plastic translocates to the circulatory system of the mussel, *Mytilus edulis* (L.). Environmental Science and Technology 2008; 42 (13): 5026-31.

[40] Browne MA, Galloway TS, Thompson RC. Microplastic – an emerging contaminant of potential concern. Integrated Environmental Assessment and Management 2007; 3: 559-66.

[41] Browne MA, Galloway TS, Thompson RC. Spatial patterns of plastic debris along estuarine shorelines. Environmental Science and Technology 2010; 44: 3404-9.

[42] Browne MA, Niven SJ, Galloway TS, Rowland SJ, Thompson RC. Microplastic moves pollutants and additives to worms, reducing functions linked to health and biodiversity. Current Biology 2013; 23 (23): 2388-92.

[43] Cacciari I, Quatrini P, Zirletta G, Mincione E, Vinciguerra V, Lupattelli P, Sermanni GG. Isotactic polypropylene biodegradation by a microbial community: physicochemical characterization of metabolites produced. Applied and Environmental Microbiology 1993; 59 (11): 3695-700.

[44] Campagna C, Piola AR, Marin MR, Lewis M, Zajaczkovski U, Fernández T. Deep divers in shallow seas: southern elephant seals on the Patagonian shelf. Deep Sea Research Part 1: Oceanographic Research Papers 2007; 54: 1792-814.

[45] Carlos de Sá L, Luís LG, Guilhermino L. Effects of microplastics on juveniles of the common goby (*Pomatoschistus microps*): confusion with prey, reduction of the predatory performance and efficiency, and possible influence of developmental conditions. Environmental Pollution 2015; 196: 359-62.

［46］ Carman VG, Machain N, Campagna C. Legal and institutional tools to mitigate plastic pollution affecting marine species: Argentina as a case study. Marine Pollution Bulletin 2015; 92（1）: 125-33.

［47］ Carpenter EJ, Anderson SJ, Harvey GR, Miklas HP, Peck BB. Polystyrene spherules in coastal waters. Science 1972; 178: 749-50.

［48］ Carpenter EJ, Smith KL. Plastics on the Sargasso Sea surface. Science 1972; 175: 1240-1.

［49］ Carr SA, Liu J, Tesoro AG. Transport and fate of microplastic particles in wastewater treatment plants. Water Research 2016; 91: 174-82.

［50］ Carson HS. The incidence of plastic ingestion by fishes: from the prey's perspective. Marine Pollution Bulletin 2013; 74: 170-4.

［51］ Carson HS, Colbert SL, Kaylor MJ, Mcdermid KJ. Small plastic debris changes water movement and heat transfer through beach sediments. Marine Pollution Bulletin 2011; 62: 1708-13.

［52］ Castareda RA, Avlijas S, Simard MA, Ricciardi A. Microplastic pollution in St. Lawrence river sediments. Canadian Journal of Fisheries and Aquatic Sciences 2014; 71（12）: 1767-71.

［53］ Cauwenberghe LV, Claessens M, Vandegehuchte MB, Janssen CR. Microplastics are taken up by mussels（*Mytilus edulis*）and lugworms（*Arenicola marina*）living in natural habitats. Environmental Pollution 2015; 199: 10-7.

［54］ Cauwenberghe LV, Janssen CR. Microplastics in bivalves cultured for human consumption. Environmental Pollution 2014; 193: 65-70.

［55］ Chapman PM, Wang F. Assessing sediment contamination in estuaries. Environmental Toxicology & Chemistry 2001; 20: 3-22.

［56］ Chen CL. Regulation and management of marine litter. In: Bergmann M, Gutow L, Klages M, editors. Marine anthropogenic litter. Berlin: Springer; 2015.

［57］ Cheng X, Shi H, Adams CD, Ma Y. Assessment of metal contaminations leaching out from recycling plastic bottles upon treatments. Environmental Science and Pollution Research 2010; 17（7）: 1323-30.

［58］ Cherbut C, Ruckebusch Y. The effect of indigestible particles on digestive transit time and colonic motility in dogs and pigs. British Journal of Nutrition 1985; 53: 549-57.

［59］ Cherel Y, Guinet C, Tremblay Y. Fish prey of Antarctic fur seals *Arctocephalus gazelle* at Ile de Croy, Kerguelen. Polar Biology 1997; 17: 87-90.

[60] Chua EM, Shimenta J, Nugegoda D, Morrison PD, Clarke BO. Assimilation of polybrominated diphenyl ethers from microplastics by the marine amphipod, *Allorchestes Compressa*. Environmental Science and Technology 2014; 48: 8127-34.

[61] Claessens M, Meester SD, Landuyt LV, Clerck KD, Janssen CR. Occurrence and distribution of microplastics in marine sediments along the Belgian coast. Marine Pollution Bulletin 2011; 62: 2199-204.

[62] Claessens M, Cauwenberghe LV, Vandegehuchte MB, Janssen CR. New techniques for the detection of microplastics in sediments and field collected organisms. Marine Pollution Bulletin 2013; 70: 227-33.

[63] Cole G, Sherrington C. Study to quantify pellet emissions in the UK. 2016. Report for Fidra.

[64] Cole M, Lindeque P, Fileman E, Halsband C, Goodhead R, Moger J, Galloway TS. Microplastic ingestion by zooplankton. Environmental Science and Technology 2013; 47: 6646-55.

[65] Cole M, Lindeque P, Halsband C, Galloway TS. Microplastics as contaminants in the marine environment: a review. Marine Pollution Bulletin 2011; 62: 2588-97.

[66] Cole M, Webb H, Lindeque PK, Fileman ES, Halsband C, Galloway TS. Isolation of microplastics in biota-rich seawater samples and marine organisms. Scientific Reports 2014; 4 (4528): 1-8.

[67] Coleman FC, Wehle DHS. Plastic pollution: a worldwide problem. Parks 1984; 9: 9-12.

[68] Colborn RE, Buckley DJ, Adams ME. Acrylonitrile-butadiene-styrene. Shropshire, United Kingdom: Rapra Technology Ltd; 1997.

[69] Collard F, Gilbert B, Eppe G, Parmentier E, Das K. Detection of anthropogenic particles in fish stomachs: an isolation method adapted to identification by Raman spectroscopy. Archives of Environmental Contamination and Toxicology 2015; 69: 331-9.

[70] Collignon A, Hecq J, Galgani F, Collard F, Goffart A. Annual variation in neustonic micro- and meso-plastic particles and zooplankton in the Bay of Calvi (Mediterranean– Corsica). Marine Pollution Bulletin 2014; 79: 293-8.

[71] Collignon A, Hecq JH, Glagani F, Voisin P, Collard F, Goffart A. Neustonic microplastic and zooplankton in the North Western Mediterranean Sea. Marine Pollution Bulletin 2012; 64: 861-4.

[72] Colton JB, Knapp FD, Burns BR. Plastic particles in surface waters of the Northwestern Atlantic. Science 1974; 185: 491-7.

［73］Cooper DA，Corcoran PL. Effects of mechanical and chemical processes on the degradation of plastic beach debris on the island of Kauai，Hawaii. Marine Pollution Bulletin 2010；60：650-4.

［74］Corcoran PL，Biesinger MC，Grifi M. Plastics and beaches：a degrading relationship. Marine Pollution Bulletin 2009；58：80-4.

［75］Corcoran PL，Norris T，Ceccanese T，Walzak MJ，Helm PA，Marvin CH. Hidden plastics of Lake Ontario，Canada and their potential preservation in the sediment record. Environmental Pollution 2015；204：17-25.

［76］Costa DP，Kuhn CE，Weise MJ，Shaffer SA，Arnould JPY. When does physiology limit the foraging behaviour of freely diving mammals? International Congress Series 2004；1275：359-66.

［77］Cózar A，Echevarría F，González-Gordillo JI，Irigoien X，Ubeda B，Hernández-León S，et al. Plastic debris in the open ocean. Proceedings of the National Academy of Sciences 2014；111（28）：10239-44.

［78］Ferreira P，Fonte E，Soares ME，Carvalho F，Guilhermino L. Effects of multi-stressors on juveniles of the marine fish Pomatoschistus microps：Gold nanoparticles，microplastics and temperature. Aquatic Toxicology 2016 Jan 31；170：89-103.

［79］Cózar A，Sanz-Martín M，Martí E，González-Gordillo JI，Ubeda B，Gálvez JÁ，et al. Plastic accumulation in the Mediterranean Sea. PLoS One 2015；10（4）：e0121762. http：// dx.doi.org/10.1371/journal.pone.0121762.

［80］Frias JP，Sobral P，Ferreira AM. Organic pollutants in microplastics from two beaches of the Portuguese coast. Marine Pollution Bulletin 2010 Nov 30；60（11）：1988-92.

［81］Crise A，Kaberi H，Ruiz J，Zatsepin A，Arashkevich E，Giani M，Karageorgis AP，Prieto L，Pantazi M，Gonzalez-Fernandez D，d' Alcalà MR. A MSFD complementary approach for the assessment of pressures，knowledge and data gaps in Southern European Seas：the PERSEUS experience. Marine Pollution Bulletin 2015；95（1）：28-39.

［82］Green DS，Boots B，Sigwart J，Jiang S，Rocha C. Effects of conventional and biodegradable microplastics on a marine ecosystem engineer（*Arenicola marina*）and sediment nutrient cycling. Environmental Pollution 2016 Jan 31；208：426-34.

［83］Daly GL，Wania F. Organic contaminants in mountains. Environmental Science and Technology 2005；39：385-98.

［84］Daniels CA. Polymers：structure and properties. Technomic Publishing Company，Inc.；1989.

[85] Davis A, Sims D. Weathering of polymers. United Kingdom: Applied Science Publishers Ltd; 1983 Nov 30.

[86] Davis ME, Zuckerman JE, Choi CHJ, Seligson D, Tolcher A, Alabi CA, Yen Y, Heidel JD, Ribas A. Evidence of RNAi in humans from systemically administered siRNA via targeted nanoparticles. Nature 2010; 464 (7291): 1067-70.

[87] Davison P, Asch RG. Plastic ingestion by mesopelagic fishes in the North Pacific Subtropical Gyre. Marine Ecology Progress Series 2011; 432: 173-80.

[88] Day RH, Shaw DG, Ignell SE. The quantitative distribution and characteristics of neuston plastic in the North Pacific Ocean, 1984–1988. In: Proceedings of the second international conference on marine debris, April 2–7, 1989. Honolulu, Hawaii. NOAA Technical Memorandum, NOAA-TM-NMFS-SWFSC-154; 1990. p. 182-211.

[89] Karapanagioti HK, Klontza I. Testing phenanthrene distribution properties of virgin plastic pellets and plastic eroded pellets found on Lesvos island beaches (Greece) . Marine Environmental Research 2008 May 31; 65 (4): 283-90.

[90] De Guise S, Martineau D, Béland P, Fournier M. Possible mechanisms of action of environmental contaminants on St. Lawrence beluga whales (*Delphinapterus leucas*) . Environmental Health Perspectives 1995; 103: 73-7.

[91] De Lucia GA, Caliani I, Marra S, Camedda A, Coppa S, Alcaro L, et al. Amount and distribution of neustonic micro-plastic off the western Sardinian coast (Central-Western Mediterranean Sea) . Marine Environmental Research 2014; 100: 10-6.

[92] Laurier F, Mason R. Mercury concentration and speciation in the coastal and open ocean boundary layer. Journal of Geophysical Research: Atmospheres 2007 Mar 27: 112 (D6) .

[93] De Stephanis R, Giménez J, Carpinelli E, Gutierrez-Exposito C, Cañadas A. As main meal for sperm whales: plastics debris. Marine Pollution Bulletin 2013; 69 (1): 206-14.

[94] De Wael K, Gason FG, Baes CA. Selection of an adhesive tape suitable for forensic fiber sampling. Journal of Forensic Sciences 2008; 53 (1): 168-71.

[95] Deguchi T, Kitaoka Y, Kakezawa M, Nishida T. Purification and characterization of a nylon-degrading enzyme. Applied and Environmental Microbiology 1998; 64 (4): 1366-71.

[96] Dekiff JH, Remy D, Klasmeier J, Fries E. Occurrence and spatial distribution of microplastics in sediments from Norderney. Environmental Pollution 2014; 186: 248-56.

[97] Lutz PL. Studies on the ingestion of plastic and latex by sea turtles. In: Proceedings of the Workshop on the Fate and Impact of Marine Debris, Honolulu; 1990. p. 719-35.

［98］Desforges J-PW，Galbraith M，Dangerfield N，Ross PS. Widespread distribution of microplastics in subsurface seawater in the NE Pacific Ocean. Marine Pollution Bulletin 2014；79：94-9.

［99］Dhananjayan V，Muralidharan S. Polycyclic aromatic hydrocarbons in various species of fishes from Mumbai Harbour，India，and their dietary intake concentration to human. International Journal of Oceanography 2012；2012.

［100］Dimarogana M，Nikolaivits E，Kanelli M，Christakopoulos P，Sandgren M，Topakas E. Structural and functional studies of a *Fusarium oxysporum* cutinase with polyethylene terephthalate modification potential. Biochimica et Biophysica Acta（BBA）– General Subjects 2015；1850（11）：2308-17.

［101］Dodiuk H，Goodman S. Handbook of thermoset plastics. 3rd ed. Massachusetts，USA：Elsevier Inc.；2014.

［102］DouAbul AA，Heba HM，Fareed KH. Polynuclear aromatic hydrocarbons（PAHs）in fish from the Red Sea Coast of Yemen. In：Asia-Pacific conference on science and management of coastal environment. Netherlands：Springer；1997. p. 251-62.

［103］Doyle MJ，Watson W，Bowlin NM，Sheavly SB. Plastic particles in coastal pelagic ecosystems of the Northeast Pacific Ocean. Marine Environmental Research 2011；71：41-52.

［104］Driedger AG，Dürr HH，Mitchell K，Van Cappellen P. Plastic debris in the Laurentian Great Lakes：a review. Journal of Great Lakes Research 2015；41（1）：9-19.

［105］Dris R，Gasperi J，Saad M，Mirande C，Tassin B. Synthetic fibres in atmospheric fallout：a source of microplastics in the environment? Marine Pollution Bulletin 2016；104：290-3.

［106］Dubaish F，Liebezeit G. Suspended microplastics and black carbon particles in the Jade system，Southern North sea. Water，Air，& Soil Pollution 2013；224：1-8.

［107］Duis K，Coors A. Microplastics in the aquatic and terrestrial environment：sources（with a specific focus on personal care products），fate and effects. Environmental Sciences Europe 2016；28：1-25.

［108］EC 2013. Green Paper on a European strategy on plastic waste in the environment. Brussels，7.3.2013；COM（2013）123 final. 2013. p. 20.

［109］ECE. State of knowledge report of the UN ECE Task Force on persistent organic pollutants：for the convention on long-range transboundary air pollution：for presentation to the meetings of the working groups on technology and on effects 28th

June-1st July. Geneva: Department of Indian Affairs and Northern Development Canada. Environmental Services and Research Division; 1994.

[110] Eerkes-Medrano D, Thompson RC, Aldridge DC. Microplastics in freshwater systems: a review of the emerging threats, identification of knowledge gaps and prioritisation of research needs. Water Research 2015.http://dx.doi.org/10.1016/j.watres.2015.02.012.

[111] El-Shahawi MS, Hamza A, Bashammakh AS, Al-Saggaf WT. An overview on the accumulation, distribution, transformations, toxicity and analytical methods for the monitoring of persistent organic pollutants. Talanta 2010; 80: 1587-97.

[112] Endo S, Takizawa R, Okuda K, Takada H, Chiba K, Kanehiro H, Ogi H, Yamashita R, Date T. Concentration of polychlorinated biphenyls (PCBs) in beached resin pellets: variability among individual particles and regional differences. Marine Pollution Bulletin 2005; 50: 1103-14.

[113] McCauley SJ, Bjorndal KA. Conservation implications of dietary dilution from debris ingestion: sublethal effects in post-hatchling loggerhead sea turtles. Conservation Biology 1999 Aug 1; 13 (4): 925-9.

[114] Erdman Jr JW, MacDonald IA, Zeisel SH, editors. Present knowledge in nutrition. John Wiley & Sons; 2012.

[115] Eriksen M, Lebreton LCM, Carson HS, Thiel M, Moore CJ, Borerro JC, Galgani F, Ryan PG, Reisser J. Plastic pollution in the world's oceans: more than 5 trillion plastic pieces weighing over 250,000 tons afloat at sea. PLoS One 2014; 9: e111913.

[116] Eriksen M, Mason S, Wilson S, Box C, Zellers A, Edwards W, Farley H, Amato S. Microplastic pollution in the surface waters of the Laurentian Great Lakes. Marine Pollution Bulletin 2013; 77: 177-82.

[117] Eriksen M, Maximenko N, Thiel M, Cummins A, Lattin G, Wilson S, Hafner J, Zellers A, Rifman S. Plastic pollution in the South Pacific Subtropical Gyre. Marine Pollution Bulletin 2013; 68: 71-6.

[118] Eriksson C, Burton H. Origins and biological accumulation of small plastic particles in fur-seal scats from Macquarie Island. Ambio 2003; 32: 380-4.

[119] EU. Directive 2008/56/EC of the European Parliament and of the Council of 17 June 2008 establishing a framework for community action in the field of marine environmental policy (Marine Strategy Framework Directive). Brussels: EU; 2008.

[120] European Commission. Guidance on monitoring of marine litter in European Seas. A guidance document within the common implementation strategy for the Marine Strategy

Framework Directive. Ispra: European Commission, Joint Research Centre, MSFD Technical Subgroup on Marine Litter; 2013.

[121] European Food Safety Authority (EFSA). Perfluoroalkylated substances in food: occurrence and dietary exposure. EFSA Journal 2012; 10: 2743-98.

[122] European Food Safety Authority. Results of the monitoring of non-dioxin-like PCBs in food and feed. EFSA Journal 2010; 8 (7): 1701.

[123] Frhnrich KA, Pravda M, Guilbault GG. Immunochemical detection of polycyclic aromatic hydrocarbons (PAHs). Analytical Letters 2002; 35 (8): 1269-300.

[124] Farrel P, Nelson K. Trophic level transfer of microplastic: *Mytilus edulis* (L.) to *Carcinus maenas* (L.). Environmental Pollution 2013; 177: 1-3.

[125] Faure F, Saini C, Potter G, Galgani F, Alencastro LF, Hagmann P. An evaluation of surface micro- and mesoplastic pollution in pelagic ecosystems of the Western Mediterranean Sea. Environmental Science and Pollution Research 2015; 22: 12190-7.

[126] Fendall LS, Sewell MA. Contributing to marine pollution by washing your face. Microplastics in facial cleansers. Marine Pollution Bulletin 2009; 58: 1225-8.

[127] Fiedler H. Polychlorinated biphenyls (PCBs): uses and environmental releases. In: Proceedings of the subregional awareness raising workshop on Persistent Organic Pollutants (POPs). Abu Dhabi: United Arab Emirates; 1998.

[128] Fischer V, Elsner NO, Brenke N, Schwabe E, Brandt A. Plastic pollution of the Kuril–Kamchatka trench area (NW pacific). Deep Sea Research Part II: Topical Studies in Oceanography 2015; 111: 399-405.

[129] Fisk A, Hobson K, Nortsrom R. Factors on trophic transfer of persistent organic pollutants in the Northwater Polyna marine food web. Environmental Science and technology 2001; 35: 732-8.

[130] Fisner M, Taniguchi S, Moreira F, Bícego MC, Turra A. Polycyclic aromatic hydrocarbons (PAHs) in plastic pellets: variability in the concentration and composition at different sediment depths in a sandy beach. Marine Pollution Bulletin 2013; 70 (1): 219-26.

[131] Fisner M, Taniguchi S, Majer AP, Bícego MC, Turra A. Concentration and composition of polycyclic aromatic hydrocarbons (PAHs) in plastic pellets: implications for small-scale diagnostic and environmental monitoring. Marine Pollution Bulletin 2013; 76 (1): 349-54.

[132] Foekema EM, De Gruijter C, Mergia MT, Van Franeker JA, Murk AJ, Koelmans

AA. Plastic in North Sea fish. Environmental Science & Technology 2013; 47: 8818-24.

[133] Fok L, Cheung PK. Hong Kong at the Pearl River Estuary: a hotspot of microplastic pollution. Marine Pollution Bulletin 2015; 99: 112-8.

[134] Fossi MC, Coppola D, Baini M, Giannetti M, Guerranti C, Marsili L, Panti C, Sabtata E, Clò S. Large filter feeding marine organisms as indicators of microplastic in the pelagic environment: the case studies of the Mediterranean basking shark (*Cetorhinus maximus*) and fin whale (*Balaenoptera physalus*). Marine Environmental Research 2014; 100: 17-24.

[135] Fossi MC, Marsili L, Baini M, Giannetti M, Coppola D, Guerranti C, Caliani I, Minutoli R, Lauriano G, Finoia MG, Rubegni F, Panigada S, Bérubé M, Urbán Ramírez J, Panti C. Fin whales and microplastics: the Mediterranean Sea and the Sea of Cortez scenarios. Environmental Pollution 2016; 209: 68-78.

[136] Fossi MC, Panti C, Guerranti C, Coppola D, Giannetti M, Marsili L, Minutoli R. Are baleen whales exposed to the threat of microplastics? A case study of the Mediterranean fin whale (*Balaenoptera physalus*). Marine Pollution Bulletin 2012; 64: 2374-9.

[137] Fraunholcz N. Separation of waste plastics by froth flotation—a review, Part I. Minerals Engineering 2004; 17: 261-8.

[138] Free CM, Jensen OP, Mason SA, Eriksen M, Williamson NJ, Boldgiv B. High-levels of microplastic pollution in a large, remote, mountain lake. Marine Pollution Bulletin 2014; 85: 156-63.

[139] Freinkel S. Plastic: a toxic love story. New York: Houghton Mifflin Harcourt; 2011.

[140] Frias JPGL, Gago J, Otero V, Sobral P. Microplastics in coastal sediments from Southern Portuguese shelf waters. Marine Environmental Research 2016; 114: 24-30.

[141] Frias JPGL, Otero V, Sobral P. Evidence of microplastics in samples of zooplankton from Portuguese coastal waters. Marine Environmental Research 2014; 95: 89-95.

[142] Fries E, Dekiff JH, Willmeyer J, Nuelle MT, Ebert M, Remy D. Identification of polymer types and additives in marine microplastic particles using pyrolysis-GC/MS and scanning electron microscopy. Environmental Science: Processes & Impacts 2013; 15: 1949-56.

[143] Fries E, Zarfl C. Sorption of polycyclic aromatic hydrocarbons (PAHs) to low and high density polyethylene (PE). Environmental Science and Pollution Research 2012; 19: 1296-304.

［144］Fromme H, Küchler T, Otto T, Pilz K, Müller J, Wenzel A. Occurrence of phthalates and bisphenol A and F in the environment. Water Research 2002; 36（6）: 1429-38.

［145］Fukuzaki H, Yoshida M, Asano M, Kumakura M. Synthesis of copoly（D, L-lactic acid）with relative low molecular weight and in vitro degradation. European Polymer Journal 1989; 25: 1019-26.

［146］Galgani F, Burgeot T, Bocquéné G, Vincent F, Leauté JP, Labastie J, Forest A, Guichet R. Distribution and abundance of debris on the continental shelf of the Bay of Biscay and in Seine Bay. Marine Pollution Bulletin 1995; 30: 58-62.

［147］Galgani F, Hanke G, Werner S, De Vrees L. Marine litter within the European Marine Strategy Framework Directive. ICES Journal of Marine Science: Journal du Conseil 2013; 70: 1055-64.

［148］Galgani F, Jaunet S, Campillot A, Guenegen X, His E. Distribution and abundance of debris on the continental shelf of the north-western Mediterranean Sea. Marine Pollution Bulletin 1995; 31: 713-7.

［149］Galgani F, Leaute JP, Moguedet P, Souplet A, Verin Y, Carpentier A, Goraguer H, Latrouite D, Andral B, Cadiou Y, Mahe JC, Poulard JC, Nerisson P. Litter on the sea floor along European coasts. Marine Pollution Bulletin 2000; 40: 516-27.

［150］Galgani F, Souplet A, Cadiou Y. Accumulation of debris on the deep sea floor off the French Mediterranean coast. Marine Ecology Progress Series 1996; 142: 225-34.

［151］Miranda DD, de Carvalho-Souza GF. Are we eating plastic-ingesting fish? Marine Pollution Bulletin 2016 Feb 15; 103（1）: 109-14.

［152］Gallagher A, Rees A, Rowe R, Stevens J, Wright P. Microplastics in the Solent estuarine complex, UK: an initial assessment. Marine Pollution Bulletin 2016; 102（2）: 243-9.

［153］Gedde U. Polymer physics. Dordrecht（The Netherlands）: Kluwer Academic Publishers; 2001.

［154］Gehringer JW, Aron W. Field techniques. Zooplankton sampling. UNESCO monographs on oceanographic methodology, vol. 2. 1968. p. 87-104.

［155］Geissen V, Mol H, Klumpp E, Umlauf G, Nadal M, van der Ploeg M, van de Zee SE, Ritsema CJ. Emerging pollutants in the environment: a challenge for water resource management. International Soil and Water Conservation Research 2015; 3（1）: 57-65.

［156］Gesamp. Sources, fate and effects of microplastics in the marine environment: a global assessment. In: Kershaw PJ, editor. IMO/FAO/UNESCO-IOC/UNIDO/WMO/

IAEA/UN/UNEP/UNDP Joint Group of Experts on the Scientific Aspects of Marine Environmental Protection. Rep. Stud. GESAMP; 2015.

[157] Giari L, Guerranti C, Perra G, Lanzoni M, Fano EA, Castaldelli G. Occurrence of perfluorooctanesulfonate and perfluorooctanoic acid and histopathology in eels from north Italian waters. Chemosphere 2015; 118: 117-23.

[158] Giesy JP, Kannan K. Global distribution of perfluorooctane sulfonate in wildlife. Environmental Science & Technology 2001; 35 (7): 1339-42.

[159] Gilan I, Hadar Y, Sivan A. Colonization, biofilm formation and biodegradation of polyethylene by a strain of *Rhodococcus ruber*. Applied Microbiology and Biotechnology 2004; 65: 97-104.

[160] Gilfillan LR, Ohman MD, Doyle MJ, Watson W. Occurrence of plastic micro-debris in the Southern California Current System.California Cooperative Oceanic Fisheries Investigations Reports 2009; 50: 123-33.

[161] Goldstein MC, Rosenberg M, Cheng L. Increased oceanic microplastic debris enhances oviposition in an endemic pelagic insect. Biol Letters 2012; 8 (5): 817-20.

[162] Goldstein MC, Titmus AJ, Ford M. Scales of spatial heterogeneity of plastic marine debris in the northeast Pacific Ocean. PLoS One 2013; 8 (11): e80020.http:dx.doi. org/10.1371/journal.pone.0080020.

[163] González-Gaya B, Dachs J, Roscales JL, Caballero G, Jiménez B. Perfluoroalkylated substances in the global tropical and subtropical surface oceans. Environmental Science and Technology 2014; 48: 13076-84.

[164] Gordon G. Eliminating land-based discharges of marine debris in California: a plan of action from the plastic debris project. California, USA: California State Water Resources Control Board; 2006.

[165] Gouin T, Roche N, Lohmann R, Hodges G. A thermodynamic approach for assessing the environmental exposure of chemicals absorbed to microplastic. Environmental Science and Technology 2011; 45: 1466-72.

[166] Gregory MR. Plastic 'scrubbers' in hand cleansers: a further (and minor) source for marine pollution identified. Marine Pollution Bulletin 1996; 32: 867-71.

[167] Nicolau L, Marçalo A, Ferreira M, Sá S, Vingada J, Eira C. Ingestion of marine litter by loggerhead sea turtles, *Caretta caretta*, in Portuguese continental waters. Marine Pollution Bulletin 2016 Feb 15; 103 (1): 179-85.

[168] Güven O, Gülyavuz H, Deva MC. Benthic debris accumulation in Bathyal Grounds

in the Antalya Bay, eastern Mediterranean. Turkish Journal of Fisheries and Aquatic Sciences 2013; 13: 43-9.

[169] Habib D, Locke DC, Cannone LJ. Synthetic fibers as indicators of municipal sewage sludge, sludge products, and sewage treatment plant effluents. Water, Air, and Soil Pollution 1998; 103: 1-8.

[170] Hadad D, Geresh S, Sivan A. Biodegradation of polyethylene by the thermophilic bacterium *Brevibacillus borstelensis*. Journal of Applied Microbiology 2005; 98: 1093-100.

[171] Halden RU. Epistemology of contaminants of emerging concern and literature meta-analysis. Journal of Hazardous Materials 2015; 282: 2-9.

[172] Halden RU. Plastics and health risks. Annual Review of Public Health 2010; 31: 179-94.

[173] Hammer S, Nager RG, Johnson PCD, Furness RW, Provencher JF. Plastic debris in great skua (*Stercorarius skua*) pellets corresponds to seabird prey species. Marine Pollution Bulletin 2016; 103: 206-10.

[174] Hanke G, Galgani F, Werner S, Oosterbaan L, Nilsson P, Fleet D, Al E. MSFD GES technical subgroup on marine litter. Guidance on monitoring of marine litter in European Seas. Luxembourg: Joint Research Centre – Institute for Environment and Sustainability, Publications Office of the European Union; 2013.

[175] Harper CA. Handbook of plastics technologies. New York, USA: The McGraw-Hill Companies, Inc.; 2006.

[176] Harris ME, Walker B. A novel, simplified scheme for plastics identification. Journal of Chemical Education 2010; 87: 147-9.

[177] Harrison RM. Pollution: causes and effects. 5th ed. Cambridge (United Kingdom): Royal Society of Chemistry Publishing; 2014.

[178] Harrison JP, Ojeda JJ, Romero-González ME. The applicability of reflectance micro-Fourier-transform infrared spectroscopy for the detection of synthetic microplastics in marine sediments. Science of the Total Environment 2012; 416: 455-63.

[179] Harshvardhan K, Jha B. Biodegradation of low-density polyethylene by marine bacteria from pelagic waters, Arabian Sea, India. Marine Pollution Bulletin 2013; 77: 100-6.

[180] Hart H, Craine LE, Hart DJ, Hadad CM. Organic chemistry. Boston (USA): Houghton Mifflin Company; 2007.

[181] Hauser R, Calafat AM. Phthalates and human health. Occupational and Environmental Medicine 2005; 62 (11): 806-18.

［182］Hays H, Cormons G. Plastic particles found in tern pellets, on coastal beaches and at factory sites. Marine Pollution Bulletin 1974; 5: 44-6.

［183］Obbard RW, Sadri S, Wong YQ, Khitun AA, Baker I, Thompson RC. Global warming releases microplastic legacy frozen in Arctic Sea ice. Earth's Future 2014 Jun 1; 2 (6): 315-20.

［184］Helcom. Regional action plan for marine litter in the Baltic Sea. 2015. Helsinki.

［185］Heo NW, Hong SH, Han GM, Hong S, Lee J, Song YK, Jang M, Shim WJ. Distribution of small plastic debris in cross-section and high strandline on Heungnam beach, South Korea. Ocean Science Journal 2013; 48: 225-33.

［186］Heskett M, Takada H, Yamashita R, Yuyama M, Ito M, Geok YB, Ogata Y, Kwan C, Heckhausen A, Taylor H, Powell T, Morishige C, Young D, Patterson H, Robertson B, Bailey E, Mermoz J. Measurement of persistent organic pollutants (POPs) inplastic resin pellets from remote islands: toward establishment of background concentrations for International Pellet Watch. Marine Pollution Bulletin 2012; 64: 445-8.

［187］HHS. United States Department of Health and Human Services. Toxicological profile for alpha-, beta-, gamma-, and delta-hexachlorocyclohexane. Agency for Toxic Substances and Disease Registry; 2005. p. 1-377.

［188］Hidalgo-Ruz V, Gutow L, Thompson RC, Thiel M. Microplastics in the marine environment: a review of the methods used for identification and quantification. Environmental Science and Technology 2012; 46: 3060-75.

［189］Hidalgo-Ruz V, Thiel M. Distribution and abundance of small plastic debris on beaches in the SE Pacific (Chile): a study supported by a citizen science project. Marine Environmental Research 2013; 87-88: 12-8.

［190］Hinojosa IA, Thiel M. Floating marine debris in fjords, gulfs and channels of southern Chile. Marine Pollution Bulletin 2009; 58: 341-50.

［191］Hirai H, Takada H, Ogata Y, Yamashita R, Mizukawa K, Saha M, Kwan C, Moore C, Gray H, Laursen D, Zettler ER, Farrington JW, Reddy CM, Peacock EE, Ward MW. Organic micropollutants in marine plastics debris from the open ocean and remote and urban beaches. Marine Pollution Bulletin 2011; 62: 1683-92.

［192］Holmes LA, Turner A, Thompson RC. Adsorption of trace metals to plastic resin pellets in the marine environment. Environmental Pollution 2012; 160: 42-8.

［193］Holmes LA, Turner A, Thompson RC. Interactions between trace metals and plastic production pellets under estuarine conditions. Marine Chemistry 2014; 167: 25-32.

[194] Howard GT. Biodegradation of polyurethane. International Biodeterioration and Biodegradation 2002; 49: 213.

[195] Huerta Lwanga E, Gertsen H, Gooren H, Peters P, Salánki T, van der Ploeg M, Besseling E, Koelmans AA, Geissen V. Microplastics in th terrestrial ecosystem: implications for *Lumbricus terrestris* (Oligochaeta, Lumbricidae). Environmental Science and Technology 2016; 50 (5): 2685-91.

[196] Hui YH. Handbook of Food Science, Technology and Engineering, vol. 3. Florida, USA: CRC Press; 2006.

[197] ICES. OSPAR request on development of a common monitoring protocol for plastic particles in fish stomachs and selected shellfish on the basis of existing fish disease surveys. 2015. ICES Special Request Advice.

[198] Imhof H, Jschmid J, Niessner R, Ivleva NP, Laforsch C. A novel, highly efficient method for the quantification of plastic particles in sediments of aquatic environments. Limnology and Oceanography: Methods 2012; 10: 524-37.

[199] Imhof HK, Ivleva NP, Schmid J, Niessner R, Laforsch C. Contamination of beach sediments of a subalpine lake with microplastic particles. Current Biology 2013; 23: R867-8.

[200] Ingram AG, Hoskins JH, Sovik JH, Maringer RE, Holden FC. Study of microplastic properties and dimensional stability of materials. Technical Report AFML-TR-67-232, Part II. United States Air Force Materials Laboratory; 1968.

[201] Pedà C, Caccamo L, Fossi MC, Gai F, Andaloro F, Genovese L, Perdichizzi A, Romeo T, Maricchiolo G. Intestinal alterations in European sea bass Dicentrarchus labrax (Linnaeus, 1758) exposed to microplastics: Preliminary results. Environmental Pollution 2016 May 31; 212: 251-6.

[202] Ivar do Sul JA, Costa MF. The present and future of microplastic pollution in the marine environment. Environmental Pollution 2014; 185: 352-64.

[203] Jacobsen JK, Massey L, Gulland F. Fatal ingestion of floating net debris by two sperm whales (*Physeter macrocephalus*). Marine Pollution Bulletin 2010; 60: 765-7.

[204] Jambeck JR, Geyer R, Wilcox C, Siegler TR, Perryman M, Andrady A, Narayan R, Law KL. Plastic waste inputs from land into the ocean. Science 2015; 347: 768-71.

[205] Jayasiri HB, Purushothaman CS, Vennila A. Plastic litter accumulation on high-water strandline of urban beaches in Mumbai, India. Environmental Monitoring and Assessment 2013; 185: 7709-19.

［206］Jović M, Stanković S. Human exposure to trace metals and possible public health risks via consumption of mussels *Mytilus galloprovincialis* from the Adriatic coastal area. Food and Chemical Toxicology 2014; 70: 241-51.

［207］Jones KC, Voogt P. Persistent organic pollutants（POPs）: state of the science. Environmental Pollution 1999; 100: 209-21.

［208］JRC（Joint Research Centre）. MSFD GES technical subgroup on marine litter, and technical recommendations for the implementation of MSFD requirements. 2011. Luxembourg.

［209］Kaberi H, Tsangaris C, Zeri C, Mousdis G, Papadopoulos A, Streftaris N. Microplastics along the shoreline of a Greek island（Kea Isl., Aegean Sea）: types and densities in relation to beach orientation, characteristics and proximity to sources. In: 4th international conference on environmental management, engineering, planning and economics（CEMEPE）and SECOTOX conference. Mykonos Island, Greece. 2013.

［210］Kalantzi OI, Hall AJ, Thomas GO, Jones KC. Polybrominated diphenyl ethers and selected organochlorine chemicals in grey seals（*Halichoerus grypus*）in the North Sea. Chemosphere 2005; 58: 345-54.

［211］Kalogerakis N, Arff J, Banat IM, Broch OJ, Daffonchio D, Edvardsen T, Eguiraun H, Giuliano L, HandåA, López-de-Ipiña K, Marigomez I. The role of environmental biotechnology in exploring, exploiting, monitoring, preserving, protecting and decontaminating the marine environment. New Biotechnology 2015; 32（1）: 157-67.

［212］Kampire E, Rubidge G, Adams JB. Distribution of polychlorinated biphenyl residues in sediments and blue mussels（*Mytilus galloprovincialis*）from Port Elizabeth Harbour, South Africa. Marine Pollution Bulletin 2015; 91: 173-9.

［213］Kannan K, Choi JW, Iseki N, Senthilkumar K, Kim DH, Masunaga S, Giesy JP. Concentrations of perfluorinated acids in livers of birds from Japan and Korea. Chemosphere 2002; 49（3）: 225-31.

［214］Kannan K, Tao L, Sinclair E, Pastva SD, Jude DJ, Giesy JP. Perfluorinated compounds in aquatic organisms at various trophic levels in a Great Lakes food chain. Archives of Environmental Contamination and Toxicology 2005; 48（4）: 559-66.

［215］Kang JH, Kwon OY, Lee KW, Song YK, Shim WJ. Marine neustonic microplastics around the southeastern coast of Korea. Marine Pollution Bulletin 2015; 96（1）: 304-12.

［216］Käppler A, Windrich F, Löder MGJ, Malanin M, Fischer D, Labrenz M, Eichhorn K-J, Voit B. Identification of microplastics by FTIR and Raman microscopy: a novel silicon filter substrate opens the important spectral range below 1300 cm^{-1} for FTIR transmission measurements. Analytical and Bioanalytical Chemistry 2015; 407: 6791-801.

[217] Karapanagioti HK, Endo S, Ogata Y, Takada H. Diffuse pollution by persistent organic pollutants as measured in plastic pellets sampled from various beaches in Greece. Marine Pollution Bulletin 2011; 62: 312-7.

[218] Karger-Kocsis J. Polypropylene structure, blends and composites: copolymers and blends. London: Chapman & Hall; 1995. p. 6.

[219] Kataoka T, Hinata H. Evaluation of beach cleanup effects using linear system analysis. Marine Pollution Bulletin 2015; 91 (1): 73-81.

[220] Kataoka T, Hinata H, Kato S. Analysis of a beach as a time-invariant linear input/output system of marine litter. Marine Pollution Bulletin 2013; 77 (1): 266-73.

[221] Kee YL, Mukherjee S, Pariatamby A. Effective remediation of phenol, 2,4-bis (1, 1-dimethylethyl) and bis (2-ethylhexyl) phthalate in farm effluent using Guar gum–a plant based biopolymer. Chemosphere 2015; 136: 111-7.

[222] Keller AA, Fruh EL, Johnson MM, Simon V, McGourty C. Distribution and abundance of anthropogenic marine debris along the shelf and slope of the US West Coast. Marine Pollution Bulletin 2010; 60 (5): 692-700.

[223] Kelly BC, Ikonomou MG, Blair JD, Morin AE, Gobas FAPC. Food web – specific biomagnification of persistent organic pollutants. Science 2007; 317: 236-9.

[224] Kleeberg I, Hetz C, Kroppenstedt RM, Muller RJ, Deckwer WD. Biodegradation of aliphatic-aromatic copolyesters by *Thermomonospora fusca* and other thermophilic compost isolates. Applied and Environmental Microbiology 1998; 64: 1731-5.

[225] Klein E, Lukeš V, Cibulková Z. On the energetics of phenol antioxidants activity. Petroleum and Coal 2005; 47: 33-9.

[226] Koch HM, Calafat AM. Human body burdens of chemicals used in plastic manufacture. Philosophical Transactions of the Royal Society B: Biological Sciences 2009; 364 (1526): 2063-78.

[227] Koch HM, Drexler H, Angerer J. An estimation of the daily intake of di (2-ethylhexyl) phthalate (DEHP) and other phthalates in the general population. International Journal of Hygiene and Environmental Health 2003; 206 (2): 77-83.

[228] Koelmans AA. ET&C perspectives. Environmental Toxicology and Chemistry 2014; 33: 5-10.

［229］Koelmans AA，Besseling E，Wegner A，Foekma EM. Plastic as a carrier of POPs to aquatic organisms: a model analysis. Environmental Science and Technology 2013; 47: 7812-20.

［230］Korherr C，Roth R，Holler E. Poly（β-L-malate）hydrolase from plasmodia of *Physarum polycephalum*. Canadian Journal of Microbiology 1995; 41（Suppl. 1）: 192-9.

［231］Koutsodendris A，Papatheodorou G，Kougiourouki O，Georgiadis M. Benthic marine litter in four Gulfs in Greece，Eastern Mediterranean; abundance，composition and source identification Estuarine. Coastal and Shelf Science 2008; 77（3）: 501-12.

［232］Kukulka T，Proskurowski G，Morét-Ferguson S，Meyer DW，Law KL. The effect of wind mixing on the vertical distribution of buoyant plastic debris. Geophysical Research Letters 2012; 39.

［233］Kutz FW，Wood PH，Bottimore DP. Organochlorine pesticides and polychlorinated biphenyls in human adipose tissue. Reviews of Environmental Contamination and Toxicology 1991; 20: 1-82.

［234］Laglbauer BJL，Franco-Santos RM，Andreu-Cazenave M，Brunelli L，Papadatou M，Palatinus A，Grego M，Deprez T. Macrodebris and microplastics from beaches in Slovenia. Marine Pollution Bulletin 2014; 89: 356-66.

［235］Lambert S，Sinclair C，Boxall A. Occurrence，degradation，and effect of polymer-based materials in the environment. Reviews of Environmental Contamination and Toxicology 2014; 227: 1-53. Springer International Publishing.

［236］Lambert S，Wagner M. Characterisation of nanoplastics during the degradation of polystyrene. Chemosphere 2016; 145: 265-8.

［237］Land MF，Osorio DC. Marine optics: dark disguise. Current Biology 2011; 21: 918-20.

［238］Lang IA，Galloway TS，Scarlett A，Henley WE，Depledge M，Wallace RB，Melzer D. Association of urinary bisphenol A concentration with medical disorders and laboratory abnormalities in adults. JAMA 2008; 300（11）: 1303-10.

［239］Quinn B，Gagné F，Costello M，McKenzie C，Wilson J，Mothersill C. The endocrine disrupting effect of municipal effluent on the zebra mussel（*Dreissena polymorpha*）. Aquatic Toxicology 2004 Feb 25; 66（3）: 279-92.

［240］Lattin GL，Moore CJ，Zellers AF，Moore SL，Weisberg SB. A comparison of neustonic plastic and zooplankton at different depths near the southern California shore. Marine Pollution Bulletin 2004; 49: 291-4.

［241］Rehse S, Kloas W, Zarfl C. Short-term exposure with high concentrations of pristine microplastic particles leads to immobilisation of *Daphnia magna*. Chemosphere 2016 Jun 30; 153: 91-9.

［242］Law KL, Morét-Ferguson SE, Goodwin DS, Zettler ER, DeForce E, Kukulka T, et al. Distribution of surface plastic debris in the eastern Pacific Ocean from an 11-year data set. Environmental Science and Technology 2014; 48（9）: 4732-8.

［243］Law KL, Moret-Ferguson S, Maximenko NA, Proskurowski G, Peacock E, Hafner J, Reddy CM. Plastic accumulation in the North Atlantic Subtropical Gyre. Science 2010; 329: 1185-8.

［244］Law KL, Thompson RC. Microplastics in the seas. Science 2014; 345: 144-5.

［245］Lebreton LCM, Greer SD, Borrero JC. Numerical modelling of floating debris in the world's oceans. Marine Pollution Bulletin 2012; 64: 653-61.

［246］Lechner A, Keckeis H, Lumesberger-Loisl F, Zens B, Krusch R, Tritthart M, Glas M, Schludermann E. The Danube so colourful: a potpourri of plastic litter outnumbers fish larvae in Europe's second largest river. Environmental Pollution 2014; 188: 177-81.

［247］Lechner A, Ramler D. The discharge of certain amounts of industrial microplastic from a production plant into the River Danube is permitted by the Austrian legislation. Environmental Pollution 2015; 200: 159-60.

［248］Lee J, Pedersen AB, Thomsen M. The influence of resource strategies on childhood phthalate exposure—the role of REACH in a zer waste society. Environment International 2014; 73: 312-22.

［249］Lee RF, Sanders DP. The amount and accumulation rate of plastic debris on marshes and beaches on the Georgia coast. Marine Pollution Bulletin 2015; 91（1）: 113-9.

［250］Lee H, Shim WJ, Kwon J. Sorption capacity of plastic debris for hydrophobic organic chemicals. Science of the Total Environment 2014; 470-471: 1545-52.

［251］Lee J, Hong S, Song YK, Hong SH, Jang YC, Jang M, Heo NW, Han GM, Lee MJ, Kang D, Shim WJ. Relationships among the abundances of plastic debris in different size classes on beaches in South Korea. Marine Pollution Bulletin 2013; 77: 349-54.

［252］Lenz R, Enders K, Stedmon CA, Mackenzie DMA, Nielsen TG. A critical assessment of visual identification of marine microplastic using Raman spectroscopy for analysis improvement. Marine Pollution Bulletin 2015; 100: 82-91.

［253］Leslie HA. Review of microplastics in cosmetics. IVM Institute for Environmental

Studies; 2014. R14/29.

[254] Leslie HA, Meulen MD, Kleissen FM, Vethaak AD. Microplastic litter in the Dutch marine environment. Dutch Ministry of Infrastructure and Environmnet; 2011. 1203772-000.

[255] Leslie HA, Van Velzen MJM, Vethaak AD. Microplastic survey of the Dutch environment. Novel data set of microplastics in North Sea sediments, treated wastewater effluents and marine biota. Amsterdam: Institute for Environmental Studies, VU University Amsterdam; 2013.

[256] Li L, Stramski D, Reynolds RA. Characterization of the solar light field within the ocean mesopelagic zone based on radiative transfer simulations. Deep Sea Research Part I 2014; 87: 53-69.

[257] Liebezeit G, Dubaish F. Microplastics in beaches of the East Frisian islands Spiekeroog and Kachelotplate. Bulletin of Environmental Contamination and Toxicology 2012; 89: 213-7.

[258] Lima ARA, Barletta M, Costa MF. Seasonal distribution and interactions between plankton and microplastics in a tropical estuary. Estuarine, Coastal and Shelf Science 2015; 165: 213-25.

[259] Lima ARA, Costa MF, Barletta M. Distribution patterns of microplastics within the plankton of a tropical estuary. Environmental Research 2014; 132: 146-55.

[260] Lithner D, Larsson A, Dave G. Environmental and health hazard ranking and assessment of plastic polymers based on chemical composition. Science of the Total Environment 2011; 409: 3309-24.

[261] Liu Y, Li J, Zhao Y, Wen S, Huang F, Wu Y. Polybrominated diphenyl ethers (PBDEs) and indicator polychlorinated biphenyls (PCBs) in marine fish from four areas of China. Chemosphere 2011; 83: 168-74.

[262] Lobelle D, Cunliffe M. Early microbial biofilm formation on marine plastic debris. Marine Pollution Bulletin 2011; 62 (1): 197-200.

[263] Löder M, Gerdts G. Methodology used for the detection and identification of microplastics—a critical appraisal. In: Bergmann M, Gutow L, Klages M, editors. Marine anthropogenic litter. Berlin: Springer; 2015.

[264] Van A, Rochman CM, Flores EM, Hill KL, Vargas E, Vargas SA, Hoh E. Persistent organic pollutants in plastic marine debris found on beaches in San Diego, California. Chemosphere 2012 Jan 31; 86 (3): 258-63.

［265］Long M，Moriceau B，Gallinari M，Lambert C，Huvet A，Raffray J，Soudant P. Interactions between microplastics and phytoplankton aggregates：impact on their respective fates. Marine Chemistry 2015；175：39-46.

［266］Luís LG，Ferreira P，Fonte E，Oliveira M，Guilhermino L. Does the presence of microplastics influence the acute toxicity of chromium（Ⅵ）to early juveniles of the common goby（*Pomatoschistus microps*）？A study with juveniles from two wild estuarine populations. Aquatic Toxicology 2015；164：163-74.

［267］Lusher AL，Burke A，O'connor I，Officer R. Microplastic pollution in the Northeast Atlantic Ocean：validated and opportunistic sampling. Marine Pollution Bulletin 2014；88：325-33.

［268］Lusher AL，Hernandez-Milian G，O'Brien J，Berrow S，O'Connor I，Officer R. Microplastic and macroplastic ingestion by a deep diving，oceanic cetacean：the True's beaked whale *Mesoplodon mirus*. Environmental Pollution 2015；199：185-91.

［269］Lusher AL，McHugh M，Thompson RC. Occurrence of microplastics in the gastrointestinal tract of pelagic and demersal fish from the English Channel. Marine Pollution Bulletin 2013；67：94-9.

［270］Mansui J，Molcard A，Ourmieres Y. Modelling the transport and accumulation of floating marine debris in the Mediterranean basin. Marine Pollution Bulletin 2015；91（1）：249-57.

［271］Mariussen E. Neurotoxic effects of perfluoroalkylated compounds：mechanisms of action and environmental relevance. Archives of Toxicology 2012；86（9）：1349-67.

［272］Marques GA，Tenorio JAS. Use of froth flotation to separate PVC/PET mixtures. Waste Management 2000；20：265-9.

［273］Martineau D，Béland P，Desjardins C，Lagacé A. Levels of organochlorine chemicals in tissues of beluga whales（*Delphinapterus leucas*）from the St. Lawrence Estuary，Quebec，Canada. Archives of Environmental Contamination and Toxicology 1987；16：137-47.

［274］Martins J，Sobral P. Plastic marine debris on the Portuguese coastline：a matter of size？ Marine Pollution Bulletin 2011；62：2649-53.

［275］Martins PLG，Marques LG，Colepicolo P. Antioxidant enzymes are induced by phenol in the marine microalga *Lingulodinium polyedrum*. Ecotoxicology and Environmental safety 2015；116：84-9.

［276］Masura J，Baker J，Foster G，Arthur C. Laboratory methods for the analysis of microplastics in the marine environment: recommendations for quantifying synthetic particles in waters and sediments. NOAA Technical Memorandum, NOS-OR&R-48; 2015. p. 1-39.

[277] Matarese AC, Blood DM, Picquelle SJ, Benson JL. Atlas of the abundance and distribution patterns of ichthyoplankton from the Northeast Pacific Ocean and Bering Sea ecosystems based on research conducted by the Alaska Fisheries Science Centre (1972-1996). NOAA Professional Paper NMFS 1. 2003. p. 281.

[278] Mathalon A, Hill P. Microplastic fibres in the intertidal ecosystem surrounding Halifax Harbour, Nova Scotia. Marine Pollution Bulletin 2014; 81: 69-79.

[279] Mato Y, Isobe T, Takada H, Kanehiro H, Ohtake C, Kaminuma T. Plastic resin pellets as a transport medium for toxic chemicals in the marine environment. Environmental Science and Technology 2001; 35: 318-24.

[280] Maximenko N, Hafner J, Niiler P. Pathways of marine debris derived from trajectories of Lagrangian drifters. Marine Pollution Bulletin 2012; 65 (1-3): 51-62.

[281] McCormick A, Hoellein TJ, Mason SA, Schluep J, Kelly JJ. Microplastic is an abundant and distinct microbial habitat in an urban river. Environmental Science and Technology 2014; 48: 11863-71.

[282] Mcdermid KJ, Mcmullen TL. Quantitative analysis of small-plastic debris on beaches in the Hawaiian Archipelago. Marine Pollution Bulletin 2004; 48: 790-4.

[283] McIntyre A, Vincent RM, Perkins AC, Spiller RC. Effect of bran, ispaghula, and inert plastic particles on gastric emptying and small bowel transit in humans: the role of physical factors. Gut 1997; 40: 223-7.

[284] Wang J, Tan Z, Peng J, Qiu Q, Li M. The behaviors of microplastics in the marine environment. Marine Environmental Research 2016 Feb 29; 113: 7-17.

[285] McKeen L. The effect of creep and other time related factors on plastics and elastomers. 3rd ed. Massachusetts, USA: Elsevier; 2015.

[286] Zarfl C, Matthies M. Are marine plastic particles transport vectors for organic pollutants to the Arctic? Marine Pollution Bulletin 2010; 60: 1810-4.

[287] Meeker JD, Sathyanarayana S, Swan SH. Phthalates and other additives in plastics: human exposure and associated health outcomes. Philosophical Transactions of the Royal Society B: Biological Sciences 2009; 364 (1526): 2097-113.

[288] Megharaj M, Ramakrishnan B, Venkateswarlu K, Sethunathan N, Naidu R. Bioremediation approaches for organic pollutants: a critical perspective. Environment

International 2011; 37: 1362-75.

［289］Melzer D, Rice NE, Lewis C, Henley WE, Galloway TS. Association of urinary bisphenol A concentration with heart disease: evidence from NHANES 2003/06. PLoS One 2010; 5（1）: e8673.

［290］Méndez-Fernandez P, Webster L, Chouvelon T, Bustamante P, Ferreira M, González AF, López A, Moffat CF, Pierce GJ, Read FL, Russell M, Santos MB, Spitz J, Vingada JV, Caurant F. An assessment of contaminant concentrations in toothed whale species of the NW Iberian Peninsula: Part I. Persistent organic pollutants. Science of the Total Environment 2014; 484: 196-205.

［291］Meng XY, Li YS, Zhou Y, Zhang YY, Yang L, Qiao B, Wang NN, Hu P, Lu SY, Ren HL, Liu ZS. An enzyme-linked immunosorbent assay for detection of pyrene and related polycyclic aromatic hydrocarbons. Analytical Biochemistry 2015; 473: 1-6.

［292］Mills OH, Kligman AM. Evaluation of abrasives in acne therapy. Cutis 1979; 23: 704-5.

［293］Miranda-Urbina D, Thiel M, Luna-Jorquera G. Litter and seabirds found across a longitudinal gradient in the South Pacific Ocean. Marine Pollution Bulletin 2015; 96（1）: 235-44.

［294］Mitchell A. Thinking without the 'circle': marine plastic and global ethics. Political Geography 2015; 47: 77-85.

［295］Mogil'nitskii GM, Sagatelyan RT, Kutishcheva TN, Zhukova SV, Kerimov SI, Parfenova TB. Disruption of the protective properties of the polyvinyl chloride coating under the effect of microorganisms. Protection of Metals 1987; 23（Engl. Transl.）: 173-5.

［296］Moore CJ. Synthetic polymers in the marine environment: a rapidly increasing, longterm threat. Environmental Research 2008; 108: 131-9.

［297］Moore CJ, Lattin GL, Zellers AF. Quantity and type of plastic debris flowing from two urban rivers to coastal waters and beaches of Southern California. Journal of Integrated Coastal Zone Management 2011; 11: 65-73.

［298］Moore CJ, Moore SL, Leecaster MK, Weisberg SB. A comparison of plastic and plankton in the North Pacific Central Gyre. Marine Pollution Bulletin 2001; 42: 1297-300.

［299］Moore CJ, Moore SL, Weisberg SB, Lattin GL, Zellers AF. A comparison of neustonic plastic and zooplankton abundance in southern California's coastal waters. Marine Pollution Bulletin 2002; 44（10）: 1035-8.

［300］Moos NV, Burkhardt-Holm P, Köhler A. Uptake and effects of microplastics on cells and tissue of the blue mussel *Mytilus edulis* L. after an experimental exposure. Environmental Science and Technology 2012; 46: 11327-35.

［301］Mordecai G, Tyler P, Masson DG, Huvenne VAI. Litter in submarine canyons off the west coast of Portugal. Deep Sea Research Part II 2011; 58: 2489-96.

［302］Moreira FT, Prantoni AL, Martini B, De Abreu MA, Stoiev SB, Turra A. Small-scale temporal and spatial variability in the abundance of plastic pellets on sandy beaches: methodological considerations for estimating the input of microplastics. Marine Pollution Bulletin 2016; 102: 114-21.

［303］Morét-Ferguson S, Law KL, Proskurowski G, Murphy EK, Peacock EE, Reddy CM. The size, mass, and composition of plastic debris in the western North Atlantic Ocean. Marine Pollution Bulletin 2010; 60: 1873-8.

［304］Zetsche EM, Ploug H. Marine chemistry special issue: particles in aquatic environments: from invisible exopolymers to sinking aggregates. Marine Chemistry 2015; 175: 1-4.

［305］MSFD-TSGML. Guidance on monitoring of marine litter in European Seas. 2013. A guidance document within the common implementation strategy for the Marine Strategy Framework Directive. EUR-26113 EN JRC Scientific and Policy Reports JRC83985.

［306］Muenmee S, Chiemchaisri W, Chiemchaisri C. Microbial consortium involving biological methane oxidation in relation to the biodegradation of waste plastics in a solid waste disposal open dump site. International Biodeterioration & Biodegradation 2015; 102: 172-81.

［307］Murphy F, Ewins C, Carbonnier F, Quinn B. Wastewater Treatment Works（WwTW）as a source of microplastics in the aquatic environment. Environmental Science and Technology 2016; 50: 5800-8.

［308］Murray F, Cowie PR. Plastic contamination in the decapod crustacean *Nephrops norvegicus*（Linnaeus, 1758）. Marine Pollution Bulletin 2011; 62: 1207-17.

［309］Zettler ER, Mincer TJ, Amaral-Zettler A. Life in the 'Plastisphere': microbial communities on plastic marine debris. Environmental Science and Technology 2013; 47: 7137-46.

［310］Nagata M, Kiyotsukuri T, Minami S, Tsutsumi N, Sakai W. Enzymatic degradation of poly（ethylene terephthalate）copolymers with aliphatic dicarboxylic acids and/or poly（ethylene glycol）. European Polymer Journal 1997; 33: 1701-5.

［311］Ocean Studies Board, Marine Board. Oil in the sea III：inputs, fates, and effects. National Academies Press；2003.

［312］Neufeld L, Stassen F, Sheppard R, Gilman T. In：The new plastics economy： rethinking the future of plastics. World Economic Forum；2016.

［313］Newman S, Watkins E, Farmer A, Ten Brink P, Schweitzer JP. The economics of marine litter. In：Bergmann M, Gutow L, Klages M, editors. Marine anthropogenic litter. Berlin：Springer；2015.

［314］Ng KL, Obbard JP. Prevalence of microplastics in Singapore's coastal marine environment. Marine Pollution Bulletin 2006；52：761-7.

［315］Nobre CR, Santana MFM, Maluf A, Cortez FS, Cesar A, Pereira CDS, Turra A. Assessment of microplastic toxicity to embryonic development of the sea urchin *Lytechinus variegatus*（Echinodermata：Echinoidea）. Marine Pollution Bulletin 2015； 92（1）：99-104.

［316］Noren F. Small plastic particles in Coastal Swedish waters. 2007. N-Research report, commissioned by KIMO, Sweden.

［317］Noren F, Naustvoll F. Survey of microscopic anthropogenic particles in Skagerrak. 2010. Commissioned by Klima-og Forurensningsdirektoratet, Norway.

［318］NTP. Technical report on the toxicology and carcinogenesis studies of 2,3,7, 8-tetrachlorodibenzo-p-dioxin（TCDD）（CAS No. 1746-01-6）in female Harlan Sprague-Dawley rats（Gavage Studies）. National Toxicology Program Technical Report Series 2006；521：4-232.

［319］Nuelle M, Dekiff JH, Remy D, Fries E. A new analytical approach for monitoring microplastics in marine sediments. Environmental Pollution 2014；184：161-9.

［320］Ogata Y, Takada H, Mizukawa K, Hirai H, Iwasa S, Endo S, Mato Y, Saha M, Okuda K, Nakashima A, Murakami M, Zurcher N, Booyatumanondo R, Zakaria MP, Dung LQ, Gordon M, Miguez C, Suzuki S, Moore C, Karapanagioti HK, Weerts S, McClurg T, Burres E, Smith W, Van Velkenburg M, Lang JS, Lang RC, Laursen D, Danner B, Stewardson N, Thompson RC. International Pellet Watch： global monitoring of persistent organic pollutants（POPs）in coastal waters. 1. Initial phase data on PCBs, DDTs, and HCHs. Marine Pollution Bulletin 2009；58：1437-46.

［321］Olencycz M, Sokotowski A, Niewińska A, Wolowicz M, Namieśnik J, Hummel H, Jansen J. Comparison of PCBs and PAHs levels in European coastal waters using mussels from the *Mytilus edulis* complex as biomonitors. Oceanologia 2015 Jun 30；57（2）：196-

211.

[322] Oliveira M, Ribeiro A, Hylland K, Guilhermino L. Single and combined effects of microplastics and pyrene on juveniles (0+ group) of the common goby *Pomatoschistus microps* (Teleostei, Gobiidae). Ecological Indicators 2013; 34: 641-7.

[323] O'Shea OR, Hamann M, Smith W, Taylor H. Predictable pollution: an assessment of weather balloons and associated impacts on the marine environment – an example for the Great Barrier Reef, Australia. Marine Pollution Bulletin 2014; 79 (1): 61-8.

[324] OSPAR. Guideline for monitoring marine litter on the beaches in the OSPAR maritime area. 2010. London.

[325] OSPAR. Quality status report 2010. 2010. London.

[326] Panyala NR, Peña-Méndez EM, Havel J. Silver or silver nanoparticles: a hazardous threat to the environment and human health. Journal of Applied Biomedicine 2008; 6 (3): 117-29.

[327] Patchell J. What's choking our sewer lines? Plumbing Connection 2012.

[328] Patrick GL. Medicinal chemistry. 5th ed. Oxford (United Kingdom): Oxford University Press; 2013.

[329] Peacock A. Handbook of polyethylene: structures, properties and applications. Switzerland: Marcel Dekker, Inc.; 2000.

[330] Perelo LW. Review: in situ and bioremediation of organic pollutants in aquatic sediments. Journal of Hazardous Materials 2010; 177: 81-9.

[331] Peters CA, Bratton SP. Urbanization is a major influence on microplastic ingestion by sunfish in the Brazos River Basin, Central Texas, USA. Environmental Pollution 2016; 210: 380-7.

[332] Pham CK, Ramirez-Llodra E, Alt CHS, Amaro T, Bergmann M, Canals M, Company JB, Davies J, Duineveld G, Galgani F, Howell KL, Huvenne VAI, Isidro E, Jones DOB, Lastras G, Morato T, Gomes-Pereira JN, Purser A, Stewart H, Tojeira I, Tubau X, Van Rooij D, Tyler PA. Marine litter distribution and density in European Seas, from the shelves to deep basins. PLoS One 2014; 9: e95839.

[333] Phillips MB, Bonner TH. Occurrence and amount of microplastic ingested by fishes in watersheds of the Gulf of Mexico. Marine Pollution Bulletin 2015: 264-9.

[334] Phuong NN, Zalouk-Vergnoux A, Poirier L, Kamari A, Chatel A, Mouneyrac C, Lagarde F. Is there any consistency between the microplastics found in the field and those used in laboratory experiments? Environmental Pollution 2016; 211: 111-23.

［335］PlasticsEurope. Plastics – the facts 2013. An analysis of European latest plastics production, demand and waste data. Brussels: Plastics Europe: Association of Plastic Manufacturers; 2013. p. 1-38.

［336］Zhang K, Gong W, Lv J, Xiong X, Wu C. Accumulation of floating microplastics behind the Three Gorges Dam. Environmental Pollution 2015; 204: 117-23.

［337］PlasticsEurope. Plastics – the facts 2015. An analysis of European latest plastics production, demand and wastedata. Brussels: Plastics Europe: Association of Plastic Manufacturers; 2015. p. 1-30.

［338］Possatta FE, Barletta M, Costa MF, Ivar do Sul JA, Dantas DV. Plastic debris ingestion by marine catfish: an unexpected fisheries impact. Marine Pollution Bulletin 2011; 62: 1098-102.

［339］Quinn B. Chronic toxicity of pharmaceutical compounds on bivalve mollusc primary cultures. P11-35. Abstracts Toxicology Letters 2012; 211S: S43-216.

［340］Quinn B. Preparation and maintenance of live tissues and primary cultures for toxicity studies. In: Gagné B, editor. Biochemical ecotoxicology: principles and methods. San Diego (California, USA): Elsevier Inc.; 2014.

［341］Quinn B, Gagné F, Blaise C. An investigation into the acute and chronic toxicity of eleven pharmaceuticals (and their solvents) found in wastewater effluent on the cnidarian, *Hydra attenuate*. Science of the Total Environment 2008; 389: 306-14.

［342］Zhang W, Ma X, Zhang Z, Wang Y, Wang J, Wang J, Ma D. Persistent organic pollutants carried on plastic resin pellets from two beaches in China. Marine Pollution Bulletin 2015; 99: 28-34.

［343］Quinn B, Gagné F, Blaise C. Evaluation of the acute, chronic and teratogenic effects of a mixture of eleven pharmaceuticals on the cnidarian, *Hydra attenuate*. Science of the Total Environment 2009; 407: 1072-9.

［344］Zhao S, Zhu L, Li D. Characterization of small plastic debris on tourism beaches around the South China Sea. Regional Studies in Marine Science 2015; 1: 55-62.

［345］Zhao S, Zhu L, Li D. Microplastic in three urban estuaries, China. Environmental Pollution 2015; 206: 597-604.

［346］Zhao S, Zhu L, Wang T, Li D. Suspended microplastics in the surface water of the Yangtze Estuary System, China: first observations on occurrence, distribution. Marine Pollution Bulletin 2014; 86: 562-8.

［347］Ramirez-Llodra E, De Mol B, Company JB, Coll M, Sardà F. Effects of natural and anthropogenic processes in the distribution of marine litter in the deep Mediterranean Sea. Progress in Oceanography 2013; 118: 273-87.

[348] Rawn DF, Forsyth DS, Ryan JJ, Breakell K, Verigin V, Nicolidakis H, Hayward S, Laffey P, Conacher HB. PCB, PCDD and PCDF residues in fin and non-fin fish products from the Canadian retail market 2002. Science of the Total Environment 2006; 359 (1): 101-10.

[349] Reisser J, Shaw J, Hallegraeff G, Proietti M, Barnes DKA, Thums M, Wilcox C, Hardesty BD, Pattiaratchi C. Millimetre-sized marine plastics: a new pelagic habitat for microorganisms and invertebrates. PLoS One 2014; 9: e100289.

[350] Reisser J, Shaw J, Wilcox C, Hardesty BD, Proietti M, Thums M, et al. Marine plastic pollution in waters around Australia: characteristics, concentrations, and pathways. PLoS One 2013; 8 (11): e80466.http://dx.doi.org/10.1371/journal. pone.0080466.

[351] Rice MR, Gold HS. Polypropylene as an adsorbent for trace organics in water. Analytical Chemistry 1984; 56: 1436-40.

[352] Rillig MC. Microplastic in terrestrial ecosystems and the soil? Environmental Science and Technology 2012; 46: 6453-4.

[353] Rios LM, Jones PR, Moore C, Narayan UV. Quantitation of persistent organic pollutants adsorbed on plastic debris from the Northern Pacific Gyre's "eastern garbage patch". Journal of Environmental Monitoring 2010; 12: 2189-312.

[354] Rios LM, Moore C, Jones PR. Persistent organic pollutants carried by synthetic polymers in the ocean environment. Marine Pollution Bulletin 2007; 54: 1230-7.

[355] Rocha-Santos T, Duarte AC. A critical overview of the analytical approaches to the occurrence, the fate and the behaviour of microplastics in the environment. Trends in Analytical Chemistry 2015; 65: 47-53.

[356] Rochman CM, Browne MA, Halpern BS, Hentschel BT, Hoh E, Karapanagioti HK, Rios-Mendoza LM, Takada H, Teh S, Thompson RC. Classify plastic waste as hazardous. Nature 2013; 494: 169-71.

[357] Rochman CM, Hentschel BT, Teh SJ. Long-term sorption of metals is similar among plastic types: implications for plastic debris in aquatic environments. PLoS One 2014; 9 (1): e85433.

[358] Rochman CM, Manzano C, Hentschel BT, Simonich SLM. Polystyrene plastic: a source and sink for polycyclic aromatic hydrocarbons in the marine environment.

Environmental Science and Technology 2013；47：13976-84.

［359］Romeo T，Pietro B，Pedà C，Consoli P，Andaloro F，Fossi MC. First evidence of presence of plastic debris in stomach of large pelagic fish in the Mediterranean Sea. Marine Pollution Bulletin 2015；95（1）：358-61.

［360］Rowthorn C，Bartlett R，Bender A，Clark M. Japan，lonely planet. 2007.

［361］Rummel CD，Löder MGJ，Fricke NF，Lang T，Griebeler E-M，Janke M，Gerdts G. Plastic ingestion by pelagic and demersal fish from the North Sea and Baltic Sea. Marine Pollution Bulletin 2016；102：134-41.

［362］Russell JR，Huang J，Anand P，Kucera K，Sandoval AG，Dantzler KW，Hickman D，Jee J，Kimovec FM，Koppstein D，Marks DH. Biodegradation of polyester polyurethane by endophytic fungi. Applied and Environmental Microbiology 2011；77（17）：6076-84.

［363］Russell M，Webster L，Walsham P，Packer G，Dalgarno EJ，McIntosh AD，Fryer RJ，Moffat CF. Composition and concentration of hydrocarbons in sediment samples from the oil producing area of the East Shetland Basin，Scotland. Journal of Environmental Monitoring 2008；10：559-69.

［364］Russell M，Webster L，Walsham P，Packer G，Dalgarno EJ，McIntosh AD，Moffat CF. The effects of oil exploration and production in the Fladen Ground：composition and concentration of hydrocarbons in sediment samples collected during 2001 and their comparison with sediment samples collected in 1989. Marine Pollution Bulletin 2005；50：638-51.

［365］Ryan PG. A simple technique for counting marine debris at sea reveals steep litter gradients between the Straits of Malacca and the Bay of Bengal. Marine Pollution Bulletin 2013；69：128-36.

［366］Ryan PG，Connell AD，Gardner BD. Plastic ingestion and PCBs in seabirds：is there a relationship? Marine Pollution Bulletin 1988；19：174-6.

［367］Ryan PG，Moore CJ，Franeker JA，Moloney CL. Monitoring the abundance of plastic debris in the marine environment. Philosophical Transactions of the Royal Society B 2009；364：1999–2012.

［368］Sadri SS，Thompson RC. On the quantity and composition of floating plastic debris entering and leaving the Tamar Estuary，Southwest England. Marine Pollution Bulletin 2014；81：55-60.

［369］Sammons C，Yarwood J，Everall N. An FT-IR study of the effect of hydrolytic degradation on the structure of thin PET films. Journal of Polymer Degradation and Stability 2000; 67: 149-58.

[370] Samsonek J, Puype F. Occurrence of brominated flame retardants in black thermo cups and selected kitchen utensils purchased on the European market. Food Additives & Contaminants: Part A 2013; 30 (11): 1976-86.

[371] Sanchez W, Bender C, Porcher J. Wild gudgeons (*Gobio gobio*) from French rivers are contaminated by microplastics: preliminary study and first evidence. Environmental Research 2014; 128: 98-100.

[372] Santos RG, Andrades R, Boldrini MA, Martins AS. Debris ingestion by juvenile marine turtles: an underestimated problem. Marine Pollution Bulletin 2015; 93 (1): 37-43.

[373] Schettler TED. Human exposure to phthalates via consumer products. International Journal of Andrology 2006; 29 (1): 134-9.

[374] Schmidt W, O'Shea T, Quinn B. The effect of shore location on biomarker expression in wild *Mytilus* spp. and its comparison with long line cultivated mussels. Marine Environmental Research 2012; 80: 70-6.

[375] Schmidt W, Power E, Quinn B. Seasonal variations of biomarker responses in the marine blue mussel (*Mytilus* spp.). Marine Pollution Bulletin 2013; 74: 50-5.

[376] Schultz I. In: Summary of Expert Discussion Forum on possible human health risks from microplastics in the marine environment. U.S. Environmental Protection Agency; February 6, 2015.

[377] Zheng Y, Yanful EK, Bassi AS. A review of plastic waste biodegradation. Critical Reviews in Biotechnology 2005; 25: 243-50.

[378] Secchi E, Zarzur S. Plastic debris ingested by a Blainville's beaked whale, *Mesoplodon densirostris*, washed ashore in Brazil. Aquatic Mammals 1999; 25: 21-4.

[379] Setälä O, Fleming-Lehtinen V, Lehtiniemi M. Ingestion and transfer of microplastics in the planktonic food web. Environmental Pollution 2014; 185: 77-83.

[380] Shashoua Y. Conservation of plastics. Burlington, USA: Elsevier Ltd; 2008.

[381] Zhu X. Optimization of elutriation device for filtration of microplastic particles from sediment. Marine Pollution Bulletin 2015; 92: 69-72.

[382] Sherrington C, Darrah C, Hann S, Cole G, Corbin M. Study to support the development of measures to combat a range of marine litter sources. 2016. Report for the European Commission DG Environment.

［383］Shen L，Haufe J，Patel MK. Product overview and market projection of emerging bio-based plastics. PRO-BIP. Universiteit Utrecht；2009.

［384］Shumway SE，Cucci TL. The effects of the toxic dinoflagellate *Protogonyaulax tamarensis* on the feeding and behaviour of bivalve molluscs. Aquatic Toxicology 1987；10：9-27.

［385］Signer R，Weiler J. Raman spectra and constitution of compounds of high molecular weight. LXII. Formation of higher polymers. Helvetica Chimica Acta 1932；15（1）：649-57.

［386］Sivan A，Szanto M，Pavlov V. Biofilm development of the polyethylene-degrading bacterium *Rhodococcus ruber*. Applied Microbiology and Biotechnology 2006；72（2）：346-52.

［387］Smith WE，Dent G. Modern Raman spectroscopy – a Practical approach. John Wiley & Sons，Ltd；2005.

［388］Song YK，Hong SH，Jang M，Kang J，Kwon OY，Han GM，et al. Large accumulation of micro-sized synthetic polymer particles in the sea surface microlayer. Environmental Science and Technology 2014；48：9014-21.

［389］Song YK，Hong SH，Jang M，Han GM，Rani M，Lee J，et al. A comparison of microscopic and spectroscopic identification methods for analysis of microplastics in environmental samples. Marine Pollution Bulletin 2015；93：202-9.

［390］Spengler A，Costa MF. Methods applied in studies of benthic marine debris. Marine Pollution Bulletin 2008；56：226-30.

［391］Zitco V，Hanlon M. Another source of pollution by plastics：skin cleaners with plastic scrubbers. Marine Pollution Bulletin 1991；22：41-2.

［392］Strafella P，Fabi G，Spagnolo A，Grati F，Polidori P，Punzo E，Fortibuoni T，Marceta B，Raicevich S，Cvitkovic I，Despalatovic M. Spatial pattern and weight of seabed marine litter in the northern and central Adriatic Sea. Marine Pollution Bulletin 2015；91（1）：120-7.

［393］Streb J. Shaping the national system of inter-industry knowledge exchange vertical integration，licensing and repeated knowledge transfer in the German plastics industry. Research Policy 2003；32：1125-40.

［394］Strychar KB，MacDonald BA. Impacts of suspended peat particles on feeding retention rates in cultured eastern oysters（*Crassostrea virginica*，Gmelin）. Journal of Shellfish Research 1999；18：437-44.

[395] Suhrhoff TJ, Scholz-Böttcher BM. Qualitative impact of salinity, UV radiation and turbulence on leaching of organic plastic additives from four common plastics – a lab experiment. Marine Pollution Bulletin 2016; 102: 84-94.

[396] Sun H, Gu Q, Liao Y, Sun C. Research of amoxicillin microcapsules preparation playing micro-jetting technology. The Open Biomedical Engineering Journal 2015; 9: 115.

[397] Takada H, Mato Y, Endo S, Yamashita R, Zakaria MP. Pellet Watch: global monitoring of Persistent Organic Pollutants (POPs) using beached plastic resin pellets. Unpublished. 2005.

[398] Talsness CE, Andrade AJ, Kuriyama SN, Taylor JA, vom Saal FS. Components of plastic: experimental studies in animals and relevance for human health. Philosophical Transactions of the Royal Society of London B: Biological Sciences 2009; 364 (1526): 2079-96.

[399] Tanaka K, Takada H, Yamashita R, Mizukawa K, Fukuwaka M, Watanuki Y. Accumulation of plastic-derived chemicals in tissues of seabirds ingesting marine plastics. Marine Pollution Bulletin 2013; 69: 219-22.

[400] Tanabe S. PCB problems in the future: foresight from current knowledge. Environmental Pollution 1988; 50 (1-2): 5-28.

[401] Tappin AD, Millward GE. The English Channel: contamination status of its transitional and coastal waters. Marine Pollution Bulletin 2015; 95 (2): 529-50.

[402] Tarpley RJ, Marwitz S. Plastic debris ingestion by cetaceans along the Texas coast: two case reports. Aquatic Mammals 1993; 19: 93-8.

[403] Teuten EL, Rowland SJ, Galloway TS, Thompson RC. Potential for plastics to transport hydrophobic contaminants. Environmental Science and Technology 2007; 41: 7759-64.

[404] Thiel M, Hinojosa I, Vasquez N, Macaya E. Floating marine debris in coastal waters of the SE-Pacific (Chile). Marine Pollution Bulletin 2003; 46 (2): 224-31.

[405] Thompson RC, Moore CJ, Vom Saal FS, Swan SH. Plastics, the environment and human health: current consensus and future trends. Philosophical Transactions of the Royal Society B: Biological Sciences 2009; 364 (1526): 2153-66.

[406] Thompson RC, Olsen Y, Mitchell RP, Davis A, Rowland SJ, John AWG, McGonigle D, Russell AE. Lost at sea: where is all the plastic? Science 2004; 304: 838.

［407］Titmus AJ，Hyrenbach KD. Habitat associations of floating debris and marine birds in the North East Pacific Ocean at coarse and meso spatial scales. Marine Pollution Bulletin 2011；62（11）：2496-506.

［408］Titow WV. PVC technology. 4th ed. United Kingdom：Elsevier Applied Science Publishers Ltd；1986.

［409］Tomlin J，Read NW. Laxative properties of indigestible plastic particles. British Medical Journal 1988；297：1175-6.

［410］Tongesayi T，Tongesayi S. Contaminated irrigation water and the associated public health risks. Food，Energy and Water 2015：349-81.

［411］Trenkel VM，Hintzen NT，Farnsworth KD，Olesen C，Reid D，Rindorf A，Shephard S，Dickey-Collas M. Identifying marine pelagic ecosystem management objectives and indicators. Marine Policy 2015；55：23-32.

［412］Tubau X，Canals M，Lastras G，Rayo X，Rivera J，Amblas D. Marine litter on the floor of deep submarine canyons of the Northwestern Mediterranean Sea：the role of hydrodynamic processes. Progress in Oceanography 2015；134：379-403.

［413］Turner A，Holmes L. Occurrence，distribution and characteristics of beached plastic production pellets on the island of Malta（Central Mediterranean）. Marine Pollution Bulletin 2011；62：377-81.

［414］Turra A，Manzano AB，Dias RJS，Mahiques MM，Barbosa L，Balthazar-Silva D，Moreira FT. Three-dimensional distribution of plastic pellets in sandy beaches：shifting paradigms. Scientific Reports 2014；4：4435.

［415］Zubris KAV，Richards BK. Synthetic fibres as an indicator of land application of sludge. Environmental Pollution 2005；138：201-11.

［416］UNEP. Marine litter：an analytical overview. 2005. Nairobi.

［417］UNEP. Marine litter：a global challenge. 2009. Nairobi.

［418］UNEP. Plastic in cosmetics. 2015. Nairobi.

［419］UNEP/NOAA. The Honolulu strategy：a global framework for prevention and management of marine debris. 2011. Nairobi/Silver Spring，MD.

［420］US EPA（Unites States Environmental Protection Agency）. Guidance for the reregistration of pesticide products containing lindane as the active ingredient. EPARS85027. 1985. p. 4-5.

［421］US EPA（Unites States Environmental Protection Agency）. Summary of Expert Discussion Forum on possible human health risks from microplastics in the marine environment. Marine Pollution Control Branch; 2014. p. 1-31.

[422] Vallak HW, Bakker DJ, Brandt I, Brostrm-Lundén E, Brouwer A, Bull KR, Gough C, Guardens R, Holoubek I, Jansson B, Koch R, Kuylenstierna J, Lecloux A, Mackray D, McCutcheon P, Mocarelli P, Taalman RDF. Controlling persistent organic pollutants – what next? Environmental Toxicology and Pharmacology 1998; 6: 143-75.

[423] Zylinski S, Johnsen S. Mesopelagic cephalopods switch between transparency and pigmentation to optimize camouflage in the deep. Current Biology 2011; 21: 1937-41.

[424] Van Cauwenberghe L, Claessens M, Vandegehuchte MB, Mees J, Janssen CR. Assessment of marine debris on the Belgian Continental Shelf. Marine Pollution Bulletin 2013; 73: 161-9.

[425] Van Cauwenberghe L, Devriese L, Galgani F, Robbens J, Janssen CR. Microplastics in sediments: a review of techniques, occurrence and effects. Marine Environmental Research 2015; 111: 5-17.

[426] Van Cauwenberghe L, Vanreusel A, Mees J, Janssen CR. Microplastic pollution in deep-sea sediments. Environmental Pollution 2013; 182: 495-9.

[427] Van Franeker JA, Blaize C, Danielsen J, Fairclough K, Gollan J, Guse N, Hansen P-L, Heubeck M, Jensen J-K, Le Guillou G, Olsen B, Olsen K-O, Pedersen J, Stienen EWM, Turner DM. Monitoring plastic ingestion by the northern fulmar *Fulmarus glacialis* in the North Sea. Environmental Pollution 2011; 159: 2609-15.

[428] Vandermeersch G, Van Cauwenberghe L, Janssen CR, Marques A, Granby K, Fait G, Kotterman MJJ, Diogène J, Bekaert K, Robbens J, Devriese L. A critical view on microplastic quantification in aquatic organisms. Environmental Research 2015; 143 (Part B): 46-55.

[429] Velzeboer I, Kwadijk CJAF, Koelmans AA. Strong sorption of PCBs to nanoplastics, microplastics, carbon nanotubes, and fullerenes. Environmental Science and Technology 2014; 48: 4869-76.

[430] Vesilend P, editor. Wastewater treatment plant design. IWA Publishing; 2003.

[431] Vianello A, Boldrin A, Guerriero P, Moschino V, Rella R, Sturaro A, Da Ros L. Microplastic particles in sediments of Lagoon of Venice, Italy: first observations on occurrence, spatial patterns and identification. Estuarine, Coastal and Shelf Science 2013; 130: 54-61.

[432] Vijgen J, Abhilash PC, Li YF, Lal R, Forter M, Torres J, Singh N, Yunus M, Tian C, Schäffer A, Weber R. Hexachlorocyclohexane (HCH) as new Stockholm

Convention POPs – a global perspective on the management of Lindane and its waste isomers. Environmental Science and Pollution Research International 2011; 18: 152-62.

[433] Walter T, Augusta J, Muller R-J, Widdecke H, Klein J. Enzymatic degradation of a model polyester by lipase from *Rhizophus delemar*. Enzyme and Microbial Technology 1995; 17: 218-24.

[434] Wan Y, Wiseman S, Chang H, Zhang X, Jones PD, Hecker M, Kannan K, Tanabe S, Hu J, Lam MHW, Giesy JP. Origin of hydroxylated brominated diphenyl ethers: natural compounds or man-made flame retardants? Environmental Science and Technology 2009; 43: 7536-42.

[435] Wang F, Shih KM, Li XY. The partition behavior of perfluorooctanesulfonate (PFOS) and perfluorooctanesulfonamide (FOSA) on microplastics. Chemosphere 2015; 119: 841-7.

[436] Wang H, Wang C-Q, Fu J-G, Gu G-H. Floatability and flotation separation of polymer materials modulated by wetting agents. Waste Management 2014; 34: 309-15.

[437] Ward J, Shumway S. Separating the grain from the chaff: particle selection in suspension- and deposit-feeding bivalves. Journal of Experimental Marine Biology and Ecology 2004; 300: 83-130.

[438] Watters DL, Yoklavich MM, Love MS, Schroeder DM. Assessing marine debris in deep seafloor habitats off California. Marine Pollution Bulletin 2010; 60: 131-8.

[439] Webster L, Phillips L, Russell M, Dalgarno E, Moffat C. Organic contaminants in the Firth of Clyde following the cessation of sewage sludge dumping. Journal of Environmental Monitoring 2005; 7: 1378-87.

[440] Webster L, Russell M, Adefehinti F, Dalgarno EJ, Moffat CF. Preliminary assessment of polybrominated diphenyl ethers (PBDEs) in the Scottish aquatic environment, including the Firth of Clyde. Journal of Environmental Monitoring 2008; 10: 463-73.

[441] Webster L, Russell M, Phillips LA, McIntosh A, Walsham P, Packer G, Dalgarno E, McKenzie M, Moffat C. Measurement of organic contaminants and biological effects in Scottish waters between 1999 and 2005. Journal of Environmental Monitoring 2007; 9: 616-29.

[442] Webster L, Russell M, Walsham P, Phillips LA, Hussy I, Packer G, Dalgarno EJ, Moffat CF. An assessment of persistent organic pollutants in Scottish coastal and offshore marine environments. Journal of Environmental Monitoring 2011; 13: 1288-307.

[443] Webster L, Russell M, Walsham P, Hussy I, Lacaze J, Phillips L, Dalgarno E,

Packer G, Neat F, Moffat CF. Halogenated persistent organic pollutants in relation to trophic level in deep sea fish. Marine Pollution Bulletin 2014; 88: 14-27.

[444] Webster L, Russell M, Walsham P, Phillips LA, Packer G, Hussy I, Scurfield JA, Dalgarno EJ, Moffat CF. An assessment of persistent organic pollutants (POPs) in wild and rope grown blue mussels (*Mytilius edulis*) from Scottish coastal waters. Journal of Environmental Monitoring 2009; 11: 1169-84.

[445] Webster L, Walsham P, Russell M, Hussy I, Neat F, Dalgarno E, Packer G, Scurfield JA, Moffat CF. Halogenated persistent organic pollutants in deep water fish from waters to the west of Scotland. Chemosphere 2011; 83: 839-50.

[446] Webster L, Walsham P, Russell M, Neat F, Phillips L, Dalgarno E, Packer G, Scurfield JA, Moffat CF. Halogenated persistent organic pollutants in Scottish deep water fish. Journal of Environmental Monitoring 2009; 11: 406-17.

[447] Wei CL, Rowe GT, Nunnally C, Wicksten MK. Anthropogenic "litter" and macrophyte detritus in the deep Northern Gulf of Mexico. Marine Pollution Bulletin 2012; 64: 966-73.

[448] Wesch C, Barthel A-K, Braun U, Klein R, Paulus M. No microplastics in benthic eelpout (*Zoarces viviparus*): an urgent need for spectroscopic analyses in microplastic detection. Environmental Research 2016; 148: 36-8.

[449] Westerhoff P, Prapaipong P, Shock E, Hillaireau A. Antimony leaching from polyethylene terephthalate (PET) plastic used for bottled drinking water. Water Research 2008; 42 (3): 551-6.

[450] Wheatley L, Levendis YA, Vouros P. Exploratory study on the combustion and PAH emissions of selected municipal waste plastics. Environmental Science and Technology 1993; 27: 2885-95.

[451] Wheeler J, Stancliffe J. Comparison of methods for monitoring solid particulate surface contamination in the workplace. Annals of Occupational Hygiene 1998; 42: 477-88.

[452] Whitt M, Vorst K, Brown W, Baker S, Gorman L. Survey of heavy metal contamination in recycled polyethylene terephthalate used for food packaging. Journal of Plastic Film and Sheeting 2013; 29 (2): 163-73.

[453] WHO. Polychlorinated biphenyls: human health aspects. Concise International Chemical Assessment Document 55. Geneva: World Health Organization; 2003.

[454] Whyte ALH, Hook GR, Greening GE, Gibbs-Smith E, Gardner JPA. Human dietary exposure to heavy metals via the consumption of greenshell mussels (*Perna canaliculus*

Gmelin 1791）from the Bay of Islands，northern New Zealand. Science of the Total Environment 2009；407：4348-55.

［455］ Willem JK，Wollent I. Inventories of obsolete pesticide stocks in central and Eastern Europe. In：Proceedings of the 7th International HCH and Pesticides Forum，Kiev，Ukraine. 2005. p. 37-9.

［456］ Witkowski PJ，Smith JA，Fusillo TV，Chiou CT. A review of surface-water sediment fractions and their interactions with persistent manmade organic compounds. U.S. Geological Survey Circular 993USA：United States Government Printing Office；1987.

［457］ Woodall LC，Robinson LF，Rogers AD，Narayanaswamy BE，Paterson GLJ. Deep sea litter：a comparison of seamounts，banks and a ridge in the Atlantic and Indian Oceans reveals both environmental and anthropogenic factors impact accumulation and composition. Frontiers in Marine Science 2015；2.

［458］ Woodall LC，Sanchez-Vidal A，Canals M，Paterson GLJ，Coppock R，Sleight V，Calafat A，Rogers AD，Narayanaswamy BE，Thompson RC. The deep sea is a major sink for microplastic debris. The Royal Society Open Science；2014.

［459］ Woodall LC，Gwinnett C，Packer M，Thompson RC，Robinson LF，Paterson GLJ. Using a forensic science approach to minimize environmental contamination and to identify microfibres in marine sediments. Marine Pollution Bulletin 2015；95：40-6.

［460］ Wright SL，Thompson RC，Galloway TS. The physical impacts of microplastics on marine organisms：a review. Environmental Pollution 2013；178：483-92.

［461］ Wu Z，Liu G，Song S，Pan S. Regeneration and recycling of waste thermosetting plastics based on mechanical thermal coupling fields. International Journal of Precision Engineering and Manufacturing 2014；15：2639-47.

［462］ Xanthos M. Recycling of the #5 polymer. Science 2012；337（6095）：700-2.

［463］ Xu S，Zhang L，Lin Y，Li R. Layered double hydroxides used as flame retardant for engineering plastic acrylonitrile-butadiene-styrene（ABS）. Journal of Physics and Chemistry of Solids 2012；73：1514-7.

［464］ Yamada-Onodera K，Mukumoto H，Katsuyaya Y，Saiganji A，Tani Y. Degradation of polyethylene by a fungus，*Penicillium simplicissimum* YK. Polymer Degradation and Stability 2001；72：323-7.

［465］ Yamashita R，Tanimura A. Floating plastic in the Kuroshio Current area，western North Pacific Ocean. Marine Pollution Bulletin 2007；54（4）：485-8.

［466］ Yang J，Yang Y，Wu W，Zhao J，Jiang L. Evidence of polyethylene biodegradation by bacterial strains from the guts of plastic-eating waxworms. Environmental Science and Technology 2014; 48（23）: 13776-84.

[467] Yang R, Jing C, Zhang Q, Wang Z, Wang Y, Li Y, Jiang G. Polybrominated diphenyl ethers（PBDEs）and mercury in fish from lakes of the Tibetan Plateau. Chemosphere 2011; 83: 862-7.

[468] Yonkos LT, Friedel EA, Perez-Reyes AC, Ghosal S, Arthur CD. Microplastics in four estuarine rivers in the Chesapeake Bay, U.S.A. Environmental Science & Technology 2014; 48: 14195-202.

[469] Yoshida S, Hiraga K, Takehana T, Taniguchi I, Yamaji H, Maeda Y, Toyohara K, Miyamoto K, Kimura Y, Oda K. A bacterium that degrades and assimilates poly（ethylene terephthalate）. Science 2016; 351（6278）: 1196-9.

[470] Schulz M, Krone R, Dederer G, Wätjen K, Matthies M. Comparative analysis of time series of marine litter surveyed on beaches and the seafloor in the southeastern North Sea. Marine Environmental Research 2015; 106: 61-7.

术语和缩写词

ABS 丙烯腈丁二烯苯乙烯

AG（aktiengesellschaft）一个德语术语，指上市公司。

ASA 丙烯腈苯乙烯丙烯酸酯

AO 全不透明

ALL 任何颜色

AM 琥珀色

无定形聚合物（amorphous polymer）不表现出任何结晶度的聚合物，如脆性塑料、玻璃性塑料和延展性塑料。

AT 全透明

衰减全反射（attenuated total reflectance）红外光谱的一种形式，其中红外光以比晶体内部反射的临界角更大的角度进入晶体。这就产生了与晶体接触时能透过样品表面的隐失波。

ATM 指大气。基于海平面的平均大气压的压强单位，定义为 1.013 25 bar（相当于 14.696 psi）。

ATR 衰减全反射

BG 米黄色

BFR 溴化阻燃剂

生物累积（bioaccumulation）物质（如有毒的化学污染物）随时间的推移在生物的组织中累积。当生物从周围环境中吸收和储存物质的速率快于生物有效分解和从体内清除物质的速率时，就产生生物累积。

生物浓缩（bioconcentration）生物累积过程，在这种过程中，物质在生物组织中的浓度高于这一物质在生物周围的空气或水中的浓度。

生物基聚合物（biobased polymer）由可再生生物质来源生产的塑料。

可生物降解塑料（biodegradable plastic）由于细菌和真菌等生物的活动而在环境中自然分解的植物基塑料或油基塑料。

生物放大（biomagnification）物质的累积，其在生物组织中的浓度高于该生物的食物中这一物质的浓度。因此，食物链中上一营养级的生物将会通过摄入较低营养级的生物而累积更多的物质。因此，处于食物链顶端的生物的组织中这一物质的浓度要比处于食物链底端的生物组织中的浓度高得多。因而，生物放大是物质在处于相继的更高营养级的生物中更大程度地浓缩的趋势。

生物质（biomass）用作燃料的有机物，源自生物活体（特别是植物）。

双壳类（双壳纲）[bivalve（Bivalvia）] 没有头或齿舌的一类海洋和淡水软体动物，有一个可开合的双壳，包裹其横向压扁的身体。双壳类动物一般通过过滤水来进食，典型的物种有贻贝、牡蛎、蛤、扇贝和海蛤。

BK 黑色

BL 蓝色

BN 棕色

BR 丁二烯橡胶

BZ 青铜色

CA 醋酸纤维素

CAB 醋酸丁酸纤维素

CAP 醋酸丙酸纤维素

碳纤维增强聚合物（carbon fibre reinforced polymer）与碳纤维结合以增加其刚性和比强度的塑料。

CCD 电荷耦合器件

CE 纤维素

CH 木炭灰

CL 无斑的

发色团（chromophore）分子中包含一个特定原子或一组原子的部分，这部分吸收光并决定分子的颜色。

CMC 羧甲基纤维素

CN 硝酸纤维素

商品塑料（commodity plastic）大批量生产并具有广泛应用的低成本塑料，其机械性能和操作环境不重要。

常见塑料（common plastic）由化石资源（如未加工的原油、石油产品和天然气）生产的塑料。

化合物（compound）由两种或更多元素的两个或更多原子通过化学键按固定比例组合而成的化学物质。

污染物（contaminant）污染环境的化学物质、放射性物质、物理因素或生物质，通常在环境中不存在。一些污染物在生物中生物累积并引起毒理学效应或死亡。

受污染的微塑料（contaminated microplastics）通过吸附过程在其表面累积了一层污染物或含有通过吸收过程扩散到其本体的污染物的微塑料。

CP 丙酸纤维素

CR 聚氯丁二烯（氯丁橡胶）

CSM 氯磺化聚乙烯

DDD 二氯二苯二氯乙烷

DDE 二氯二苯二氯乙烯

DDT 二氯二苯三氯乙烷

DEHP 邻苯二甲酸二（2- 乙基己基）酯

DK 深色

EC 欧盟委员会

ECTFE 乙烯 - 三氟氯乙烯共聚物

EFSA 欧洲食品安全局

弹性体（elastomer）分子间作用力较弱且在失效前可进行高伸长的黏弹性聚合物，如橡胶或氯丁橡胶。如果变形力停止，物质就会恢复到其原来的形状。

弹性（elastomeric）具有或表现出弹性体的特性。

断裂伸长率［elongation at break（％）］材料在长度伸长直至断裂发生时的长度与其初始长度相比的百分数。断裂伸长率表示材料在不开裂的情况下抵抗形状变化的能力。

工程塑料（engineering plastic）与商品塑料相比，具有优异的热和 / 或机械性能的塑料。

EPA 环境保护局

EPR 二元乙丙橡胶

EPS 膨胀聚苯乙烯

ePTFE 膨胀聚四氟乙烯

EVA 乙烯乙酸乙烯酯

EVOH 乙烯乙烯醇

FAO 联合国粮食及农业组织

FB 纤维

FEP 氟化乙烯丙烯

FI 薄膜

纤维（fibre）沿其最长的尺寸粒径为 1～5 mm 的丝状或线状塑料。

薄膜（film）沿其最长的尺寸粒径为 1～5 mm 的薄片状或膜状塑料。

滤液（filtrate）通过过滤器的流体。

过滤（filtration）从流体（液体或气体）分离固体的技术。

FM 泡沫

泡沫（foam）沿其最长的尺寸粒径为 1～5 mm 的海绵状、泡沫状或类似泡沫状塑料。

食物链（food chain）食物网中由能量和营养的转移连接在一起的线性序列的生物，从生产者开始，以顶级捕食者结束。食物链中每上一营养级的生物都依赖于下一营养级的生物，将其作为食物来源。

食物网（food web）由相互联系和相互依赖的食物链组成的网络，可以用图形表示为网。

傅里叶变换（Fourier transform）一种利用任何波形都可以被重写为正弦函数和余弦函数的和的事实来解构波形的数学工具。

傅里叶变换红外光谱（Fourier transform infrared spectroscopy）一种用特定波

长的红外光照射样品，然后检查透射光以推断分子在每个波长处吸收的
能量，从而提供关于样品中分子的信息的分析化学技术。

FR 碎片

碎片（fragment）沿其最长的尺寸粒径为 1～5 mm 的形状不规则的塑料。

FTIR 傅里叶变换红外光谱

GD 金色

GESAMP 海洋环境保护科学联合专家小组

玻璃化转变温度［glass transition temperature（T_g）］塑料从硬玻璃态转变为软
柔性状态的温度区域。

GN 绿色

GPA《全球行动纲领》

GY 灰色

HCH 六氯环己烷

HDPE 高密度聚乙烯

HELCOM《波罗的海地区保护海洋环境赫尔辛基公约》

HEMA 羟乙基甲基丙烯酸酯

HHS 美国卫生与公众服务部

HIPS 高抗冲聚苯乙烯

HOC 疏水性有机化合物

水解（hydrolysis）水的加入使化学键断裂。

水解的（hydrolytic）属于或导致水解的。

亲水的（hydrophilic）对水具有亲和性或易与水混合或溶于水的。

疏水的（hydrophobic）拒水性的或不容易与水混合或不容易溶于水的。

热液喷口（hydrothermal vent）海底有富含矿物质的水流出的裂隙，已被下面
的熔融或半熔融岩石（岩浆）加热至高达 464℃的温度。

吸湿的（hygroscopic）物质能从周围的大气中吸收和保持水分。

ICES 国际海洋勘探理事会

ICI 帝国化学工业公司

IMO 国际海事组织

冲击试验（impact test）通过测量塑料在断裂过程中吸收的能量来反映塑料韧性的一种试验。

摄食（ingestion）生物摄入物质（如食物）的过程，通常是通过使这一物质由口腔进入胃肠道来完成的。

入侵物种（invasive species）在其典型分布以外的区域出现且危害或者威胁该区域的动物、植物、真菌或者病原体。

无脊椎动物（invertebrate）没有脊柱的任何动物。

IR 红外

IV 象牙白

K_{ow} 辛醇 - 水分配系数

LDPE 低密度聚乙烯

亲脂的（lipophilic）对脂类或脂肪有亲和性的，或者容易与脂类或脂肪混合的，或者容易溶解于脂类或脂肪的。

LLDPE 线型低密度聚乙烯

LT 浅色

极限氧气指数（limiting oxygen index）可燃性的一种指示，是指允许持续燃烧 3 min 所需的最小氧气量，用百分数表示。

LOD 检出限

沿岸泥沙流（longshore drift）由于盛行风以一定角度将波浪吹向海岸（冲流），这种风以同样的角度将物质推上海滩，从而使物质沿海岸运动。然后波浪以直角从海岸直接退去（回流），再把物质带回，从而导致沿着海岸呈"Z"字形输送物质。

大型塑料（macroplastic）沿其最长的尺寸粒径大于或等于 25 mm 的塑料。

MAP 大型塑料

MARPOL《国际防止船舶造成污染公约》

MBD 微珠

MBS 丙烯酸甲酯丁二烯苯乙烯

MDP 海洋垃圾项目

MDPE 中密度聚乙烯

MEHP 邻苯二甲酸单（2- 乙基己基）酯

熔点（melting point）大气压下物质从固态到液态相变的温度。

MEP 中型塑料

MF 三聚氰胺甲醛

MFB 微纤维

MFI 微薄膜

MFM 微泡沫

MFR 微碎片

中型塑料（mesoplastic）沿其最长的尺寸粒径为 5～25 mm 的塑料。

微珠（microbead）直径为 1 μm～1 mm 的塑料小球。

微泡沫（microfoam）沿其最长的尺寸粒径为 1 μm～1 mm 的海绵状、泡沫状或类似泡沫状塑料。

微纤维（microfibre）沿其最长的尺寸粒径为 1 μm～1 mm 的丝状或线状塑料。

微薄膜（microfilm）沿其最长的尺寸粒径为 1 μm～1 mm 的薄片状或膜状塑料。

微碎片（microfragment）沿其最长的尺寸粒径为 1 μm～1 mm 的形状不规则的塑料。

微塑料（microplastic）沿其最长的尺寸粒径为 1～5 mm 的塑料。

小型微塑料（mini-microplastic）沿其最长的尺寸粒径为 1 μm～1 mm 的塑料。

单 -（mono-）表示"单个"或"只包含 1 个"的前缀。

单体（monomer）可与其他低分子量分子以重复的方式化学结合形成聚合物的低分子量分子。是聚合物的亚基。

MMP 小型微塑料

MP 微塑料

MPPRCA《海洋塑料污染研究和控制法》

MSFD《海洋战略框架指令》

MT 金属色

纳米塑料（nanoplastic）沿其最长的尺寸粒径小于 1 μm 的塑料。

NASA 美国国家航空航天局

NBR 丁腈橡胶

NGO 非政府组织

NGT 国家绿色法庭

NMDMP 国家海洋碎片监测项目

NMR 核磁共振

NOAA 美国国家海洋和大气管理局

NP 纳米塑料

NR 天然橡胶

核磁共振（nuclear magnetic resonance）利用具有磁矩的核在磁场存在时会吸收和再发射电磁辐射的物理现象来研究样品分子结构的分析化学技术。

OL 橄榄色

OP 不透明的

OR 橙色

OSPAR《保护东北大西洋海洋环境公约》

氧化物（oxide）分子式中至少含有 1 个与另 1 种化学元素原子结合的氧原子的化合物，如一氧化碳（CO）、一氧化二氮（N_2O）或铁（Ⅲ）氧化物（Fe_2O_3）。

臭氧（ozone）臭氧在高层大气中被认为是有益的，但在低层大气中是严重的污染物，它（O_3）是不稳定的、具有高度活性和强氧化形式的氧气，它有 3 个氧原子，而通常氧气（O_2）有 2 个氧原子。臭氧有刺激性气味，是浅蓝色的，是由紫外线、闪电或大气中的其他放电形成的。

PA 聚酰胺（尼龙）

PA 46 尼龙 4,6

PA 6 尼龙 6

PA 610 尼龙 6,10

PA 66 尼龙 6,6

PA 66/610 尼龙 6,6/6,10 共聚物

PA 11 尼龙 11

PA 12 尼龙 12

PAA 芳香族聚酰胺

PAES 聚芳醚砜〔通常称为聚苯砜（PPSU）〕

PAH 多环芳烃

PAI 聚酰胺酰亚胺

PAN 聚丙烯腈

PB 聚丁烯

PBDE 多溴二苯醚

PBT 聚对苯二甲酸丁二酯

PC 聚碳酸酯

PCB 多氯联苯

PCDD 多氯二苯并对二噁英

PCL 聚己内酯

PCPs 个人护理产品

PE 聚乙烯

PEBA 聚醚嵌段酰胺

PEEK 聚醚醚酮

PEEL 聚酯弹性体

PEI 聚酯酰亚胺

PEK 聚醚酮

颗粒（pellet）直径为 1～5 mm 的塑料小球。

持久性有机污染物（persistent organic pollutant）有害的有机化学品，表现出
对生物降解的强大抵抗力，并在环境中存在相当长一段时间，同时通常
会在生物体内生物累积，并引起毒理学效应。

PES 聚醚砜

PET 聚对苯二甲酸乙二酯

PETG 聚对苯二甲酸乙二酯改性

PF 苯酚甲醛

PFA 全氟烷氧基链烷

PHB 聚羟基丁酸酯

PHBV 聚（3- 羟基丁酸酯 -*co*-3- 羟基戊酸酯）

PHV 聚羟基戊酸酯

PI 聚酰亚胺

PIR 聚异氰脲酸酯

PK 粉色

PLA 聚乳酸

塑料（plastic）由大分子组成的合成材料，大分子又由许多重复出现的被称为
　　单体的小分子组成，这些小分子通过共价键按顺序连接在一起。

塑粒（plasticle）由克里斯托弗·布莱尔·克劳福德首次创造并于 2016 年在
　　本书中提出的兼容并包的术语，用于描述沿其最长的尺寸粒径小于 5 mm
　　的塑料，例如微塑料、小型微塑料和纳米塑料。

PLT 塑粒

PMA 聚甲基丙烯酸甲酯

PMP 聚甲基戊烯

污染物（pollutant）污染环境（如水、空气或土壤）的物质（通常为废物），
　　具有不良影响或者对资源的价值或实用性产生不利影响。

聚 -（poly-）表示"很多"的前缀。

聚合物（polymer）由许多重复的单体亚基形成的复杂高分子量分子。

聚合（polymerization）将单体连接在一起的过程。

POM 聚甲醛

POP 持久性有机污染物

原生微塑料（primary microplastic）通常指球形微珠，是由塑料工业有目的地
　　制造的，主要用于化妆品、个人护理产品、皮肤去角质剂、清洁剂和喷
　　砂处理。

PP 聚丙烯

PPE 聚对亚苯醚

PPO 聚对亚苯氧

PPSS 聚亚苯基硫醚砜

PPS 聚苯硫醚

PPSF 聚苯醚砜［通常称为聚醚砜（PES）］

PPSU 聚苯砜

PPT 聚对苯二甲酸亚丙基酯

PPy 聚吡咯

PR 紫色

PS 聚苯乙烯

PSU 聚砜

PT 颗粒

PTFE 聚四氟乙烯

PTT 聚对苯二甲酸丙二醇酯

PUR 聚氨酯

PVA 聚乙酸乙烯酯

PVB 聚乙烯醇缩丁醛

PVC 聚氯乙烯

PVCC 氯化聚氯乙烯

PVDC 聚偏氯乙烯

PVDF 聚偏二氟乙烯

PVF 聚氟乙烯

PVOH 聚乙烯醇

齿舌（radula）微齿状的带状解剖结构，类似于舌头，是软体动物（双壳类除外）独有的，用于通过切割食物或从表面刮食物来进食。

拉曼光谱（Raman spectroscopy）检测特定波长的光与物质之间相互作用的分析化学方法。这一技术被用于从散射光中获得关于组成样品的分子的振动运动信息，通常用于鉴定样品的化学成分。

RD 红色

SAN 苯乙烯丙烯腈

SBR 丁苯橡胶

SBS 苯乙烯丁二烯苯乙烯

扫描电子显微镜（scanning electron microscopy）利用聚焦的高能电子束扫描样品表面以从散射电子和次级电子的发射形成样品三维图像的技术。

SCS 粒径和颜色分类。由克里斯托弗·布莱尔·克劳福德设计和创建的标准化系统，于 2016 年在本书中首次提出。这一系统被用来基于粒径、颜色和外观对任何塑料进行有效分类。

SEBS 苯乙烯乙烯丁二烯苯乙烯

次生微塑料（secondary microplastic）由于较大的塑料降解而无意产生的不规则塑料。

沉积物（sediment）沉淀至液体底部的自然形成的物质（如砂和粉砂）。

半结晶聚合物（semi-crystalline polymer）某些区域结晶的聚合物。

SIS 苯乙烯异戊二烯苯乙烯

粒径和颜色分类（SCS）系统［size and colour sorting（SCS）system］由克里斯托弗·布莱尔·克劳福德设计和创建的标准化系统，于 2016 年在本书中首次提出。这一系统被用来基于粒径、颜色和外观对任何塑料进行有效分类。

SMA 苯乙烯马来酸酐

溶质（solute）溶解在溶剂中的化学物质（固体、液体或气体）。

溶解（solution）一旦溶质溶解于溶剂中，就形成混合物。

溶剂（solvent）溶解另一种固体、气体或液体化学物质（溶质）以形成溶液的液体化学物质。

SP 斑点的

自旋（spin）一种基本的量子力学性质，其特点是复合粒子和基本粒子以及原子核携带的内禀角动量或总角动量。

比强度（strength-to-weight ratio）用材料断裂时单位面积上垂直于材料表面的力除以材料的密度得到的参数，用于表征材料强度。

表面积 - 体积比（surface-area-to-volume ratio）就塑料而言，指塑料的单位体积上塑料表面积的量。

SV 银色

TCDD 2,3,7,8- 四氯二苯并对二噁英

热塑性塑料（thermoplastic）可以加热直至熔化，然后冷却并形成新的形状的塑料。

热固性塑料（thermosetting plastic）通常永久性固化的、不能熔化和重整的塑料。

T_g 玻璃化转变温度

TN 茶色

TP 透明的

TPUR 热塑性聚氨酯

TQ 绿松色

转移（translocation）从一个地方到另一个地方的位置变化。

营养级（trophic level）生物在食物链内的位置，通过生物位于食物链开始处起的第几层营养级数来衡量。第一层营养级被认为是生产者居住的食物链底端，例如植物和藻类。第二层营养级代表初级消费者，是以植物为食的生物（食草动物）。第三层营养级代表次级消费者，是以肉为食的动物（食肉动物），因此是食草动物的捕食者。第四层营养级代表三级消费者，是食用其他食肉动物的食肉动物。第五层营养级代表顶级捕食者，被定义为在其生态系统中没有天然捕食者的生物。因此，最高的营养级位于食物链的末端，并且由于生物放大，常在处于高营养级的生物中发现高水平的污染物。

营养传递（trophic transfer）由于饮食的生物累积，物质从一个营养级向下一个营养级的迁移。

UF 脲醛

UHMWPE 超高分子量聚乙烯

UNCLOS《联合国海洋法公约》

UNEP 联合国环境规划署

USEPA 美国环境保护局

UV 紫外

脊椎动物（vertebrate）有脊柱的任何动物。

VT 紫罗兰色

黏弹性（viscoelastic）同时具有黏性和弹性的物质，如弹性体。

吸水率（water absorption）材料在特定的试验条件下所吸收的水量，通常用这
  一材料浸入水中特定时间后重量增加的百分数来表示。

水污染（water pollution）用化学物质、放射性物质、物理因素或生物质污染
  水体。

WFD《水框架指令》

WH① 白色

XLPE 交联聚乙烯

XPS 挤塑聚苯乙烯

YL 黄色

区域（潮间带）［zone（intertidal）］低潮线和高潮线之间的区域，也称为前
  滨，其既受海洋的影响，也受陆地的影响，沉积物中常分散有微塑料污
  染物。

---

① 此处原文恐有误，应为 WT。——译者

关于作者克里斯托弗·布莱尔·克劳福德（Christopher Blair Crawford）

　　克里斯托弗·布莱尔·克劳福德是化学博士、成绩斐然的科学家。克里斯托弗在前期科学研究中获得过荣誉，并获得法医学一级荣誉学位，之后继续在化学领域进行研究。在与工业界合作者的共同研究下，他以优异的成绩获得药物设计与发现的理学硕士学位。此外，克里斯托弗还获得了两枚大学杰出奖章，分别是法医学和药物设计与发现方面的奖章。他的其他研究和兴趣包括法医学和企业管理，以及应用科学和技术。克里斯托弗在其研究机构与政府合作，积极研究微塑料污染物的化学相互作用和毒理学相互作用，并鉴定其作为载体在世界水生环境中污染物累积和营养转移方面的潜在作用。

关于作者布莱恩·奎因（Brian Quinn）

　　布莱恩·奎因，博士，是西苏格兰大学（University of the West of Scotland）生态毒理学的准教授，同时也是一位成绩斐然的科学家，专门研究水生环境中污染物的影响。他具有丰富的政府、学术和行业经验，在学术出版、同行评议方面有突出的学术成就，并经常出席国际会议。他目前领导着MASTS苏格兰微塑料研究小组，是重要的国内外科学审查小组的积极成员。

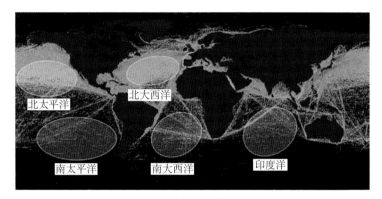

图 3.6　5 个海洋流涡与航道的接近程度

塑料　　　　　　玻璃　　　　　　金属

混合物

电子器件　　　　纸类　　　　　有机垃圾

图 3.8　使用最广泛的再生色码系统

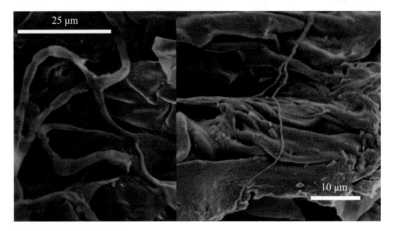

图 4.31　真菌丝可以使塑料膨胀、爆裂

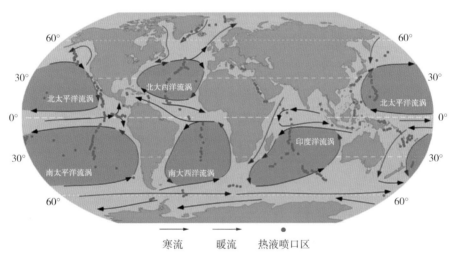

图 4.37　已知的海底热液喷口的位置与海洋流涡的关系

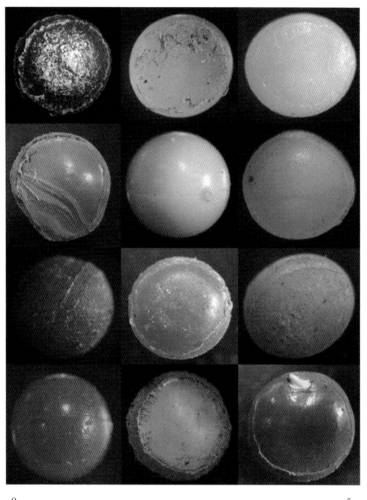

0   5 mm

图 5.4　水生环境中回收的原生微塑料

0   5 mm

图 5.6　水生环境中回收的次生微塑料

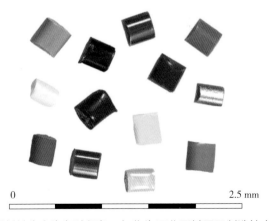

0   2.5 mm

图 5.7　原生微塑料被生产为各种颜色，如作为工业原料用于制造较大塑料制品的颗粒

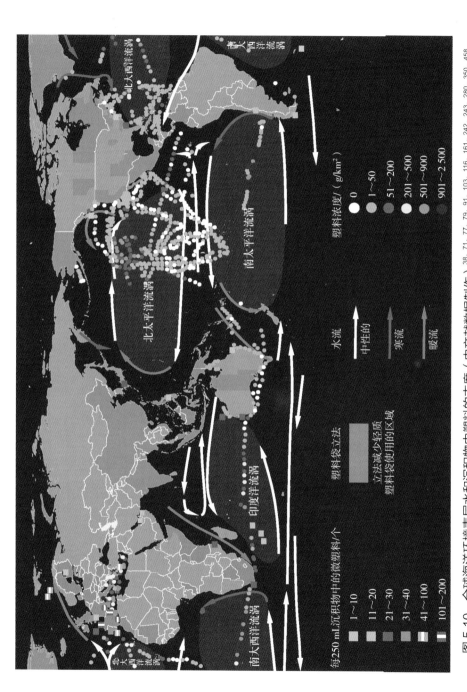

图 5.10　全球海洋环境表层水和沉积物中塑料的丰度（由文献数据制作） 38, 71, 77, 79, 91, 103, 116, 161, 242, 243, 280, 350, 458

每250 mL沉积物中的微塑料/个
- 1～10
- 11～20
- 21～30
- 31～40
- 41～100
- 101～200

塑料袋立法
- 立法减少轻质塑料袋使用的区域

水流
- 中性的
- 寒流
- 暖流

塑料浓度/（g/km²）
- 0
- 1～50
- 51～200
- 201～500
- 501～900
- 901～2 500

北大西洋流涡　南大西洋流涡　北太平洋流涡　南太平洋流涡　印度洋流涡　北大西洋流涡　南大西洋流涡

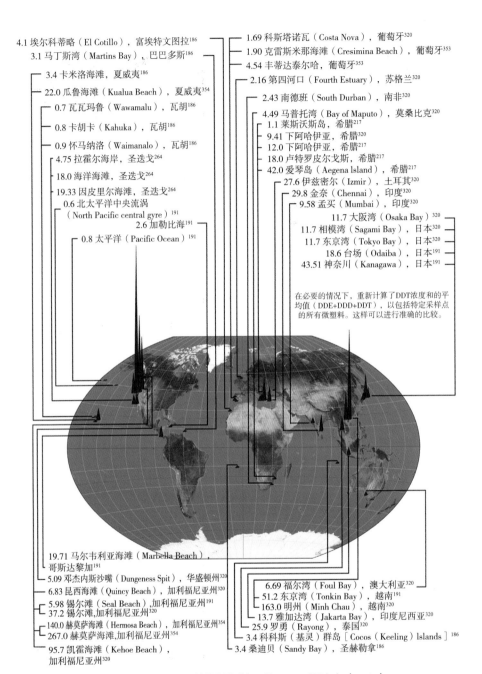

4.1 埃尔科蒂略（El Cotillo），富埃特文图拉[186]

3.1 马丁斯湾（Martins Bay），巴巴多斯[186]

3.4 卡米洛海滩，夏威夷[186]

22.0 瓜鲁海滩（Kualua Beach），夏威夷[354]

0.7 瓦瓦玛鲁（Wawamalu），瓦胡[186]

0.8 卡胡卡（Kahuka），瓦胡[186]

0.9 怀马纳洛（Waimanalo），瓦胡[186]

4.75 拉霍尔海岸，圣迭戈[264]

18.0 海洋海滩，圣迭戈[264]

19.33 因皮里尔海滩，圣迭戈[264]

0.6 北太平洋中央流涡（North Pacific central gyre）[191]

2.6 加勒比海[191]

0.8 太平洋（Pacific Ocean）[191]

1.69 科斯塔诺瓦（Costa Nova），葡萄牙[320]

1.90 克雷斯米那海滩（Cresimina Beach），葡萄牙[353]

4.54 丰蒂达泰尔哈，葡萄牙[353]

2.16 第四河口（Fourth Estuary），苏格兰[320]

2.43 南德班（South Durban），南非[320]

4.49 马普托湾（Bay of Maputo），莫桑比克[320]

1.1 莱斯沃斯岛，希腊[217]

9.41 下阿哈伊亚，希腊[320]

12.0 下阿哈伊亚，希腊[217]

18.0 卢特罗皮尔戈斯，希腊[217]

42.0 爱琴岛（Aegena lsland），希腊[217]

27.6 伊兹密尔（Izmir），土耳其[320]

29.8 金奈（Chennai），印度[320]

9.58 孟买（Mumbai），印度[320]

11.7 大阪湾（Osaka Bay）[320]

11.7 相模湾（Sagami Bay），日本[320]

11.7 东京湾（Tokyo Bay），日本[320]

18.6 台场（Odaiba），日本[191]

43.51 神奈川（Kanagawa），日本[191]

在必要的情况下，重新计算了DDT浓度和的平均值（DDE+DDD+DDT），以包括特定采样点的所有微塑料。这样可以进行准确的比较。

19.71 马尔韦利亚海滩（Marbella Beach），哥斯达黎加[191]

5.09 邓杰内斯沙嘴（Dungeness Spit），华盛顿州[320]

6.83 昆西海滩（Quincy Beach），加利福尼亚州[320]

5.98 锡尔滩（Seal Beach），加利福尼亚州[191]

37.2 锡尔滩，加利福尼亚州[320]

140.0 赫莫萨海滩（Hermosa Beach），加利福尼亚州[354]

267.0 赫莫萨海滩，加利福尼亚州[354]

95.7 凯霍海滩（Kehoe Beach），加利福尼亚州[320]

6.69 福尔湾（Foul Bay），澳大利亚[320]

51.2 东京湾（Tonkin Bay），越南[191]

163.0 明州（Minh Chau），越南[320]

13.7 雅加达湾（Jakarta Bay），印度尼西亚[320]

25.9 罗勇（Rayong），泰国[320]

3.4 科科斯（基灵）群岛［Cocos（Keeling）lslands］[186]

3.4 桑迪贝（Sandy Bay），圣赫勒拿[186]

图 6.17　全球已报道的微塑料吸着 DDTs 的浓度（ng/g）

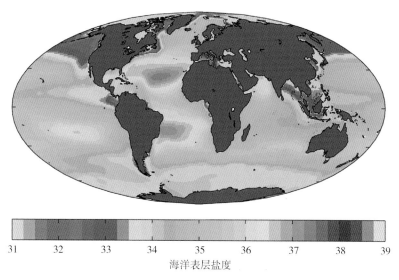

海洋表层盐度

| 31 | 32 | 33 | 34 | 35 | 36 | 37 | 38 | 39 |

图 6.18　北大西洋流涡和南大西洋流涡以及地中海的盐度与世界其他海洋相比非常高

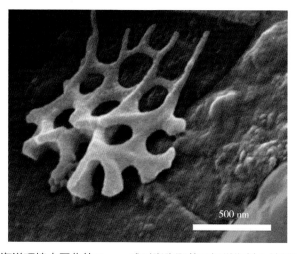

500 nm

图 7.5　在从海洋环境中回收的 2 mm 球形膨胀聚苯乙烯微塑料上检测到的未知结构

原生微塑料

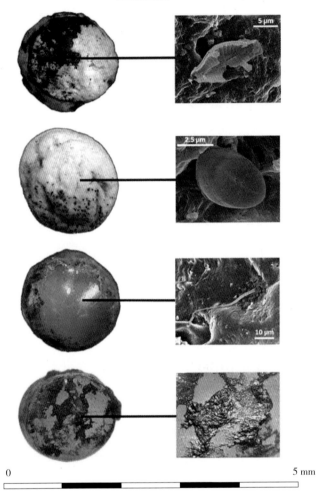

图 7.3 用扫描电子显微镜（SEM）在原生微塑料上检测到生物体和污垢

次生微塑料

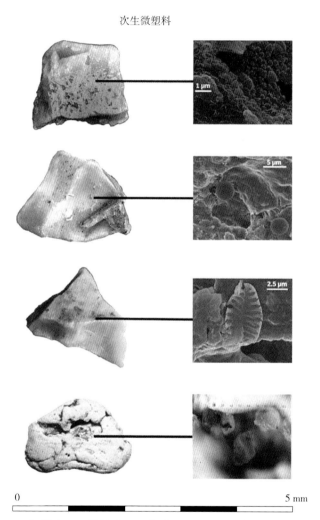

图 7.4　用扫描电子显微镜（SEM）检测到次生微塑料上的生物体和污垢

与磁场相反的核自旋

ΔE=以MHz为单位的能量差（频率）

$-\frac{1}{2}$

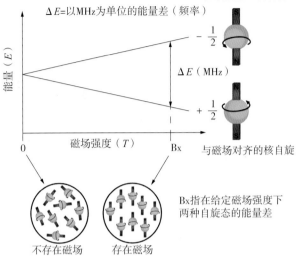

能量（E）

ΔE（MHz）

$+\frac{1}{2}$

0   磁场强度（T）   Bx

与磁场对齐的核自旋

Bx指在给定磁场强度下
两种自旋态的能量差

不存在磁场   存在磁场

图 10.9　增加磁场强度对核磁矩的影响

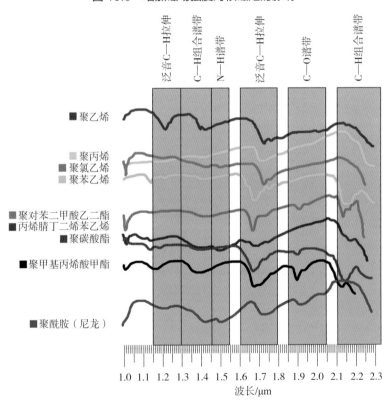

图 10.25　不同常见塑料的近红外（NIR）和短波红外（SWIR）光谱的比较

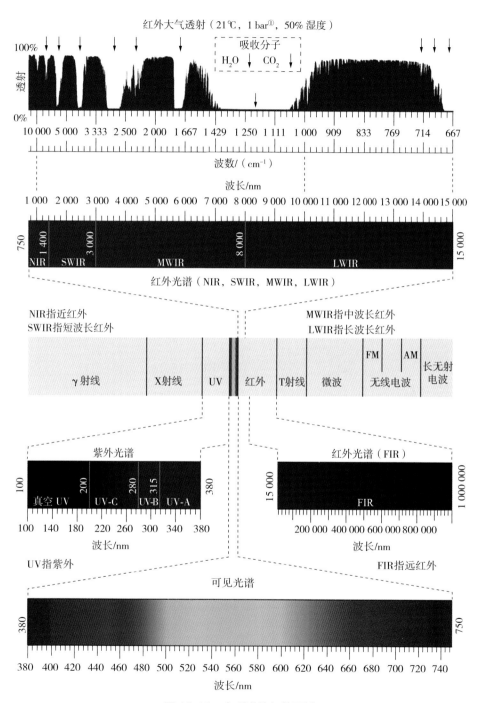

图 10.10　电磁谱的红外区域

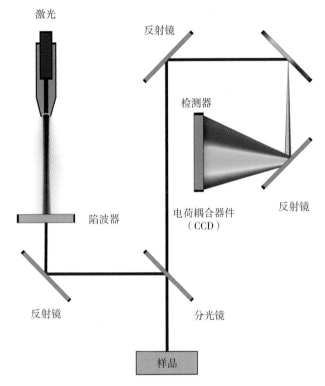

激光

反射镜

反射镜

检测器

陷波器

电荷耦合器件
（CCD）

反射镜

反射镜

分光镜

样品

图 10.26　拉曼光谱法